"十三五"国家重点出版物出版规划项目

国家卓越工程师教育培养计划——装甲车辆工程专业系列教材

Design of Military Vehicle Suspension System

军用车辆悬挂设计

董明明　边　楠　主编

闫清东　主审

北京理工大学出版社

BEIJING INSTITUTE OF TECHNOLOGY PRESS

内 容 简 介

《军用车辆悬挂设计》系统地介绍了军用车辆悬挂设计理论与计算方法，包括悬挂总体及各主要部件设计所需要的基本知识。其内容有悬挂系统性能指标及总体设计，悬挂系统的建模分析，弹性元件和阻尼元件各部件设计要求、结构方案分类与分析及其主要参数和零部件最新设计方法。本书还介绍了近年来在军用车辆悬挂中得到应用的最新技术成果。本书可作为高等院校军用车辆工程专业教材，也可作为军用车辆悬挂行业工程技术人员的参考书。

图书在版编目（CIP）数据

军用车辆悬挂设计／董明明，边楠主编．—北京：北京理工大学出版社，2016.9
ISBN 978－7－5640－8695－4

Ⅰ.①军…　Ⅱ.①董…②边…　Ⅲ.①军用车辆－车悬挂装置－设计　Ⅳ.①TJ810.3

中国版本图书馆 CIP 数据核字（2016）第 228696 号

出版发行／北京理工大学出版社有限责任公司
社　　址／北京市海淀区中关村南大街 5 号
邮　　编／100081
电　　话／（010）68914775（总编室）
（010）82562903（教材售后服务热线）
（010）68948351（其他图书服务热线）
网　　址／http：//www.bitpress.com.cn
经　　销／全国各地新华书店
印　　刷／三河市华骏印务包装有限公司
开　　本／787 毫米×1092 毫米　1/16
印　　张／10.25
字　　数／233 千字
版　　次／2016 年 9 月第 1 版　2016 年 9 月第 1 次印刷
定　　价／29.00 元

责任编辑／张慧峰
文案编辑／多海鹏
责任校对／周瑞红
责任印制／王美丽

前言

QIAN YAN

军用车辆悬挂的性能对行进间武器射击精度、乘员的舒适性、持续工作效能以及仪器设备的可靠性都有重要影响，悬挂的设计在整车设计中日益受到重视。世界各国装备的先进军用车辆悬挂系统采用了很多新结构、新工艺、新技术。随着对悬挂性能要求的提高，传统的、基于经验的类比设计方法已经不能满足要求。我国高校和研究所多年来在军用车辆悬挂技术领域取得了许多科研成果，并已得到了应用。为了适应形势发展的需要，满足军用车辆悬挂技术人员技术更新和专业人才培养的要求，编者结合军用车辆设计和研制的特点，编写了这本《军用车辆悬挂设计》。在编写过程中，试图阐明悬挂这一复杂力学系统的本质，归纳近年来我国军用车辆悬挂领域取得的研究成果，应用现代设计方法和分析计算平台，完成悬挂及其部件的设计、分析和仿真。

作者常年从事军用车辆悬挂的研究工作，在工作过程以及与国内研究所和工厂科研人员的协同工作中，得到了广大一线科研人员的悉心帮助，积累了一些经验，对于实际科研生产中的需求有所了解。

本书共八章，系统论述了军用车辆悬挂系统的总体性能和设计方法、悬挂系统理论建模和仿真建模，并详细介绍了典型弹性元件与阻尼元件的设计。

本书在编写过程中得到了北京理工大学振动与噪声控制研究所老师和研究生的大力支持与协助，在此表示衷心感谢。本书部分叙述仅代表作者在悬挂领域个人的学术见解，不当或不全面之处望读者提出批评和建议。

编者

目录

MU LU

1

第 1 章

概述

悬挂系统是车辆的车架与车桥或车轮之间的一切传力连接装置的总称，是车辆行驶系统的重要组成部分。悬挂系统包括弹性元件、阻尼元件、导向机构、限制器以及控制系统。

1.1　功用

悬挂系统的主要功能如下：

1. 传递力和力矩

悬挂系统将车身“悬挂”于车桥或车轮之上，导向机构规定了车轮相对于车身的运动，传递纵向力、横向力及各种力矩。导向机构包括用于连接车身与悬挂系统、车桥或车轮与悬挂系统的连杆，履带式装甲车辆常采用平衡肘作为导向机构。

2. 缓和冲击

悬挂系统的弹性元件在车辆行驶过程中起到缓和冲击的作用，由于弹性元件具有弹性，在车轮相对于车身上下运动时，弹性元件发生压缩或伸张（扭转）变形，从而隔离并减轻了车轮通过地面障碍对车身的冲击。

3. 衰减振动

弹性元件压缩时所吸收的能量自身并不能消除，这部分能量会转化为车体的振动，从而影响车辆的各种性能。为了消耗弹性元件所吸收的能量，悬挂系统必须有阻尼元件。阻尼元件可以将振动能量转化为热量而散发掉，从而达到衰减车身振动的作用。

4. 限制车轮的跳动范围

限制器的功用是限制车轮的行程，以避免弹性元件因过度变形而损坏，装有弹性元件的限制器还可在车轮行程末端吸收部分冲击能量，采用液压限制器还能耗散冲击能量。

以上为悬挂系统的主要功能，对于如何判断悬挂系统的好与坏，将在下一章作出介绍。

1.2　分类

车辆悬挂系统形式多样，按照不同的分类标准可以分为不同的类型。

1.2.1　按弹性元件分类

悬挂系统按弹性元件分类可分为金属弹簧悬挂系统和液气悬挂系统，金属弹簧悬挂系统的弹性元件为螺旋弹簧或扭杆弹簧；液气悬挂系统的弹性元件为油气弹簧。

金属弹簧悬挂系统中的螺旋弹簧主要用于轮式车辆，其减振元件为液压筒式减振器，扭杆弹簧悬挂系统按照其阻尼元件的不同又可以分为扭杆弹簧+筒式减振器、扭杆弹簧+叶片式减振器和扭杆弹簧+摩擦式减振器。其中，扭杆弹簧+叶片式减振器形式悬挂系统用于我国的主战坦克，而其他履带式装甲车主要采用扭杆弹簧+筒式减振器的形式。

油气悬挂系统按布置形式进行区分：固定缸筒式、摆动缸筒式和肘内式。固定缸筒式的动力缸对于车体固定，缸筒内活塞通过连杆和平衡肘相连；摆动缸筒式动力缸的轴线随车轮跳动而摆动，通常油气弹簧的下连接点直接和平衡肘相连；肘内式油气悬挂的动力缸和平衡肘做成一个整体，可以有效地节省空间，便于总体布置。油气弹簧可以加装阻尼系统，兼作减振器，按照阻尼阀的布置形式可以分为阻尼阀内置和阻尼阀外置。阻尼阀内置结构严整，便于布置，但阻尼阀的发热会导致空气弹簧气体温度显著提高，影响车辆的静平衡位置；外置式便于散热，但管路复杂，不便于总体布置。为了布置方便，可充分利用民用车的零件，也可采用油气弹簧和筒式减振器并联使用的方式。

1.2.2 按参数可调与否分类

悬挂系统按照参数（弹性特性、阻尼特性）可调与否分为不可调的悬挂系统和可调的悬挂系统。

参数不可调的悬挂系统即我们通常所说的被动式悬挂系统。事实上，传统的被动式悬挂并非全是参数不可调的，一些采用空气弹簧悬挂系统的车辆安装有感载阀，能根据悬挂质量的变化，改变空气弹簧的充气压力，以保证车辆的距地高度。上述车辆的悬挂虽然也属于参数可调的悬挂系统，但其参数调整的目的只是改变车高或车姿，并非车辆的振动特性。习惯上，仍然将上述悬挂系统归为被动式悬挂系统。

可调的悬挂系统通常指的是电控悬挂系统，其按照参数控制方式的不同分为主动悬挂系统和半主动悬挂系统。主动悬挂系统和半主动悬挂系统对悬挂系统参数的调节在本质上是不同的。主动悬挂系统在悬挂质量和非悬挂质量之间有一个液压制动器，可以在二者之间施加一个可控的力，来控制悬挂系统的响应特性；半主动悬挂系统只控制悬挂系统的弹性元件和阻尼元件的参数，使悬挂系统的参数始终处于最优状态。因此可以看出，主动悬挂系统和半主动悬挂系统的本质区别在于悬挂质量和非悬挂质量之间是否有外力输入，而并非一些文献中所说的：主动悬挂系统能同时调节悬挂的弹性系数和阻尼系数，半主动悬挂系统只能调节悬挂的阻尼系数。目前绝大多数军用车辆的半主动悬挂系统都只能对悬挂系统的阻尼系数进行调节，而在使用（能够发生弹性变形的）固体材料作为弹性元件的悬挂系统中，无法在不输入外力的情况下实时按需改变悬挂系统的等效弹性系数。而对于空气弹簧和油气弹簧，刚度的调节往往是在主气室之外又串联一个副气室，通过调节主、副气室连通阀的开度来实现：当连通阀关闭时，只有主气室工作，刚度最大，随着连通阀开度增大，悬挂刚度逐渐减小。当连通阀的阻力可以忽略时，相当于主、副气室组成了一个大气室，在此环境中工作时刚度最小。

1.3 军用悬挂系统的性能要求

军用车辆在行驶过程中，车体振动的剧烈程度随路面不平度、车速和悬挂装置性能的好坏而变化。军用车辆高速行驶时常因悬挂装置性能较差、振动幅值过大而不得不降低车速，即使装有大功率的发动机，也不能充分发挥发动机的性能，从而降低了军用车辆最大车速的发挥和平均越野行驶速度。试验表明，性能良好的悬挂装置不仅能提高行进间的射击精度和首发命中率，还能提高车辆的耐用性，降低乘员处的振动加速度，提高乘员工作的舒适性，增强乘员持续工作的能力。

对军用车辆的悬挂装置提出如下基本要求：

（1）尽量小的车体和乘员座椅加速度。这是成员的舒适性指标，当军用车辆以一定的速度沿不平路面行驶时，不应有很大的颠簸和振动，车体和乘员处加速度应较小，从而使乘员能持久工作，并能保证正常的观察及瞄准和射击的准确性。

（2）较大的悬挂系统动挠度和位能储备。动挠度和位能储备有很大相关性，提高动挠度就是为了提高位能储备，但是，动挠度不能无限提高，它受动行程的限制。对于车辆的悬挂系统，动行程是有限的，当悬挂系统的动挠度超过系统许用动行程时，就会使悬挂系统导向机构杆系撞击限位器，此时称为悬挂击穿。位能储备反映车辆垂直跌落时不发生悬挂击穿的最大高度，即在不发生悬挂击穿时，位能储备越大越好。对于悬挂系统的动挠度，其限制条件为不能超过系统的设计许用动行程。

（3）较小的车轮动载。该指标的大小主要影响车辆的行驶稳定性（特别是轮式车）和行动系统寿命，该值大，意味着行驶稳定性差（当车轮动载超过车轮的静负荷，且动载荷和静载荷反向时，车轮会离地）；过大动载则会导致车轮变形增大，严重影响车轮胶胎或挂胶的寿命。因此，对于车轮的动载，应该是越小越好。

（4）减振器发热功率不能超过减振器散热极限。减振器的发热功率也是一个限制性指标，当减振器的发热功率超过减振器的最大散热功率时（减振器在最高许用温度下的散热功率），减振器中的橡胶密封件会因过热而被损坏或加速老化。

1.4　悬挂系统的发展

悬挂系统的发展大致经过了三个发展阶段：被动悬挂、主动悬挂和半主动悬挂。

1.4.1　被动悬挂

传统的被动悬挂一般由参数固定的弹簧、减振器及导向机构组成，其中弹簧主要起缓冲和支撑作用，减振器用于衰减振动，导向机构起限位和导向作用。悬挂参数不能随路面的变化和车辆行驶工况的变化进行调节，各部分元件在工作时不消耗外部能源，故称为被动悬挂，其结构如图 1－1 所示。

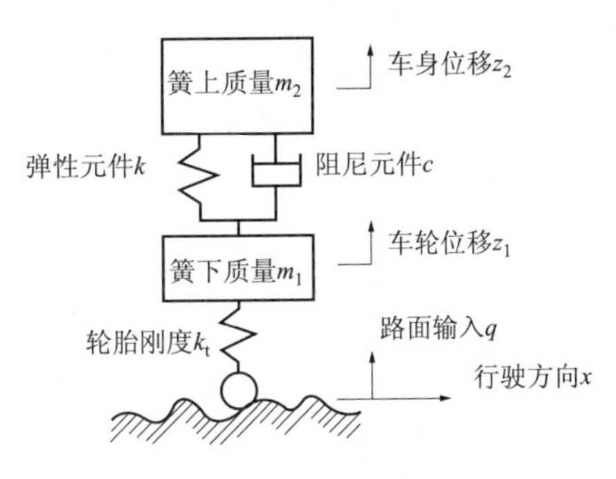

图 1－1　被动悬挂示意

被动悬挂结构简单、性能可靠、技术成熟，是当前在军用车辆中应用最为广泛的悬挂形式。理想的悬挂要求在任何情况下，车辆都要有良好的行驶平稳性和操作稳定性，被动悬挂却很难做到这一点，因为车辆在不同的速度和路面上行驶时对悬挂的参数要求不同。为了克服被动悬挂的缺点，人们尝试了多种方法，如采用非线性刚度弹簧协调平顺性和操作稳定性之间的矛盾来改善被动悬挂的性能，但即使如此，被动悬挂仍无法在任何形式工况下都处于参数最优状态。

1.4.2 主动悬挂

主动悬挂主要有两种形式：一种是利用力作动器（制动器）在悬挂质量和非悬挂质量之间提供外力，代替被动悬挂中的弹簧和减振器；另一种是将被动悬挂和作动器并联，由被动悬挂承担静载，作动器提供增量力，从而降低了主动悬挂的体积和功率消耗。凡是依靠外界能源在悬挂质量和非悬挂质量之间提供力，并能对作用力的大小进行控制的悬挂系统都称为主动悬挂系统。

主动悬挂的概念由通用汽车公司的 Federspiel - Labrosse 教授于 1955 年首次提出。

1.4.2.1 主动悬挂的分类

主动悬挂根据作动器响应带宽的不同，分为全主动悬挂和慢主动悬挂。

（1）全主动悬挂采用可控的作动器组成一个闭环控制系统，作动器通常是一个具有较宽频率范围的伺服液动油缸，根据控制信号产生相应大小的作用力，其结构如图 1 - 2 所示。作动器的响应带宽一般至少包括车辆经常遇到的频率范围 0 ~ 15Hz，有的作动器响应带宽可以高达 100Hz，为了减少能量消耗，一般保留一个与作动器并联的弹簧，用来支持车身的静载荷。

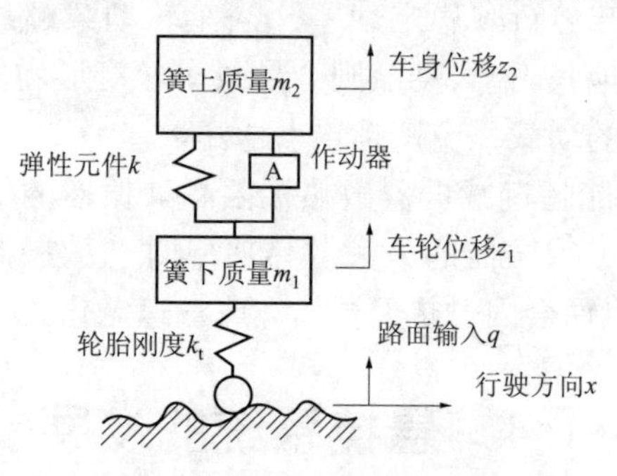

图 1 - 2 全主动悬挂示意

（2）慢主动悬挂通常由一个响应速度稍慢的作动器和一个普通弹簧相串联，再与一个被动阻尼器并联构成，其结构如图 1 - 3 所示。慢主动悬挂仅在一个低频范围（频带宽 0 ~ 8Hz）内进行主动控制。由于慢主动悬挂作动器仅需在一个窄带频率范围内工作，所以降低了系统成本及复杂程度。慢主动悬挂降低了对车轮的振动限制，使系统的能量消耗大幅度降低，在低频路面行驶时其控制性能接近全主动悬挂的控制水平，但当激励超过上限频率以后，其控制效果会恶化，需要采取其他辅助措施。

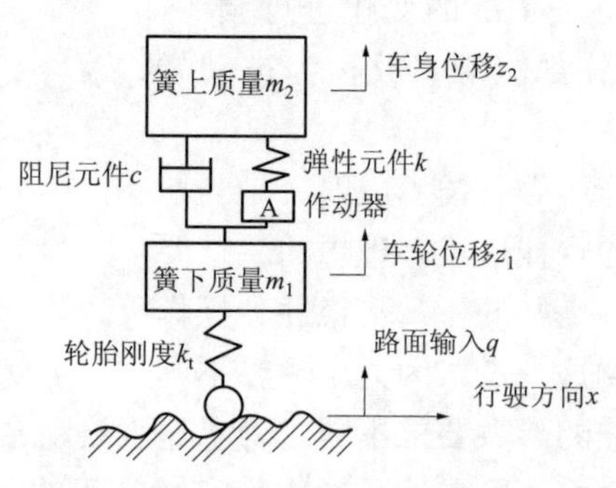

图 1 - 3 慢主动悬挂示意

1. 4. 2. 2　主动悬挂技术的控制策略

主动悬挂系统控制策略的理论发展历程大体可划分为两个阶段：第一阶段从 20 世纪 60 年代初到 20 世纪 90 年代初，理论上主要为经典的 PID 控制和现代的 LQR/LQG 控制；第二阶段从 20 世纪 90 年代初至今，理论上主要为非线性控制、预测控制、神经网络控制、模糊控制、自适应控制、智能控制和鲁棒控制等。

到目前为止，主动悬挂控制研究的第一阶段在理论上已经取得了比较满意的结果，第二阶段的理论正处于研究和探讨之中。车辆悬挂系统属于复杂的非线性参数动力学系统，单一的控制手段难以满足要求，需要两种甚至多种控制策略协同控制。目前，各种不同结构、不同控制算法的主动悬挂系统已经应用到个别军用原型车辆上，其中被广泛使用的有随机线性二次型最优控制（LQG）、模糊控制、PID 控制和神经网络控制等。这些控制策略各有优缺点，所以需要将不同控制算法融合，集多种控制算法的优点于一身，使主动悬挂的控制系统能够更加完善，以更好地改善车辆的平顺性和操作稳定性。

模糊控制是最近几十年来新兴起的一种智能控制算法，它模仿人工控制活动中人脑的思维决策方式及其产生的模糊概念和模糊判断，运用模糊数学的理论形成控制策略，把人工控制方法用计算机来实现。模糊控制系统如图 1 –4 所示。

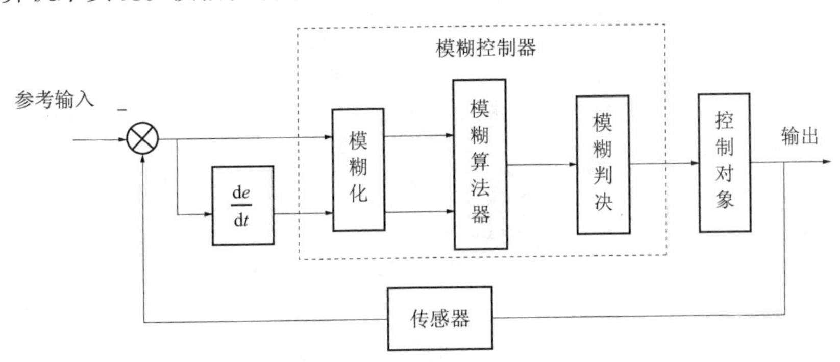

图 1 –4　模糊控制系统

模糊控制最大的优点就是它不依赖于精确的数学模型，因而对系统参数的变化不敏感，鲁棒性好。常规模糊控制器的缺点是模糊控制规则一旦制定就不能改动，当被控对象的参数或者工况等发生变化时，将无法使控制达到最优。为了更好地改善汽车的综合性能，需要在此基础上进行相应的改进。

自适应模糊 PID 控制是将 PID 控制和模糊控制相结合，集二者的优点而形成的一种综合控制策略。自适应模糊 PID 控制器结构如图 1 –5 所示。

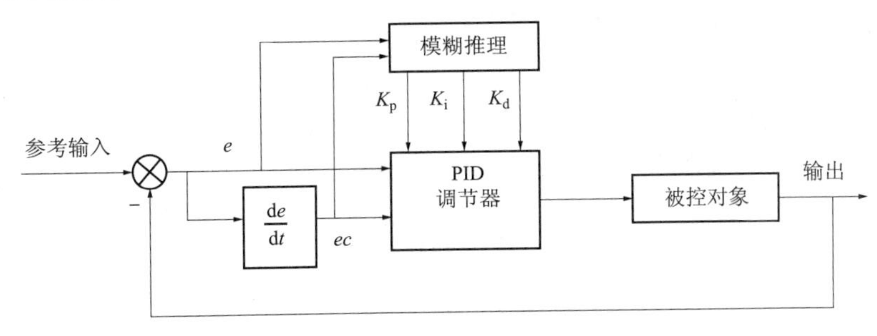

图 1 –5　自适应模糊 PID 控制器结构

这些主动悬挂控制方面的理论以及控制器的设计方法，对于车辆主动控制技术的发展，甚至对整个工程领域控制理论的发展和应用，都具有十分重要的意义。

1.4.2.3 主动悬挂技术在军用车辆上的应用实例

1982年，英国Lotus公司首次实现了理论到实践的突破。1992年，美军成立了国家汽车中心（NAC），专门研究军用车辆的主动悬挂技术，大大地促进了主动悬挂技术在军用车辆上的应用。目前，以美国L-3电子通信公司为首的多家公司正在研制一种电控主动悬挂系统（ECASS），该系统已经在“枪骑兵”20吨级混合电驱动履带式车辆以及“悍马”上进行了多项演示试验。

美国L-3公司研制的电控主动悬挂系统（ECASS）用高能带宽度的可控机电作动器（如图1-6所示）取代了传统的液压减振器。作动器安装在每个车轮站位置（轮式车辆）或负重轮位置（履带式车辆）（如图1-7所示）。

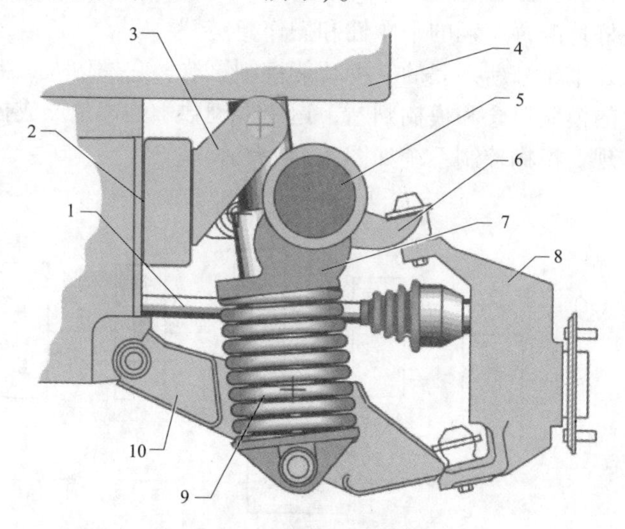

图1-6 ECASS作动器结构

1—驱动轴；2—车身；3—安装支架；4—车体底板；
5—电动机；6—上控制臂；7—EMS作动器；
8—枢轴；9—弹簧；10—下控制臂

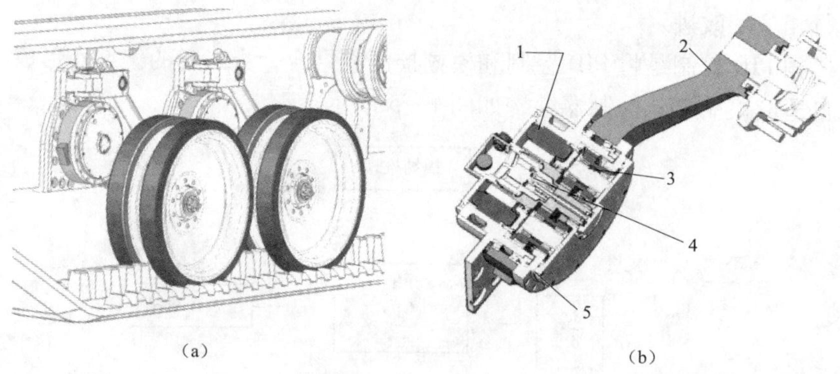

（a） （b）

图1-7 “枪骑兵”车轮站位置及ECASS作动器、平衡肘剖面

1—电动机；2—平衡肘；3—行星齿轮组；4—传感器组；5—平衡肘轴承

1.4.3 半主动悬挂

半主动悬挂介于主动悬挂和被动悬挂之间，其可以根据路况和行驶状况的变化，在一定范围内对悬挂弹簧刚度系数或减振器的阻尼系数进行调节。其基本原理是，根据弹簧上质量的加速度响应等反馈信号，按照一定的控制规律调节弹性元件及刚度阻尼元件的阻尼，以使目标函数值最优。其结构如图 1－8 所示。

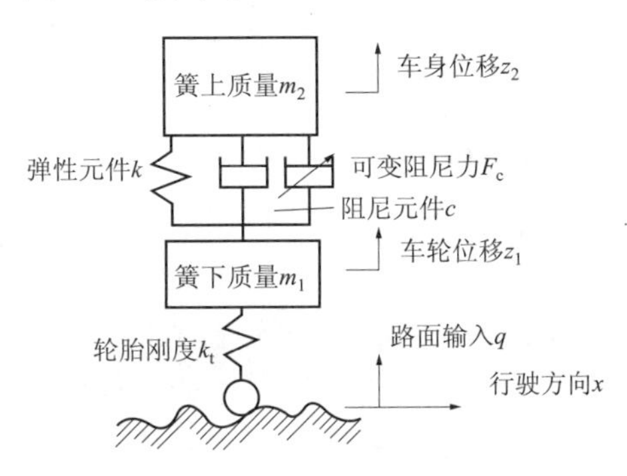

图 1－8 半主动悬挂结构示意

1974 年，美国加州大学戴维斯分校 Karnopp 提出半主动悬挂，与主动悬挂相比，半主动悬挂的结构有以下特点：传统的减振器被电控的可控阻尼减振器所取代，系统还保留传统的悬挂弹簧，半主动悬挂没有力发生器，仅通过输入少量控制能量来调节减振器的阻尼，以改善悬挂的振动特性来提高悬挂性能。半主动悬挂控制系统所需要输入的能量与主动悬挂系统所需要输入的能量相比是微不足道的，但半主动悬挂较被动悬挂的性能有显著提高，因此半主动悬挂系统有着巨大的优势，受到了车辆工程界的广泛重视。

1.4.3.1 半主动悬挂的分类

车辆悬挂弹性元件需要承载车身的静载荷，在半主动悬挂中实施刚度控制比阻尼控制困难得多，目前多数半主动悬挂仅进行阻尼调节，即将阻尼可调减振器作为执行机构，通过传感器检测到的汽车行驶状况和道路条件的变化以及车身的加速度数值，由 ECU（电子控制单元）根据控制策略发出控制信号，实现对减振器阻尼系数的有级或无级可调。

半主动悬挂分为分级可调半主动悬挂和连续可调半主动悬挂。

分级可调半主动悬挂的阻尼系数只能在几个离散的阻尼值之间进行切换，系统一般具有 2～3 个预设阻尼值，切换的时间通常为 10～20ms。

连续可调半主动悬挂的阻尼系数在一定范围内可以连续调节，阻尼调节一般有以下两种方式：

1）节流孔等效面积调节

一般通过将步进电动机或比例电磁铁作为动力元件，连续调节阻尼器节流阀的通流面积来改变其阻尼特性。该系统需要复杂的液压结构，对阀的加工精度要求高，整体成本较高。

2）电/磁流变液黏性调节

另一种实现阻尼调节的方式是使用电流变或磁流变液作为减振液，来实现阻尼无级可调。电流变液在外加电场作用下，黏度、剪切强度会随外部施加的电场强度增大而增大，从而提高减振器的阻尼系数。由于电流变液需要高压（2 000V），存在安全性问题，且电流变液在高速剪切下，剪切强度会迅速降低，因此应用较少。磁流变液在母液中悬浮着微小的铁磁性颗粒（通常为羰基铁粉），在外加磁场作用下，磁性小颗粒会形成链状结构，从而使整个液体的宏观黏度特性增加，且黏度随外加磁场强度的增大而增大；由于磁流变减振器无须高压，汽车用磁流变减振器使用额定车载12V电源，电流不超过2A，响应速度快，可达到毫秒级，是目前应用最广的流变式阻尼可调减振器。

相对于全主动悬挂，半主动悬挂具有耗能小、成本低、控制简单、易于实现以及可靠性较高等优点，从而使得悬挂性能提升明显，故其日益受到人们的重视，成为研究的热点。性能可靠、阻尼可调范围宽的减振器和简单有效的控制策略是半主动悬挂实现产业化的前提。

1.4.3.2 半主动悬挂技术的控制策略

半主动悬挂控制策略主要包括天棚阻尼控制、最优控制、非线性自适应控制和预测控制等。

天棚阻尼控制半主动悬挂是由Karnopp教授等提出的一种较为简单且易于实现的控制方式，目前已成为半主动悬挂系统设计中最为普遍采用的一种控制策略。

车辆半主动悬挂系统本质上是双线性系统，很难获得一定意义下的最优控制，并且连续型控制规律要通过解Ricatti方程才能得到，不利于实时控制。研究较多的最优控制策略有状态反馈最优控制、H_∞最优控制和统计最优控制。状态反馈最优控制的优点是阻尼力可以反映某些状态参数，达到特定的控制效果；其缺点是需要对涉及的状态参数进行实时监测或在线进行参数估计。H_∞最优控制可使半主动悬挂系统的振动控制具有较强的鲁棒性，但控制器的设计相对来说较为复杂。统计最优控制不对系统瞬间振动特性做出反应，而是根据一段时间内控制目标的统计值，采用逐步寻优的迭代式控制方法或基于神经网络的自适应控制方法，对阻尼力加以控制。

1.4.3.3 半主动悬挂在军用车辆上的发展

1994年，Prinkos等人使用电流变液和磁流变液作为工作介质，研究出了新型半主动悬挂系统。20世纪90年代，军用轮式车辆半主动悬挂系统的研究取得了突破。美国陆军坦克车辆装备司令部在1997年前后将由液压可调减振器构成的半主动悬挂系统安装在布莱德利步兵战车上进行了场地试验，结果表明车辆的机动性能得到了大幅度的提高。2003年前后，美军又在重型“悍马”吉普车上安装了基于磁流变液减振器的半主动悬挂系统，并取得了越野速度提高30%～40%的良好试验效果。

从上面的分析不难看出，无论是在公路车辆上，还是在军用车辆上，采用半主动悬挂系统都能极大地改善车辆悬挂系统的性能。我国半主动悬挂系统的研发率先在军用车辆领域展开并取得了重大进展，主要有以下原因：

（1）对于公路车辆，行驶路况比较简单，目前的被动悬挂系统能够基本满足舒适性和操作稳定性的要求，采用半主动悬挂系统必然会增加成本，而民用车辆又对成本比较敏感。同时，半主动悬挂系统的先期研发需要大量的经费并具有一定风险，一般的企业也不愿意承担这笔费用和风险。

（2）对于军用车辆，特别是军用履带车辆，情况则大不相同。履带车辆行驶的路况复杂恶劣，行驶速度和装备质量变化大，各种行驶工况对悬挂系统阻尼的要求也不同，而且变化范围大。当装有被动式悬挂装置的履带车辆在硬的卵石路面以较高速度行驶时，由于目前被动式悬挂系统阻尼比大于该种工况下的最佳阻尼比，因此会过多地将路面振动传给车体，从而降低减振效果，也易使减振器过热烧毁；而在大起伏路面上低速行驶时，悬挂系统阻尼比又小于该种工况下的最佳阻尼比，无法有效地消除车体的俯仰振动，使乘员乘坐舒适性变差，甚至造成平衡肘频繁撞击限位器，使车辆不得不降速行驶。

因此，如果仍然采用被动悬挂，要全面提高主战坦克行驶的舒适性和极限车速，虽通过提高悬挂系统的许用动行程能减少在起伏地行驶时的悬挂击穿，但解决不了卵石路行驶时的减振器过热问题，何况根据我国现在主战坦克悬挂系统的结构形式，要进一步提高悬挂系统的动行程，发展余地不大。

国内从事军用车辆半主动悬挂的装甲兵工程学院院长进秋教授完成了磁流变式阻尼可调减振器，北京理工大学机械与车辆学院振动和噪声控制研究所从“九五”开始进行军用履带车辆半主动悬挂的研制，目前研制的基于叶片式减振器阻尼连续可调的半主动悬挂已随某型主战坦克定型，图 1 -9 所示为可控式叶片减振器及其原理。

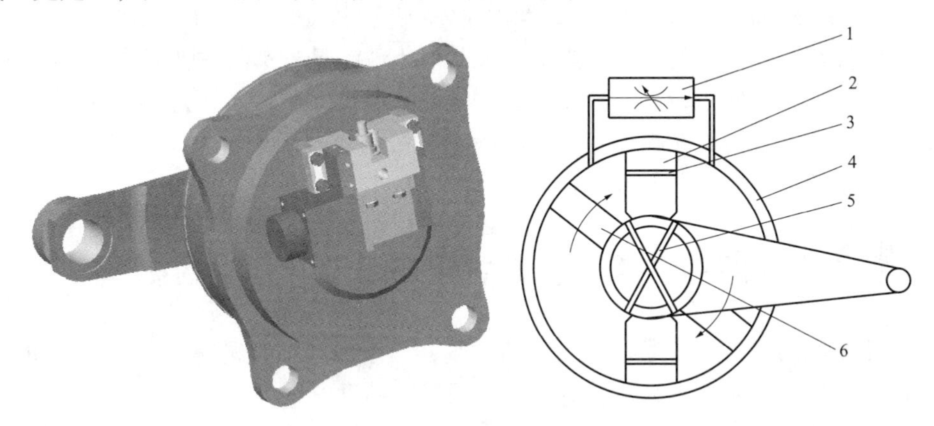

图 1 -9　可控式叶片减振器及其原理

1—比例阀；2—隔板；3—常通孔；4—壳体；5—均压孔；6—叶片

第 2 章

悬挂系统的性能指标

悬挂系统是军用车辆的重要组成部分，其性能主要为整车战技指标服务。按照我国对于一线军用车辆的要求，其战技指标按照重要性排列分别是：机动性、火力、防护性和可靠性。

悬挂的特性对其他部件的防护性影响不大，但为了满足整车防护性要求，悬挂部件应尽量布置在车轮内侧，以使车轮和裙板能够为悬挂部件提供保护，而不得不布置在车外侧的悬挂部件如液压缓冲器、筒式减振器等，要在满足本身刚度要求的前提下，校核防护性要求，对于不满足要求的部件应进行局部加强。

2.1 悬挂系统对军用车辆火力性能的影响

由于军用车辆的武器系统通常位于车的顶端，属于悬挂质量的一部分，在瞄准射击时，悬挂质量的过大振动会对射击精度特别是行进间射击精度有很大的影响，其中影响最大的是车辆的俯仰振动速度和横摆振动速度造成的火炮方位角的快速改变，所以即使有火炮稳定系统，但上述物理参数仍然会对射击精度造成较大的影响。

火炮射击的命中精度是体现坦克火炮威力的一项重要指标。在现代战争的条件下，要求坦克具有行进间射击的能力。影响射击精度的因素有很多，除了火炮与炮弹的设计性能和制造精度、射击时环境条件和炮手的操纵控制能力之外，行进中坦克发射系统的滞后效应和车体的振动也是非常重要的影响因素。

火炮在射击时，发射系统存在着发射延迟时间。在瞄准目标以后到炮弹出口要经过一段时间，其中包括：炮手瞄准目标直到执行发射的反应延缓时间（约 0.043 s）；发射机构内部动作时间（对于电击发射约为 0.006 s）；点燃火药、气体膨胀和炮弹沿炮管运动的时间（约 0.026 s）。它们的总时间称为发射延迟时间 Δt，约为 0.075 s（一般在 0.034 ~ 0.160 s）。在延迟时间内，火炮轴线和瞄准线会因车体振动而偏离正确的瞄准射击位置，从而降低射击的命中精度。

2.1.1 悬挂对射击精度的影响

车体的振动会使用机械方式连接的炮塔、火炮和瞄准镜一起振动。对火炮射击精度影响较大的是车体的俯仰振动和横摆振动。俯仰振动将会使火炮轴线在铅垂面内上下摆动，从而引起火炮射击角不断变化，导致弹丸产生很大的落点距离偏差；横摆振动会使火炮轴线在方位方向上产生变化，并引起弹丸的方位偏差。

坦克振动对射击精度的影响如图 2 - 1 所示。坦克火炮直接瞄准目标后，由于车体行进过程中的角振动，在发射延迟时间内，炮身轴线相对于瞄准方向会产生偏差角 $\Delta\varphi=\bar{\dot{\varphi}}\Delta t$（$\bar{\dot{\varphi}}$ 为平均角速度），对于射程为 D 的弹着点高度偏差 Δh 为

$$\Delta h = D\bar{\dot{\varphi}}\Delta t \tag{2-1}$$

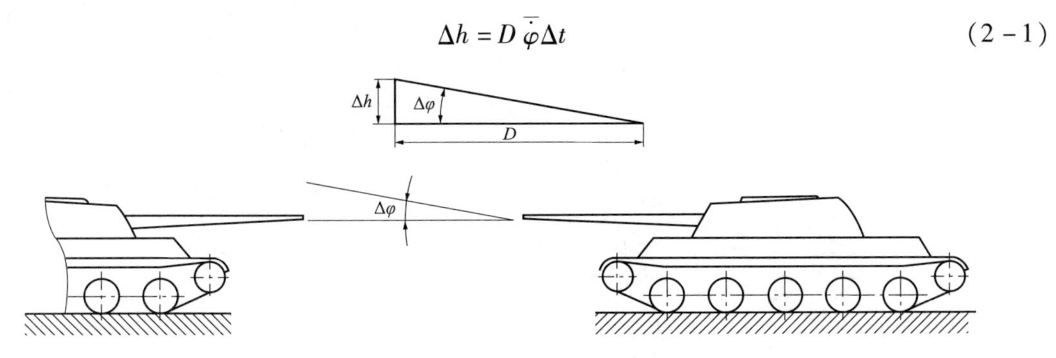

图 2－1　坦克振动对射击精度的影响

由此可知，振动角速度越大，射击偏差越大，欲使弹着点高度偏差 $\Delta h<1.5\text{m}$，则必须使平均角速度 $\bar{\dot{\varphi}}<0.01\text{rad/s}$，这就要求悬挂系统在车辆行驶过程中要有效降低车体的振动角速度。由于速度不易测量，故车辆角速度一般采用间接测量法，即角位移微分法和角加速度积分法。角位移微分法即在车辆首尾安装位移传感器，测量振动位移信号，从而推算出振动角位移信号，对角位移信号在时间长度上进行微分，得到角速度信号。角加速度积分法即在车辆首尾安装加速度传感器，测量振动加速度信号，并推算出振动角加速度信号，然后在时间长度上进行积分，得到角速度信号。

行进中的坦克，在距离 D（$D\approx 2\ 000\text{m}$）处，瞄准敌方坦克，设目标高为 H（$H=2.4\text{m}$），未安装稳定器的坦克炮，在炮手击发到炮弹出膛这段发射延迟时间 Δt 内，火炮随坦克俯仰振动，为使弹丸在弹着点高度上的偏差不超过目标的范围，坦克的振动角速度 $\dot{\varphi}$ 的均方根值 $\sigma_{\dot{\varphi}}$ 应小于 $\frac{1}{3}\left(\frac{H}{2D}\cdot\frac{1}{\Delta t}\right)$，当取 $\Delta t=0.075\ \text{s}$ 时，应有：

$$\sigma_{\dot{\varphi}}\leqslant\frac{1}{3}\times\frac{2.4}{2\times 2\ 000\times 0.075}=2.67\times 10^{-3}\ (\text{rad/s})\ =0.153\ ^{\circ}/\text{s} \tag{2-2}$$

一般坦克的俯仰角振动速度满足不了这一要求。为提高坦克火炮射击精度，现在坦克火炮都装有火炮稳定系统，使火炮在发射延迟时间内不随车体俯仰，稳定对准目标，因而不必单独提出火炮射击对悬挂的要求。改善悬挂的特性可以改善坦克行驶过程中的振动，也改善了稳定器的工作环境，对稳定器是有益的。

2.1.2　火炮稳定系统

火炮稳定系统是一套对火炮高低射角与方位射角具有驱动和稳定功能的装置。系统在俯仰方向上驱动和稳定的对象是火炮，在水平方向上驱动和稳定的对象是炮塔。利用该系统可以平稳、轻便地控制火炮轴线和瞄准线，因而大大降低了车体振动对火炮射击精度的影响。

在火炮稳定系统中，陀螺仪产生高低和水平方向的稳定及瞄准信号，它是测量火炮振动偏移量的部件。

图 2－2 所示为一种液浮陀螺仪。通电后陀螺电动机高速旋转，密封的浮筒中安装有陀螺框架，在壳体与浮筒之间充满了浮油。只有当经过通电加热的浮油达到某一温度时，才能把浮筒悬浮起来并允许系统进入自动状态。

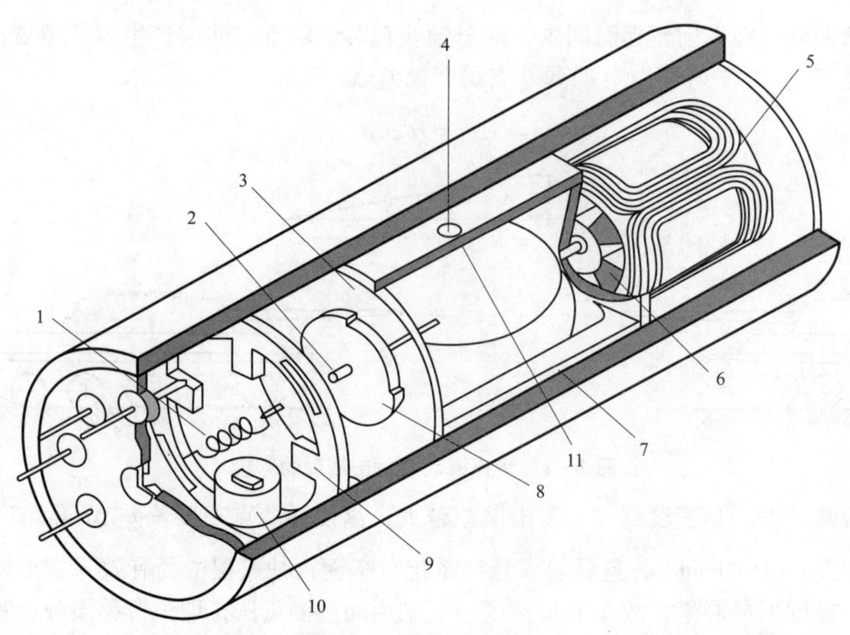

图 2-2 液浮陀螺仪示意

1—柔导线；2—输出轴轴承；3—万向节；4—旋转轴；5—转矩线圈；
6—转矩磁铁；7—流体间隙；8—传感器转子；9—传感器定子；10—线圈；11—转轮

当陀螺转子高速旋转时，如果陀螺仪壳体绕自转参考轴上下转动，则陀螺仪框架绕输出轴左右偏转。框架偏转角度的大小与壳体转动的角速度成正比。壳体转动的角速度越大，框架偏离角度越大；壳体以恒定角速度转动，框架就停留在已偏离的角度上，保持偏离角度大小不变；壳体停止转动，框架便在弹性预载球的作用下返回原位。这种二自由度的陀螺仪可用于测量陀螺仪外壳转动的角速度。

当火炮偏离瞄准位置时，陀螺仪绕其输入轴转动并导致输出轴的转动，信号传感器将测出的输出轴转动信号放大后输到力矩电动机，力矩产生的电流信号作为火炮偏移速度信号，经放大后，与瞄准电路输出的操纵台瞄准指令信号相加，再经过积分电路输出角度信号去驱动力矩电动机，使火炮回到偏离前位置。

2.2 悬挂系统对军用车辆机动性能的影响

悬挂系统的性能对车辆的机动性有至关重要的影响。一线军用车辆的机动性包括战略机动性和战术机动性，由于战略机动性主要考虑的是车辆的可部署性，因此，只讨论关于军用车辆的战术机动性。

军用车辆的战术机动性主要包括对复杂路况的通过能力和高速越野能力。军用车辆的战术机动性受车辆多个系统性能的制约，主要包括动力传动系统的性能，用于提供充沛的动力；设计良好的行动系统，保证车辆有良好的越障能力；悬挂系统，保证在车辆越障和高速越野行驶时，不会对车辆系统造成损伤及影响乘员健康和持续战斗力。

为了满足车辆的机动性，车辆悬挂要满足 3 类指标，即舒适性指标、约束性指标和可靠性指标。

2.2.1　舒适性指标

舒适性指标和军用车辆乘员所承受的振动加速度正相关，承受的加速度越大，舒适性越差。但由于人体本身是一个多自由的振动系统，因此，不但加速度的幅值会影响人的舒适性，而且在幅值相同的条件下，不同频率和方向的加速度对人的舒适性影响也不同。车体振动的加速度为分段稳定的随机过程，通常用加速度的均方根值来表示加速度的强弱。从1985年开始进行全面修订，到1997年公布的标准ISO2631－1：1997（E）评价长时间作用的随机振动和多输入点多轴向振动环境对人体的影响时，能与主观感觉更好地符合。

2.2.1.1　人的受振模型

ISO2631－1：1997（E）中规定的人的受振模型如图2－3所示。

对于图2－3所示坐姿有三个振动输入点，坐垫输入点要考虑垂直三轴向的线振动和垂直三轴向的角振动，座椅靠背触点与脚和地板触点只要考虑各垂直三轴向的线振动。

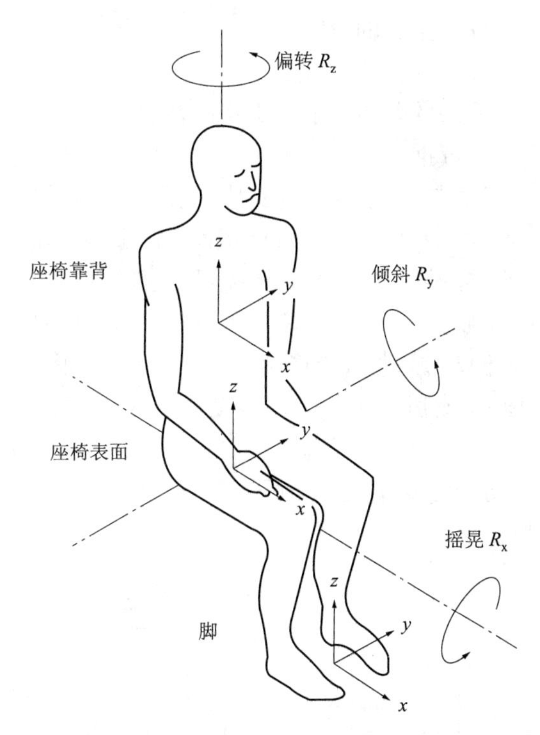

图2－3　ISO2631－1：1997（E）中规定的人体坐姿受振模型

车辆的振动越大，对车内乘员的激励也越大，车辆的舒适性也就越差。根据振动形式和持续时间可以将它划分为以下几种：

（1）瞬态和短时间的作用：固有衰减振动，车辆通过单个障碍和车辆窜动。

（2）简谐的、周期的和长时间的作用：单独的波形路面、发动机激励以及车轮和轮胎激励。

（3）随机的和长时间的作用。

因为人是一个各部分可以相对振动的机体，所以对某一振动作用的评价不是只根据其振动的强度，比如不是单单根据加速度幅值的大小，而是对于同样强度、不同频率的振动有不同的感受。这就意味着，在物理测量值和主观感觉之间存在着一种与频率有关的评价关系。

2.2.1.2 **振动频率对人的影响**

振动的强度一般是用加速度有效值来计量的。除了强度以外，还有两个十分重要的因素：一个是振动频率；另一个是人体承受振动的持续时间（暴露时间）。实验证明，人对频率为4～8Hz的振动感觉最敏感，频率高于8Hz或低于4Hz，敏感性就会逐渐减弱。对于同样强度、同样频率的振动来说，振动的影响还同振动的暴露时间有关。短暂时间内可以容忍的振动，时间一长就很可能变成不能容忍的振动了。

振动给予人的影响，按受到振动的强度和暴露时间大致有以下4种情况：

（1）“感觉阀”，人体刚能感受到振动的信息；

（2）“不舒适阀”，人体产生不舒适反应；

（3）“疲劳阀”，人体产生生理性反应；

（4）“极限阀”（或“危险阀”），超过它人体会产生病理性损伤。

因为振动对人是一种心理和生理的影响，所以个体差异十分明显。某些人可以容忍的振动，对另一些人却可能引起强烈的反感。但是，从统计观点来看，还是可以找出其平均值以及高限值和低限值。高限和低限的差值一般是1倍的数量级。

国际标准化组织（ISO）曾推荐一个评价标准，这个标准经过使用和检验，除了4Hz以下难以做精确测量外，其他与目前得到的实验数据是适应的。有的学者根据大量实验对ISO标准进行了修正，图2－4所示为经过修正的ISO振动标准。图2－4中有三个纵坐标，由左至右分别是：极限标准，相当于上述振动达到的危险阀；疲劳标准，振动强度超过它，人体会产生生理性疲劳，而且它还影响人的注意力和工作效率；不舒适标准，振动在这个标准以下，人们对振动不会产生太大的反感。图2－4中横坐标的频率值（Hz）适用于单一频率的振动或适用于无规律振动的1/3倍频带中心频率（Hz）。图2－4上诸曲线的振动暴露时间为一天内累计暴露的时间。图2－4上的标准是对人受到垂直振动来说的，即人们站在振动面上或者坐在椅子上时受到上下方向的振动。人们对水平振动要比垂直振动敏感一些。

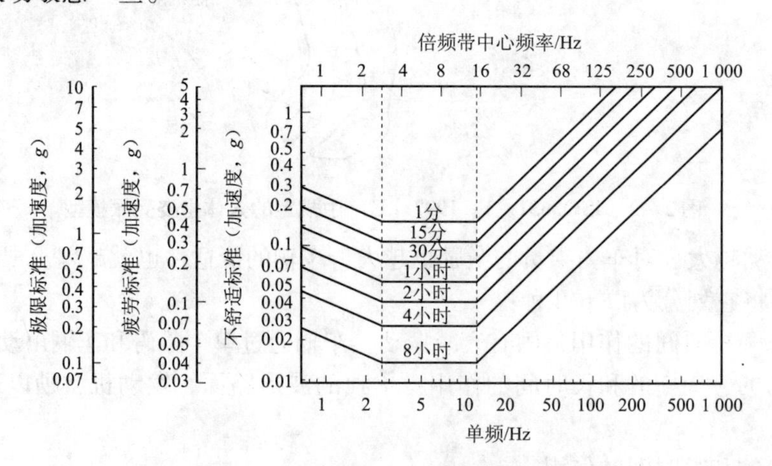

图2－4 经修订的ISO振动标准

此外，振动标准还受到不同环境和工作条件的影响。上述标准适用于一般工业系统和同振动操作有关的环境，而在其他条件下，要另定标准。例如在居住建筑中如果出现超过感觉阀的振动，很可能引起“恐惧”和反感，这时舒适标准就应定在“感觉阀”附近；如在战争环境中，首要的任务是保存自己、消灭敌人，这时就可以越过“疲劳阀”，把标准定在“极限阀”上。

2.2.1.3　驾驶员处加速度均方根值

由于驾驶员乘坐的位置距离悬挂质量质心最远，故俯仰振动对驾驶员处的影响最大，即驾驶员处为乘员中振动环境最恶劣处，因此，驾驶员处加速度均方根值通常用于比较不同车辆的舒适性指标。

进行舒适性评价时，首先要将 j 点 i 轴的加速度时间历程 a_{ij} (t) 作傅立叶变换得到 A_{ij} (f)，再乘以频率加权函数 W_{ij} (f) ［对应的 W_u (f)］得到 W_{ij} (f) A_{ij} (f)，然后将此乘积进行傅立叶逆变换，得到频率加权加速度的时间历程 $a_{W_{ij}}$ (t)，进一步计算该点、该轴频率加权的加速均方根值 $a_{W_{ij}}$：

$$a_{W_{ij}} = \sqrt{\frac{1}{T}\int_0^T a_{W_{ij}}^2(t)\,\mathrm{d}t} \tag{2-3}$$

式中，$a_{W_{ij}}$ (t) ——频率加权加速度的时间历程，$\mathrm{m/s^2}$；

T——振动信号测量时间，s，标准规定测量时间 T 最少应为 108s（相当于保证 1Hz 的信号可信度为 90%），比较典型的情况取测量时间 $T=5\sim10\mathrm{min}$。

人体在不同输入点、不同轴向对不同频率下的振动敏感程度不一样，该国际标准规定用 6 种频率加权函数 W_u（下标 u 有 c、d、e、f、k 和 j 等 6 种标志）来确定 j 输入点 i 轴向的频率加权函数 W_{ij}，其对应关系以及各个输入点不同轴向的轴加权系数 K_{ij} 见表 2－1。

表 2－1　舒适性评价时，频率加权函数 W_{ij} (f) 和轴向加权系数 K_{ij}

人体	坐标轴向	频率加权函数 W_{ij}	轴加权系数 K_{ij}
座椅表面	x_s	W_d	1.00
	y_s	W_d	1.00
	z_s	W_k	1.00
	γ_x	W_e	0.63m/rad
	γ_y	W_e	0.40m/rad
	γ_z	W_e	0.20m/rad
靠背	x_b	W_c	0.80
	y_b	W_d	0.50
	z_b	W_d	0.40
脚	x_f	W_k	0.25
	y_f	W_k	0.25
	z_f	W_k	0.4

各种频率加权函数 W_u（f）均由四种传递函数模的乘积构成。

$$W_u(f)=H_h(f)\,H_l(f)\,H_t(f)\,H_s(f) \tag{2-4}$$

式中，H_h（f），H_l（f），H_t（f）和 H_s（f）——高通传递函数的模、低通传递函数的模、$a-v$ 变换传递函数的模和阶梯传递函数的模。

它们的表达式分别为：

$$\begin{cases} H_h(f)=\left[(1-f_1^2/f^2)^2+2(f_1/f)^2\right]^{-\frac{1}{2}} \\ H_l(f)=\left[(1-f^2/f_2^2)^2+2(f/f_2)^2\right]^{-\frac{1}{2}} \\ H_t(f)=\left\{\left[1+(f/f_3)^2\right]/\left[(1-f^2/f_4^2)^2+(f/Q_4f_4)^2\right]\right\}^{\frac{1}{2}} \\ H_s(f)=\left\{\left[(1-f_5^2/f^2)^2+(f_5/Q_5f)^2\right]/\left[(1-f_6^2/f^2)^2+(f_6/Q_6f)^2\right]\right\}^{\frac{1}{2}} \end{cases} \tag{2-5}$$

各种频率加权函数 W_u（f）计算公式中的参数值见表 2-2。

表 2-2 频率加权函数 W_u（f）计算公式中的参数值

加权函数	带宽限制		$a-v$ 变换			阶梯传递函数			
	f_1/Hz	f_2/Hz	f_3/Hz	f_4/Hz	Q_4	f_5/Hz	Q_5	f_6/Hz	Q_6
W_c	0.4	100	8.0	8.0	0.63	∞	–	$=f_5$	–
W_d	0.4	100	2.0	2.0	0.63	∞	–	$=f_5$	–
W_e	0.4	100	1.0	1.0	0.63	∞	–	$=f_5$	–
W_f	0.08	0.63	∞	0.25	0.86	0.062 5	0.8	0.1	0.80
W_j	0.4	100	∞	–	–	3.75	0.91	5.32	0.91
W_k	0.4	100	12.5	12.5	0.63	2.37	0.91	3.35	0.91

由表 2-1 上各轴加权系数可以看出，座椅表面输入点 x_s、y_s、z_s 三个线振动的轴加权系数 $K_{ij}=1$，是 12 个轴向中人体最敏感处，其余各轴向的轴加权系数均小于 0.8。另外，ISO2631-1：1997（E）标准还规定，当评价振动对人体健康的影响时，就考虑 x_s、y_s、z_s 这三个轴向，且 x_s、y_s 两个水平轴向的轴加权系数取 1.4，比垂直轴向更敏感。

当同时考虑座椅表面 x_s、y_s、z_s 这三个轴向振动时，三个轴向的总加权加速度均方根值按下式计算：

$$a_v=\sqrt{(1.4a_{W_{x_s}})^2+(1.4a_{W_{y_s}})^2+a_{W_{z_s}}^2} \tag{2-6}$$

当振动中存在冲击时，用加速度均方根值无法体现冲击的影响，评价方法不充分。ISO2631-1：1997（E）标准给出了一种附加评价方法：四次方振动剂量值（*VDV*）方法。*VDV* 的计算公式为

$$VDV=\left[\int_0^T a_W^4(t)\,\mathrm{d}t\right]^{\frac{1}{4}} \tag{2-7}$$

式中，a_W（t）——频率加权加速度时间历程；

T——测量时间。

当 $\frac{VDV}{a_W T^{\frac{1}{4}}}>1.75$ 时，应采用附加的评价方法来一起评价振动对人的舒适性的影响，其中 a_W 表示频率加权加速度的分根值。

2.2.1.4　设计参数对舒适性的影响

由于路面谱可以看作是一个宽带的正态随机过程，对于简化为线性多自由的悬挂模型，舒适性指标和以下几个设计参数有关：垂直和俯仰振动的固有频率、垂直和俯仰振动的模态阻尼比以及悬挂质量和非悬挂质量的质量比。

垂直和俯仰振动的固有频率越低，悬挂的隔振性能越好，舒适性越好。但由于悬挂整体行程有限，垂直和俯仰振动的固有频率越低，意味着悬挂越软，悬挂的静行程越大，相对动行程越小，导致高速行驶时越容易出现悬挂撞击限位器的现象——悬挂击穿。同时，过低的固有频率（≤0.67Hz）会使乘员产生晕船感，降低了舒适性，过软的悬挂还会造成履带车辆行驶时，履带环的周长变化过大，容易造成脱带，轮式车在转向时的侧倾角度过大会影响车辆的操作稳定性。通常垂直振动固有频率取 0.7～1.25Hz，俯仰振动固有频率取 0.77～0.9Hz。

精确计算悬挂的垂直和俯仰振动固有频率需要求解多自由度微分方程的特征值，计算相对复杂，特别是在设计阶段存在很多参数未知，因此，可以用以下的计算式进行估算。

车体垂直线振动固有频率为

$$\omega_z=\sqrt{\frac{nk}{m_h}} \tag{2-8}$$

车体俯仰角振动固有频率为

$$\omega_\varphi=\sqrt{\frac{2k\sum_{i=1}^{n} l_i^2}{J}} \tag{2-9}$$

式中，n——车辆一侧车轮个数；

m_h——车辆悬挂质量的一半；

k——悬挂刚度；

J——车身俯仰转动惯量；

l_i——第 i 个车轮到车辆质心的距离。

上述估算值与用精确方法计算的值偏差不大。

悬挂质量和非悬挂质量的比值越大，车辆的平顺性越好，因此，在设计过程中，要特别重视非悬挂质量的减重设计。

根据线性系统理论，在确定了垂直和俯仰振动固有频率后，可以计算得到垂直和俯仰振动的模态阻尼比，使得驾驶员处加权均方根值最优。这里给出二自由度悬挂系统的最优阻尼比的计算公式：

$$\zeta_s=\frac{1}{2}\sqrt{\frac{1+\mu}{\mu\cdot\gamma}} \tag{2-10}$$

式中，μ——悬挂质量与非悬挂质量的质量之比，$\mu=m_s/m_u$；

γ——轮胎与悬挂的刚度之比，$\gamma=k_t/k$。

对于半车模型，其垂直振动和俯仰振动的最优模态阻尼比为 0.15～0.25，考虑到减振器散热功率的限制，上述模态阻尼比，特别是俯仰模态阻尼比很难达到最优要求。

2.2.2 约束性指标

约束性指标包括两个方面：一是悬挂的动挠度不能超过许用的悬挂动行程；另一个是减振器的发热不能超过减振器的最大散热功率。

2.2.2.1 悬挂动行程

要满足悬挂的动挠度不超过许用的悬挂动行程，可以采取两项措施，一是在设计中给悬挂留足够大的动行程，这一点在轮式车辆设计中通常容易满足，而对于履带车辆，其悬挂的总行程等于履带环的高度减去一个负重轮的直径，动行程等于总行程减去静行程，如图 2－5 所示。

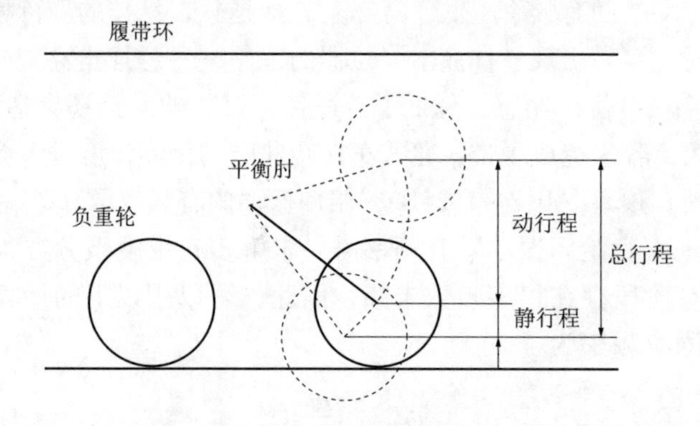

图 2－5 悬挂静、动、总行程示意图

当车辆的垂直和俯仰固有频率设定后，悬挂的静行程已经确定，则履带环的高度由总布置确定。采用增加悬挂刚度的办法降低悬挂动挠度往往会导致垂直和俯仰固有频率增大，进而破坏舒适性，增大悬挂阻尼又容易导致减振器过热。因此，履带车辆悬挂总行程的大小直接决定了车辆悬挂的最优性能，这在总体设计中应该给予重视。如果履带环高度不变，则只能换装小直径的负重轮，其带来的潜在负面影响包括：负重轮挂胶应力以及单位里程负重轮工作循环次数的增加，对于负重轮挂胶的寿命都会有不利影响。

为保证履带式装甲车辆沿不平高度 0.15～0.2m 的起伏地行驶时“悬挂击穿”的概率较小，第一负重轮设计动行程 $[f_d]$ 应大于 0.3m。

行驶过程中，负重轮行程达到 $[f_d]$ 时，车底距地高度最小，其值必须大于车辙深度 h_{cz}，车底才不致触地，因而静态的车底距地高度 h 应为 $h \geqslant [f_d] + h_{cz}$。履带辗压的未铺装的道路车辙深度 $h_{cz} \approx 0.1$m，现有车辆静态车底距地高度 h 为 0.45～0.55m。

实际路面不平度是随机过程，为使车辆能以车速 u 在规定等级的路面行驶时“悬挂击穿”概率极小，在负重轮行程的均方根值为 σ_f 时，应有 $[f_d] \geqslant 3\sigma_f$。

在评价车辆的悬挂系统时，一般把车轮行程的均方根值作为评价指标，“悬挂击穿”与否取决于车轮行程的均方根值是否大于设计动行程 $[f_d]$ 的 1/3。

表 2－3 所示为几种车辆负重轮动行程和车底距地高度。

表 2－3 几种车辆负重轮动行程和车底距地高度

车辆名称	T－54A	M113	ПТ76	M46	豹 1	豹 2	M1
$[f_d]$ /mm	142	210	203	206	279	350	381

续表

车辆名称	T－54A	M113	ПТ76	M46	豹1	豹2	M1
h_{ej}/mm	479.7	430	444	450	450	490（540）	480
f_d/H_{ej}	0.296	0.488	0.457	0.457	0.62	0.714	0.793

在悬挂总行程一定的情况下，能够协调平顺性和限制动挠度的方法是采用刚度渐增的非线性弹性元件和采用弹性缓冲器。刚度渐增的弹性元件以油气弹簧为代表，其弹性特性如图2－6所示。

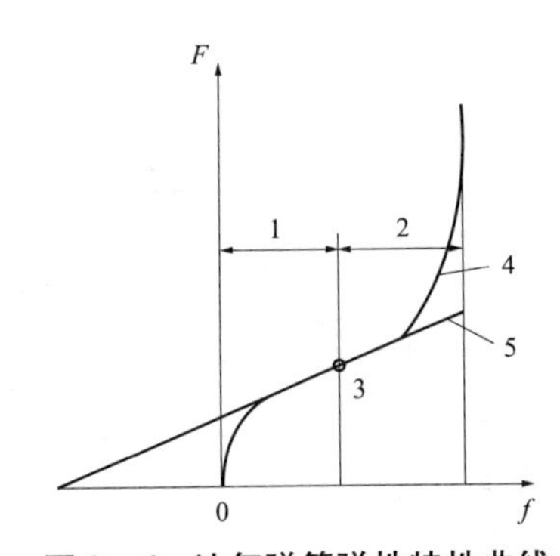

图2－6　油气弹簧弹性特性曲线

1—复原行程；2—压缩行程；3—额定载荷点；
4—渐增性刚度特性；5—线性刚度特性

具有渐增性刚度特性的悬挂在有限的动挠度范围内，比具有线性刚度特性的悬挂具有更大的位能储备，其中，悬挂位能储备是指悬挂从静载荷的位置起，变形到结构允许的最大变形为止所消耗的功。因此，具有非线性刚度特性的悬挂可以有效降低"悬挂击穿"的概率。

采用油气弹簧，在静平衡位置处弹簧等效刚度较低，车辆的俯仰和垂直固有频率较低，可以有较好的舒适性，而当车辆的动行程增大时，油气弹簧的等效刚度也增加，从而可将悬挂动挠度控制在需用动行程范围内，关于油气弹簧的设计计算，将在第6章中详细介绍。增加弹性缓冲器，不会影响车辆的俯仰和垂直固有频率，当悬挂的动挠度增大到一定程度时，弹性缓冲器参与工作，相当于和悬挂弹簧并联，提高了车辆悬挂的等效刚度，从而限制了动挠度的增加。

2.2.2.2　**减振器热容量**

减振器是把阻尼功转变为热耗散掉实现车辆减振的器件。为使工作效果稳定，其阻尼力受温度的影响要小，并在使用寿命期内性能降低不超过允许范围，应由合理的结构和制造质量保证。造成减振器过早失效的主要原因是减振器的能容量不能满足悬挂系统的要求，导致减振器温升过大，造成机械摩擦式减振器摩擦片压紧弹簧自动退火，或是液压减振器密封中橡胶（或塑料）件在高温高压下重塑变形失效。减振器的这类损坏在履带式装甲车辆上较为突出，这是因为这类车辆质量大，越野速度高，减振器阻尼功率大，而减振器外形尺寸及散热面积受到车体总布置的约束又较大。只有减振器的散热功率与它产生的阻尼功率在限定的温差条件平衡，才能保证其正常工作。

减振器的散热功率 N_s 为

$$N_s = k_T A \Delta T \tag{2-11}$$

式中，k_T——减振器的散热系数，与减振器形式、安置位置和安装方式有关；

A——散热面积；

ΔT——减振器表面温度与环境温度的差。

减振器表面温度受到零件耐温条件的限制，产生的阻尼功率 N_D 大于散热功率 N_s，温度便要上升，这是个逐步积累的过程，因而阻尼功率 N_D 应以平均功率作为衡量的依据。

1. 液压减振器的阻尼功率

履带式装甲车辆上用得较多的液压减振器，产生在悬挂上的阻尼力 F_{fD} 是负重轮相对车体运动速度 $\dot{f}$ 的函数，如图 2-7 所示。

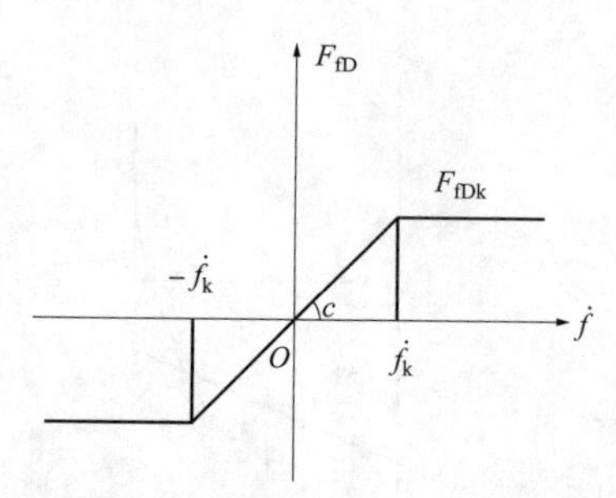

图 2-7 安装液压减振器时，悬挂上的阻尼特性

可近似地表示为

$$F_{fD}(\dot{f})=\begin{cases} c\dot{f} & (|\dot{f}|\leqslant\dot{f}_k) \\ c\dot{f}_k\sin(\dot{f}) & (|\dot{f}|>\dot{f}_k) \end{cases} \tag{2-12}$$

式中，c——悬挂系统的阻尼系数，Ns/m；

$\dot{f}_k$——液压减振器开阀时，负重轮相对车体的运动速度，m/s。

液压减振器的平均阻尼功率 N_D 为

$$N_D=\int_{-\infty}^{+\infty}F_{fD}(\dot{f})\dot{f}p(\dot{f})\,\mathrm{d}\dot{f} \tag{2-13}$$

式中，$p(\dot{f})$——$\dot{f}$ 的概率密度函数。

阻尼系数 c 一定的情况下，负重轮相对车体的运动速度 $\dot{f}$ 的均方根值 $\sigma_{\dot{f}}$ 越大，液压减振器阻尼功率 N_D 越大。液压减振器的开阀速度 $\dot{f}_k$ 不仅决定了液压减振器开阀时的悬挂阻尼力 F_{fDk}，还制约着减振器的阻尼功率 N_D。

液压减振器长度决定于负重轮总行程 $f_q=[f_d]+|f_j|$，减振器开阀的悬挂阻尼力 F_{fDk} 确定后，减振器的开阀压力差 Δp_k 和传动比 i 决定了减振器所需的当量面积 A_h 和散热面积 A，从功率平衡 $N_s=N_D$ 看，Δp_k 和（$[\Delta p]$）受制于减振器的散热系数 k_T。

为了满足最优阻尼比同时又不使减振器过热，可采用更大热容量的减振器。减振器的热容量受减振器的体积、结构形式和最高许用工作温度影响。减振器体积越大，表面积越大，同样条件下散热性越好；汽车用的双筒减振器，由于工作缸和外界之间还有一个空气夹层（贮液缸），因此，散热性差，为此，军用车辆常采用散热更好的单筒或并联式双筒减振器或叶片减振器，并将减振器紧贴在侧甲板上，从而改善减振器的散热性，但即便如此，也常常难以满足要求。

2. 机械摩擦式减振器的阻尼功率

由于常规的减振器阻尼力和减振器输入端的运动速度（线速度或角速度）成正比，因此，车辆的高频振动会导致减振器产生大量的热，而从动力学角度来看，上述高频振动无须减振器耗散，因为悬挂本身就是一个低通滤波器，高频振动对舒适性影响甚微。因此，要求减振器对高频、小振幅振动不衰减或少衰减，仅衰减低频大振幅的振动，豹 2 系列坦克采用阻尼力和行程有关的摩擦片式减振器正是基于上述考虑。

机械摩擦式减振器在悬挂中产生的阻尼力 F_{fD} 是负重轮行程 f 和相对车体运动速度 $\dot{f}$ 的函数，$F_{fD}=F_{fD}(f,\dot{f})$，如图 3－5 所示，可近似地表达为

$$F_{fD}(f,\dot{f})=\begin{cases}0 & (f<f_j)\\ \zeta k(f-f_j)\operatorname{sign}(\dot{f}) & (f_j\leqslant f\leqslant f_x)\\ \zeta k(f_x-f_j)\operatorname{sign}(\dot{f}) & (f>f_x\geqslant|f_j|)\end{cases} \tag{2-14}$$

式中，ζ——滞变阻尼系数，无因次数；

k——悬挂刚度，N/m；

f_j——负重轮静行程，m（f_j是负值）；

f_x——限位阻尼力的负重轮行程。

这时减振器的阻尼功率 N_D 为

$$N_D=\int_{-\infty}^{\infty}\int_{-\infty}^{\infty}F_{fD}(f,\dot{f})\dot{f}p(f,\dot{f})\,\mathrm{d}f\mathrm{d}\dot{f} \tag{2-15}$$

式中，$p(f,\dot{f})$——f，$\dot{f}$ 的联合概率密度函数。

在滞变阻尼系数 ζ 一定的情况下，σ_f 和 $\sigma_{\dot{f}}$ 越大，阻尼功率 N_D 越大。阻尼力限位行程 f_x 不仅限制了悬挂系统最大阻尼力 F_{fDM}，还制约着阻尼功率的增长。

摩擦副的摩擦系数 μ 由物理性能决定，在 F_{fDM} 一定的情况下，许用比压 [p] 决定了减振器的轴向长度，从而决定了散热面积。从功率平衡 $N_s=N_D$ 的角度看，[Δp] 受制于 k_T。机械摩擦式减振器的可靠性由选用适当的限位行程 f_x 和许用比压 [p] 来保证，从保证阻尼效果看，f_x 不宜小于 $|f_j|$，要求 $f_x\geqslant|f_j|$。

2.2.3　可靠性指标

2.2.3.1　平衡肘上的动载荷

平衡肘是履带式装甲车辆悬挂中的导向元件，其将履带作用在负重轮上的力传给弹性元件、阻尼元件（减振器）和行程限位器，决定负重轮相对车体运动的轨迹。平衡肘的结构应轻巧、坚固而不产生塑性变形。

在起伏地行驶，车辆接近坎儿顶端，驾驶员未及时减少对发动机供油，车辆越过坎儿顶端后便以高速俯冲向第二个坎儿，第一负重轮受到强力冲击，平衡肘撞击行程限制器，使第一负重轮“悬挂击穿”，负重轮传来的冲击力很大一部分通过行程限制器刚性地传到车体上，使乘员感觉极不舒适。

定义“击穿力”与静载之比 F_{jch}/F_{fj} 为“悬挂击穿”时的动力载荷系数 n_D 为

$$n_D=\frac{F_{jch}}{F_{fj}}=\frac{3.5nL-B+Dl_1}{CL} \tag{2-16}$$

式中，n——车辆一侧负重轮个数；

L——履带接地长，$L=l_1-l_n$；

$B = \sum_{i=1}^{n} l_i + \frac{l_p}{\rho^2} \sum_{i=1}^{n} l_i^2$；

l_i——第 i 个负重轮到车辆质心的距离，符号表示方向；

C——$C = 1 + \frac{l_p l_1}{\rho^2}$；

D——$D = n + \frac{l_p}{\rho^2} \sum_{i=1}^{n} l_i$。

例如：某坦克 $l_1 = 2.688\text{m}$，$L = 5.045\text{m}$，$l_p = 2\text{m}$，

$$\sum_{i=1}^{n} l_i = 1.147\text{m}, \sum_{i=1}^{n} l_i^2 = 18.4\text{m}^2, [f_d]/f_j = -2.5, n = 6, \rho = 2.474\text{m}。$$

计算得到：

$$B = 1.147 + \frac{2}{2.474^2} \times 18.4 = 7.159\ (\text{m})$$

$$C = 1 + \frac{2 \times 2.688}{2.474^2} = 1.878$$

$$D = 6 + \frac{2 \times 1.147}{2.474^2} = 6.375$$

$$n_D = \frac{3.5 \times 6 \times 5.045 - 7.159 + 6.375 \times 2.688}{1.878 \times 5.045} = 12.24$$

总载荷系数为 $n_z = n_D + 1 = 13.24$。

上例说明："悬挂击穿"时，在人能承受的振动情况下，悬挂装置总载荷约为静载荷的13倍左右。实际负重轮胶胎和履带板的橡胶垫有弹性，能使动载荷减小一些，设计时，该值应越小越好。

2.2.3.2 车轮动载

车轮动载指的是由于悬挂和非悬挂质量振动而附加在车轮上的交变载荷。

对于双轴的军用轮式车辆，由于车轮较少，车轮动载会影响车辆的操作稳定性，当车轮动载荷幅值超过静载荷并且和静载荷方向相反时，会使车轮短暂跳离地面，尤其在车辆高速过弯的工况下，可能会导致危险的发生。

而对于多轴车辆和履带式装甲车，由于车轮数量众多，个别车轮离地对车辆的行驶稳定性影响不大，但是对车轮及其悬挂部件的可靠性会产生不利影响。当动载荷和静载方向一致时，悬挂部件承受的是二者的绝对值的和，上述合力有时会数倍于静载荷。对于稳态激励产生的动载荷，适当的增加悬挂刚度和阻尼系数对于减小动载荷有好处，而对于单个激励造成的冲击载荷，较软的悬挂刚度可以有效地缓冲冲击，避免悬挂部件动载荷过大，且阻尼对于弹簧缓冲有不利影响。为了避免冲击载荷造成的过大动载，可以选择压缩阻尼小于复原阻尼的减振器，减振器中必须设置安全阀，以避免车轮受到高速冲击时阻尼力大幅上升。

第 3 章 悬挂系统的总体设计

按照行走系统的不同，军用车辆可以分为轮式车辆和履带式车辆。在一线使用的轮式车辆按照轴数不同，可以分为 2 轴车辆和多轴车辆，为了提高越野性，轮式车辆通常采用全驱的形式。履带车辆按照功能的不同，又可分为坦克和装甲运兵车。按照作战范围不同，军用车辆又可分为陆战车和水陆两栖车，两栖车具有浮渡能力，主要用于抢滩登陆，为了降低在水面航行的阻力，无论是轮式还是履带式车辆，都有在浮渡时收起车轮/负重轮的要求。目前的悬挂形式，只有油气悬挂能够实现上述功能，因此，通常两栖车都采用全油气悬挂方式。

3.1 轮式车辆悬挂的总体设计

3.1.1 轮式车辆悬挂形式的选择

轮式车辆悬挂可分为非独立悬挂［见图 3－1（a）］和独立悬挂［见图 3－1（b）］两类。非独立悬挂的结构特点是，左、右车轮用一根整体轴连接，再经过悬挂与车架（或车身）连接；独立悬挂的结构特点是，左、右车轮通过各自的悬挂与车架（或车身）连接。

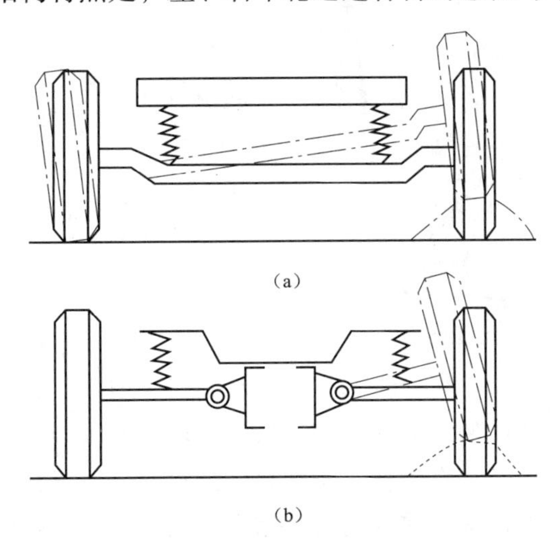

（a）

（b）

图 3－1 轮式车辆悬挂类型

（a）非独立悬挂；（b）独立悬挂

为了保证军用轮式车辆具有良好的越野性和舒适性，一线轮式车辆都采用了性能良好的独立悬挂。对于一线军用车辆，通常采用全驱形式，因此，车上只有两种车桥：转向驱动桥和普通驱动桥。转向驱动桥通常为车的前桥，对于多轴轮式车辆，为了提高转向性能，常采用双桥转向，其前两个车桥都是转向驱动桥；对于采用4 轮转向的双轴车，则只有转向驱动桥。

不同类型的车桥采用的悬挂形式也不同：对于驱动桥，多采用双横臂式（见图3－2）和麦弗逊式（见图3－3）。前者具有良好的悬挂性能和可设计性，很多高性能的运动车均采用非等长双横臂式悬挂形式。双横臂式悬挂的缺点是占用空间比较大，造价高。另一种广泛应用的前悬独立悬挂为麦弗逊式，该悬挂在乘用车前悬应用最广。麦弗逊式悬挂的特点是零部件少，弹簧和减振器可同轴布置，占用空间小，便于发动机前置布置；缺点是减振器活塞杆需承受侧向力，影响减振器寿命。

图3－2　双横臂式悬挂3D模型

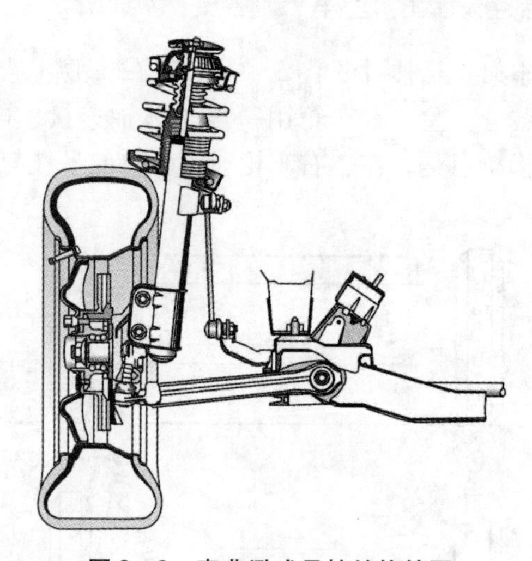

图3－3　麦弗逊式悬挂结构简图

因此，军用轮式车中使用的麦弗逊式悬挂做了一些改进（见图3－4），将螺旋弹簧和减振器非同轴布置，而新增加了一个滑柱，布置在传统麦弗逊式悬挂减振器的位置，来承受侧向力，改善了减振器的受力情况。作为普通驱动桥，多采用纵臂和斜置臂的悬挂方式（见图3－5），而在高级轿车中广泛使用多联杆式悬挂，但由于其结构复杂，占用空间大，所以在军用车辆中应用较少。

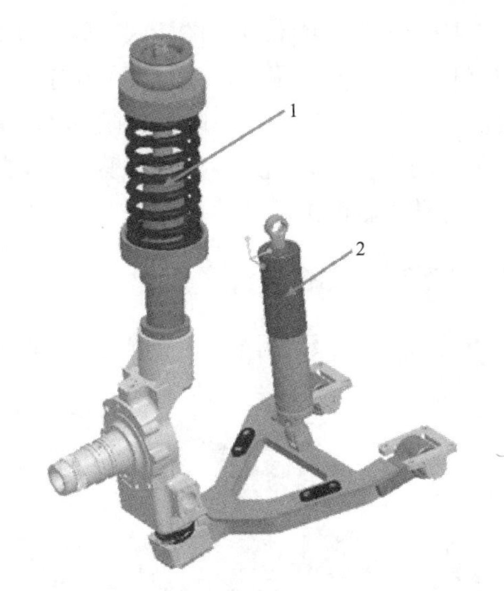

图3-4　改进后的麦弗逊式悬挂3D模型

1—滑柱；2—减振器

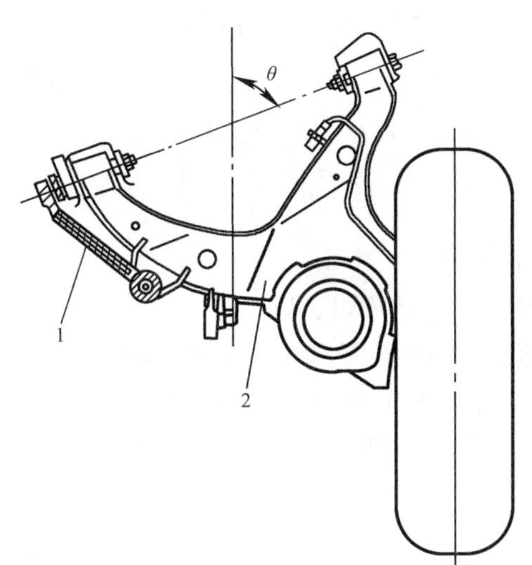

图3-5　单斜臂式独立悬挂结构简图

1—控制前束杆；2—单斜臂

3.1.2　轮式车辆悬挂部件的选择

麦弗逊悬挂和纵臂、斜置臂悬挂形式，使用最多的是螺旋弹簧+液压筒式减振器，优点是和民用车辆的悬挂部件接近，可以在民用厂家生产，造价低，产品一致性好。为了满足防护性和军用车辆复杂行驶条件件的要求，减振器的壳体和活塞杆需要采用高强度的合金钢，如38CrSi。由于军品的工作温度为-43℃~120℃，故橡胶密封件的要求与民品不同。丁腈橡胶只能耐90℃的高温，而国产氟橡胶在低于-20℃后，弹性明显下降，只有氢化丁腈橡胶能够满足使用要求。

对于前悬采用双横臂的轮式车，如果采用发动机前置，则悬挂空间可能比较紧张，可以考虑采用纵置的扭杆弹簧作为前悬的弹性元件。

油气弹簧具有渐增刚度的特性，为一些高性能的轮式车辆所采用，不但能够显著的提高车辆的舒适性，而且通过增加控制系统，实现了车体距地高的调节。增加车体距地高，可以提高车辆的通过性，在公路高速行驶时调低车高，可以降低风阻和重心高度，改善车辆的操作稳定性。对于在浮渡中需要收起车轮的车辆，只能选用油气弹簧。轮式车辆的充气车胎具有较大的浮力，采用普通的油气弹簧，将动力缸的油液放掉一部分，利用轮胎的浮力即可收起车轮。

3.1.3 轮式车辆悬挂总体参数的设计

对于双轴车辆（见图3-6），可以参照乘用车设计的方法，确定前、后桥的偏频和阻尼比。

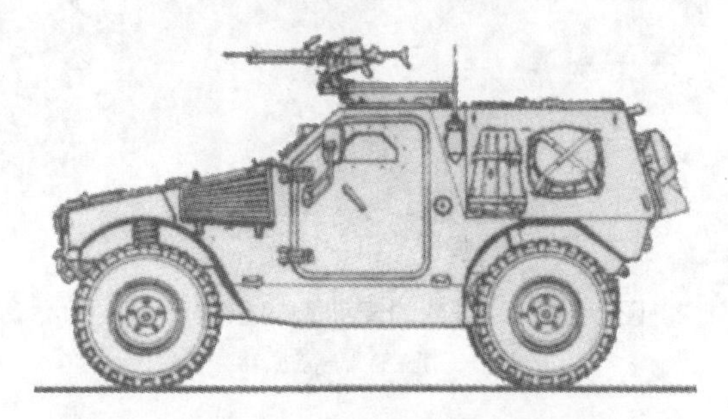

图3-6 双轴轮式装甲车

双轴车辆质量分配系数等于1时，车辆前、后轴上方车身两点的振动不存在联系。因此，车辆前、后部分车身的偏频 n_1 和 n_2 可用下式表示：

$$n_1=\frac{1}{2\pi}\sqrt{k_1/m_1};\ n_2=\frac{1}{2\pi}\sqrt{k_2/m_2} \tag{3-1}$$

式中，k_1，k_2——前、后悬挂的刚度，N/m；

m_1，m_2——前、后悬挂的悬挂质量，kg。

原则上，载人双轴车辆的发动机排量越大，悬挂的偏频应越小，要求满载前悬挂偏频在0.8~1.15Hz，后悬挂偏频则要求在0.98~1.3Hz。装载货物或人员的车辆满载时，前悬挂偏频要求在1.5~2.1Hz，后悬挂偏频则要求在1.7~2.17Hz。

阻尼比的计算公式如下：

$$\xi_1=\frac{c_1}{2\sqrt{m_1k_1}},\ \xi_2=\frac{c_2}{2\sqrt{m_2k_2}} \tag{3-2}$$

式中，c_1，c_2——前、后悬挂的阻尼系数，Ns/m。

对于多轴车辆（见图3-7），由于车身较长，则常采用垂直+俯仰固有频率及垂直+俯仰模态阻尼比的设计方法。

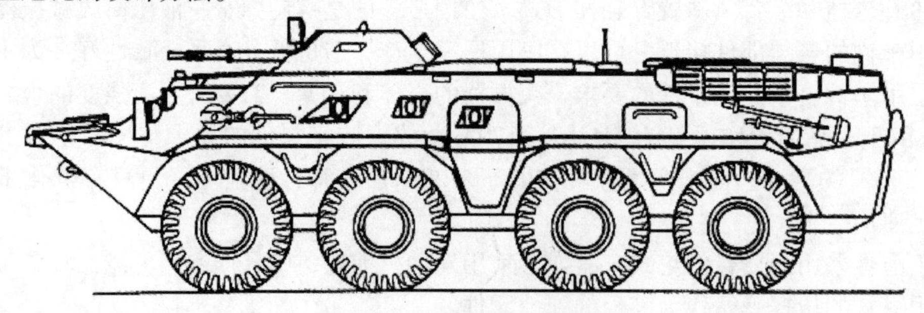

图3-7 多轴轮式装甲车辆

多轴轮式车辆的固有频率和阻尼比设计方法与履带式车辆相同，将在履带车辆悬挂总体参数设计中进行详细介绍。

3.2　履带车辆悬挂的总体设计

履带式军用车辆行驶装置主要由主动轮、履带、负重轮、诱导轮、履带张紧机构、托带轮（或托边轮）、张紧轮及诱导轮补偿张紧机构等部件组成，如图 3－8 所示。其基本功能是把动力传动装置传来的转矩经主动轮和履带转变为坦克的牵引力，推动坦克行驶；制动时，通过传递地面传来的地面制动力来实现坦克制动；负重轮支撑坦克的质量；履带为负重轮提供一条连续滚动的轨道（支承面），从而使坦克有良好的通过性。

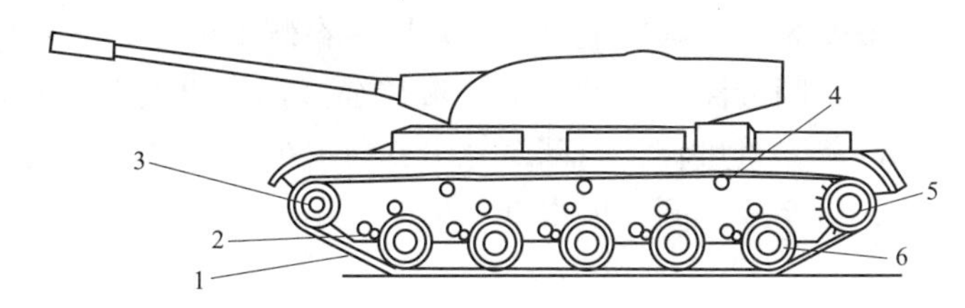

图 3－8　履带式军用车辆的行驶装置

1—履带；2—悬挂装置；3—诱导轮；4—托带轮；5—主动轮；6—负重轮

3.2.1　履带车辆悬挂形式的选择

依据主动轮安装的位置，可将履带行驶装置分为主动轮前置（前驱）和主动轮后置（后驱）两种方案。当动力—传动舱位于车体前部时，往往采用主动轮前置方案。这种方案在某种程度上可以改善车辆在松软地面上的通过性（因为在牵引力作用下，履带对地面的单位压力分配比较均匀）。主动轮后置方案的优点是，可以使车辆用前进挡行驶时降低履带行驶装置的功率损失，保证它对战斗车辆的武器有较好的防护作用，并且当车体振动时可以减小主动轮对地面的撞击概率。

履带车辆采用平衡肘为导向结构的悬挂形式。

3.2.2　履带车辆悬挂部件的选择

1. 扭杆弹簧＋叶片式减振器

按照履带式装甲车辆的用途其可以分为主战坦克、装甲运兵车和两栖突击车。主战坦克因为要完成正面突击的任务，故配有大口径火炮和厚重的金属装甲，导致车重较大，我国的主战坦克车重都在 40～60 t。为了降低被击中概率，主战坦克需要低矮的外形，且其悬挂部件首先要有很好的承载能力，其次要有好的防护性和紧凑的结构。主战坦克首选的悬挂部件是扭杆弹簧＋叶片式减振器。中、美、俄和欧洲都基本贯彻这一设计思路，少数例外包括英国、日本的主战坦克采用油气悬挂。

圆断面扭杆弹簧在现代履带式军用车辆上应用最广，优点是结构简单，工作可靠，重量轻且维修方便，工艺性好。单扭杆弹簧在履带式军用车辆上应用已有六十多年，其缺点是悬挂特性基本上是线性的，它使悬挂性能进一步提高受到限制，也不便于实现可控及可调，通过改善扭杆的材料，采用强扭、滚压、喷丸等工艺措施，则可使扭杆悬挂的性能有很大的提高。到目前为止，进一步提高性能已相当不容易，因此今后提高车辆悬挂性能的途径之一就是采用油气弹簧。

有些履带式军用车辆没有托带轮，且负重轮直径较大并受布置的限制，故只好采用叶片式减振器。叶片式减振器是依靠旋转叶片产生阻力力矩，它的阻尼力依靠限压阀限压与叶片和各固定部件间的缝隙及节流孔节流产生，要得到满意的阻尼需要严格控制缝隙的尺寸精度。叶片式减振器在结构上难以保证在温度变化时具有稳定的阻尼系数，一般当温度升高时，其阻尼系数就急剧下降。

2. 扭杆弹簧+液压筒式减振器

对于装甲运兵车，由于车重的降低，悬挂布置空间相对宽松，目前主要的悬挂形式为扭杆弹簧+液压筒式减振器，部分车辆采用油气悬挂形式。

液压筒式减振器一般安装在平衡肘上方，上端固定在侧甲板上，下端与平衡肘相连，由带杆的活塞在充满液体的封闭缸筒内运动，迫使液体通过活塞上的节流孔流动，形成压差，产生阻尼力。它的结构简单，重量轻，内部缝隙少，漏损少，阻尼力性能稳定，零件可用精拔钢管、粉末冶金制造，生产效率高，成本低，适于大量生产。

3. 全油气悬挂

两栖突击车由于在浮渡时要收起负重轮，因此，必须采用全油气悬挂。和轮式车辆不同，两栖突击车负重轮采用实心橡胶，浮力与重力比要远小于充气轮胎，因此，普通的油气弹簧无法满足收起负重轮的需求。国内的履带两栖突击车采用的是带反压气室的油气弹簧，当油气弹簧中的液压油放出后，利用反压气室的气体压强收起负重轮。

油气弹簧集弹性元件与阻尼元件于一体，布置油气弹簧的悬挂系统一般不需要额外布置减振器。油气弹簧的弹性元件实质上是气体弹簧，它是通过密闭容器中的高压氮气受压缩时吸收冲击能量来实现弹性特性的。油气弹簧具有很好的非线性特性，其刚度随压缩量的增加而显著增大，因而改善了悬挂性能。

3.2.3 履带车辆悬挂总体参数的设计

3.2.3.1 悬挂刚度的确定

履带车辆在振动过程中，其悬置车体相对其静平衡位置处于既有上下垂直位移 z，又同时绕通过其重心的横轴俯仰旋转一个角度 φ 的位置。即车体振动既有垂直线振动又有俯仰角振动。

车体垂直线振动固有频率为

$$\omega_z = \frac{nk}{m_h} \tag{3-3}$$

车体俯仰角振动固有频率为

$$\omega_\varphi = \sqrt{\frac{2k\sum_{i=1}^{n} l_i^2}{J}} \tag{3-4}$$

车轮垂直线振动固有频率为

$$\omega_w = \sqrt{\frac{k + k_w}{m_w}} = \sqrt{\frac{a_m nk\ (1 + a_k)}{m_h}} = \omega_z\ \sqrt{a_m\ (1 + a_k)} \tag{3-5}$$

式中，a_k——刚度比，$a_k = k_w/k$；

a_m——悬置质量与非悬置质量的比，$a_m = m_h/(nm_w)$。

振动周期与固有频率的关系为

垂直振动周期：

$$T_z = \frac{\omega_z}{2\pi} \tag{3-6}$$

俯仰振动周期：

$$T_\varphi = \frac{\omega_\varphi}{2\pi} \tag{3-7}$$

在设计履带车辆的刚度特性时，主要依据平顺性指标，即保证履带车辆的振动频率使乘员能够适应不致晕车或疲乏。

对乘员的感觉不起显著影响的履带车辆振动的允许周期（或频率）范围，可以由步行时人的器官舒适的条件来决定。人们正常有节奏的行走步速为50～120步/min，这一步速对应的振动周期为0.5～1.2 s，人体器官对这样周期的振动比较习惯。

履带车体的俯仰振动对火炮射击精度和乘员疲劳的影响较大，在设计悬挂时可选用俯仰振动周期 $T_\varphi = 1.1 \sim 1.3$ s。

现代坦克垂直振动周期和俯仰振动周期为

$$T_\varphi = 0.8 \sim 1.55\ \text{s},\ T_z = 0.5 \sim 1\ \text{s}$$

在选定振动周期值 T 后，可以根据公式确定振动固有频率 ω，进而初步确定悬挂的刚度 k。

3.2.3.2　悬挂阻尼的确定

由于履带能够为车辆悬挂系统提供附加的阻尼，因此，在阻尼比的选择上，履带车辆可以比轮式车辆稍小，特别是履带对车辆的俯仰振动有较大的衰减。

在确定悬挂的阻尼特性时，首先要根据路况和车速选取适宜的阻尼比，然后确定悬挂的阻尼系数。

车体垂直线振动的阻尼比为

$$\xi_z = \frac{\gamma c}{2m_h\omega_z} \tag{3-8}$$

车体俯仰角振动阻尼比为

$$\xi_\varphi = \frac{c}{J\omega_\varphi}\sum_{i=1}^{\gamma} l_i^2 = \frac{c}{2m_h\omega_\varphi}\sum_{i=1}^{\gamma} b_i^2 \tag{3-9}$$

车轮垂直线振动阻尼比为

$$\xi_w = \frac{c}{2m_w\omega_w} = \xi_z\frac{n}{\gamma}\sqrt{\frac{a_m}{1+a_k}} \tag{3-10}$$

式中，γ——车辆一侧减振器数量。

由于 b_i、a_m、a_k、n 和 γ 为悬挂系统总体方案确定的常数，故 ω_z确定后，ω_φ、ω_w随之确定；同样地，当 ξ_z确定后，ξ_φ、ξ_w亦随之确定。即悬挂系统中只有 ω_z和 ξ_z是独立变量。

前面已经介绍了车体垂直振动固有频率 ω_z的确定方法，对于车体垂直线振动阻尼比，一般利用下式来确定悬挂的最优阻尼比：

$$\xi_{zm}=\frac{1}{2}\sqrt{\frac{1+a_m}{a_m a_k}} \tag{3-11}$$

一般车辆的最优阻尼比 $\xi_{zm}\subset$（0.15，0.2）。若取质量比 $a_m=10$，刚度比 $a_k=9$，代入上式可得最优阻尼比为 $\xi_{zm}=0.175$，可以看出，解析求得的数值在该范围内。

确定了悬挂的最优阻尼比，便可确定悬挂的阻尼系数 c。

3.3 多轴轮式车辆与履带式车辆的静不定问题

3.3.1 车轮（负重轮）载荷计算及位置调整

由于多轴轮式车辆与履带式车辆具有多个车轮轴，行驶系总体设计各车轮（负重轮）位置确定过程中，应检查在静止状态各负重轮载荷分配是否合理、车体在纵向是否倾斜过多，为此应计算各个负重轮上的载荷，并对各个负重轮的位置做必要的调整，使车体能消除过多的纵向倾斜，且使各负重轮承担的载荷比较接近。

3.3.1.1 多支点悬挂各负重轮上力的计算

对于多支点悬挂，不管其形式如何，均可简化成图 3－9 所示的一般计算简图。

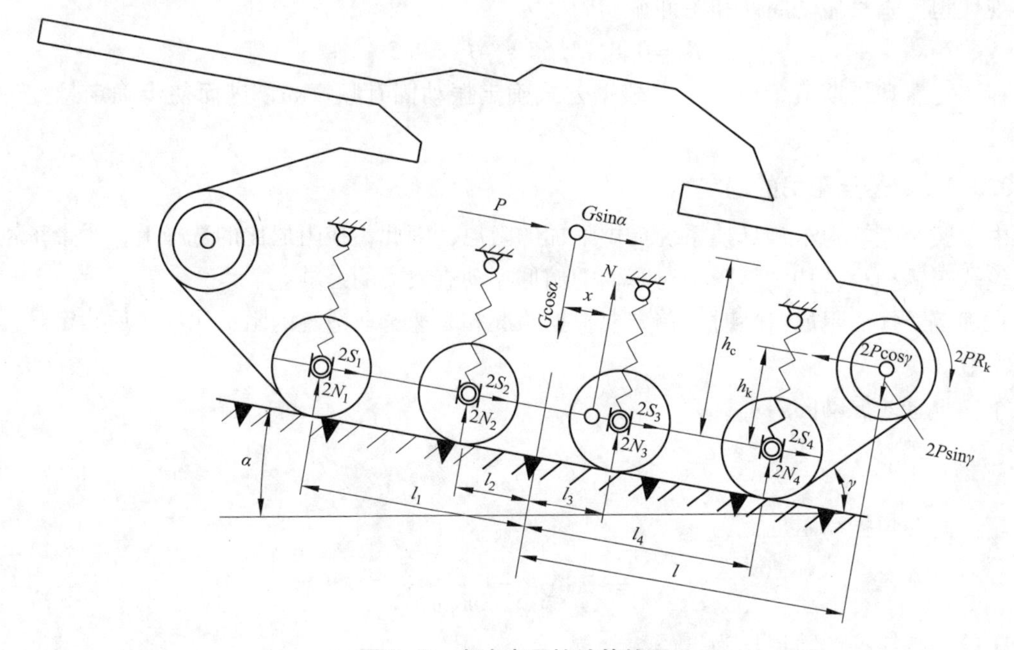

图 3－9 多支点悬挂计算简图

已知下列参数：车辆悬挂质量 G_x，纵向坡道角 α，作用在主动轮上扭矩 PR_k，离去角 γ，车体重心至各负重轮中心的水平距离 l_1、l_2、l_3、l_4，车体重心到主动轮中心的水平距离 l，车体运动加速度 a，车体重心、主动轮中心至负重轮中心的垂直距离 h_c 和 h_k。

一般情况下作用在车体上的力和力矩有：$G_x\cos\alpha$ 和 $G_x\sin\alpha$ 为悬挂重量的垂直分力和水平分力；$P\cos\gamma$ 和 $P\sin\gamma$ 为牵引力在主动轮轴上的分力；N_1、N_2、N_3 和 N_4 为负重轮轴上的法向反作用力，其合力为 N；S_1、S_2、S_3 和 S_4 为传给车体的切向反作用力；PR_k 为主动轮上反作用力矩。设 N 至重心的距离为 x，按车体平衡方程有 N 和 x 值为

$$N=\frac{G_x}{2}\cos\alpha+P\sin\gamma \tag{3-12}$$

$$x=\frac{G_x\left(\pm\sin\alpha\pm\dfrac{a}{g}\right)h_c}{2N}+\frac{2P\ (l\sin\gamma+R_k-h_k\cos\gamma)}{2N} \tag{3-13}$$

式中，正号用于车辆上坡和加速时，负号用于车辆下坡和减速时。

由式（3-13）可知，弹性中心和车体重心间的偏移量 x 与结构参数 R_k、h_c、l 和 h_k 有关。

利用图3-9，经简化后设计计算简图（见图3-10），一侧有 n 个负重轮，车体相对于支撑平面的倾斜角为 φ。为确定弹簧上的载荷 P_1、P_2、P_3、…、P_n，可写出下列力和力矩平衡式：

$$\sum_{i=1}^{n}P_i-N=0 \tag{3-14}$$

$$\sum_{i=1}^{n}P_il_i-Nx=0 \tag{3-15}$$

两个方程有 n 个未知数 P_1、P_2、P_3、…、P_n，还缺 $n-2$ 个方程，可利用力与负重轮行程间的关系来计算。设悬挂特性为线性且各负重轮上的刚性系数 m_x 相等，可写出力 P_i 与负重轮行程 f_i 的各方程为

$$\left.\begin{aligned}P_1&=m_xf_1\\P_2&=m_xf_2\\&\vdots\\P_n&=m_xf_n\end{aligned}\right\} \tag{3-16}$$

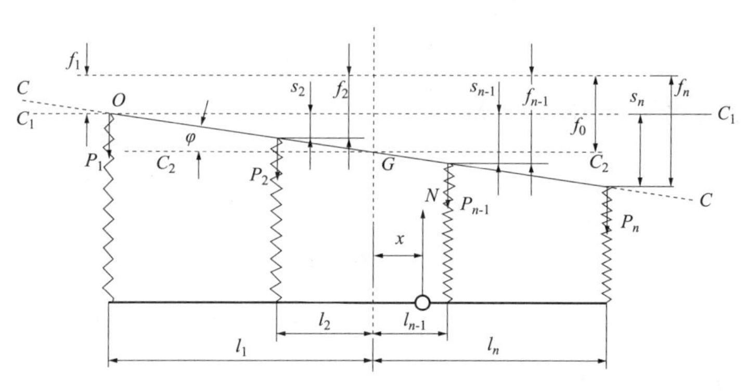

图3-10　计算简图

由图3-10几何关系可得：

$$f_i=f_0\pm dl_i \tag{3-17}$$

式中，f_0——负重轮的静行程；

d——$d=\tan\varphi$。

将 f_i 值代入式（3-16）得：

$$\left.\begin{aligned} P_1 &= m_x\ (f_0 \pm dl_1) \\ P_2 &= m_x\ (f_0 \pm dl_2) \\ &\vdots \qquad \vdots \\ P_n &= m_x\ (f_0 \pm dl_n) \end{aligned}\right\} \tag{3-18}$$

现有 $n+2$ 个未知数：P_1、P_2、P_3、…、P_n、d 和 f_0，由 $n+2$ 个方程即可解得各未知数。

由式（3-18）得：

$$\sum P_i = m_x\left(nf_0 \pm d\sum l_i\right) \tag{3-19}$$

将 $\sum P_i$ 和 P_i 值代入式（3-14）和式（3-15），得只含有未知数 d 和 f_0的两个方程为

$$\left.\begin{aligned} m_x nf_0 \pm m_x d\sum l_i &= N \\ m_x f_0\sum l_i \pm m_x d\sum l_i^2 &= Nx \end{aligned}\right\} \tag{3-20}$$

解得：

$$\left.\begin{aligned} d &= \frac{N}{m_x}A \\ f_0 &= \frac{N}{m_x}B \end{aligned}\right\} \tag{3-21}$$

式中，

$$\left.\begin{aligned} A &= \frac{nx - \sum l_i}{n\sum l_i^2 - \left(\sum l_i\right)^2} \\ B &= \frac{\sum l_i^2 - x\sum l_i}{n\sum l_i^2 - \left(\sum l_i\right)^2} \end{aligned}\right\} \tag{3-22}$$

将 d 和 f_0值代入式（3-18）得：

$$P_i = N\ (B \pm Al_i) \tag{3-23}$$

将 P_i值代入式（3-16）得：

$$f_i = \frac{N}{m_x}\ (B \pm Al_i) \tag{3-24}$$

式中，A，B——系数，反映了由于负重轮位置对车体重心不对称（$\sum l_i \neq 0$）和弹性中心偏移距 x 对 P_i、f_i、d 和 f_0的影响。

当负重轮位置对称分布时，$\sum l_i = 0$，故有：

$$\left.\begin{aligned} A &= \frac{x}{\sum l_i^2} \\ B &= \frac{1}{n} \end{aligned}\right\} \tag{3-25}$$

如弹性中心也无偏移（$x=0$），此时有：

$$\left.\begin{aligned} A &= 0 \\ B &= \frac{1}{n} \end{aligned}\right\} \tag{3-26}$$

$$\left.\begin{aligned} P_1 = P_2 = P_3 = \cdots = P_n = \frac{N}{n} \\ f_1 = f_2 = f_3 = \cdots = f_0 = \frac{N}{nm_x} \end{aligned}\right\} \tag{3-27}$$

上述计算只适用于下列情况：所有负重轮刚性系数 m_x 相等，各负重轮原始安装位置均在同一水平面上。

有些车辆与上述情况不同，即各负重轮悬挂刚性系数 m_x 不等；各负重轮原始安装位置不在同一水平面上。对此求负重轮负荷的方法如下。

悬挂计算简图如图 3－11 所示，则相应式（3－18）可写成：

$$\left.\begin{aligned} P_1 &= m_{x1}\ (f_1' + f_0 - dl_1) \\ P_2 &= m_{x2}\ (f_2' + f_0 - dl_2) \\ &\vdots \\ P_n &= m_{xn}\ (f_n' + f_0 - dl_n) \end{aligned}\right\} \tag{3-28}$$

式中，f_i——负重轮从原始安装位置到其他负重轮位于同一水平面时的行程；

f_0——从所有负重轮均达到同一水平面开始计算的负重轮行程。

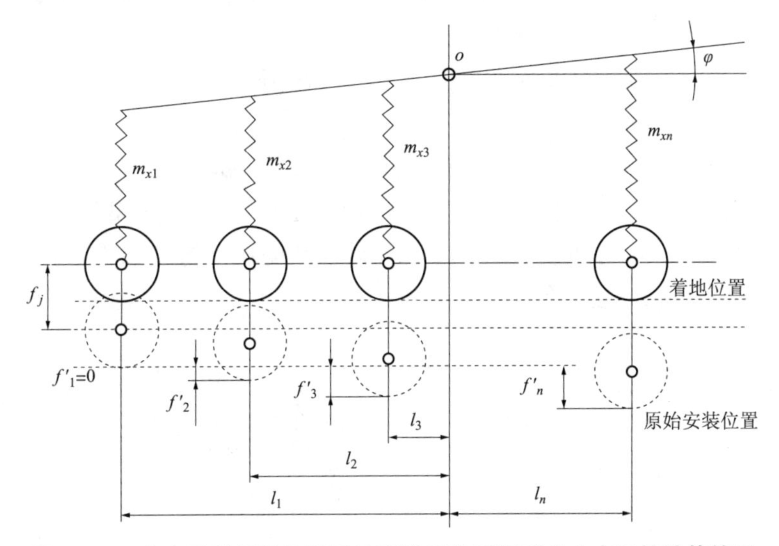

图 3－11　各负重轮原始位置悬挂刚性系数不同时多支点悬挂计算简图

按类似计算步骤解得 d 和 f_0，代入式（5－28）便可求得负重轮上的载荷。

当考虑车辆一侧负重轮对另一侧负重轮有偏移时（指扭杆悬挂左侧扭杆对右侧扭杆在纵向有少量偏移），负重轮上的载荷也可用上述公式计算，但支撑数要增加一倍，即 $i=1, 2, \cdots, 2n$。

除最后一个负重轮上的力 S_n 外，其他所有负重轮（见图 3－12）切线力 S_1，S_2，$\cdots$，S_{n-1} 都可由下列平衡条件确定：

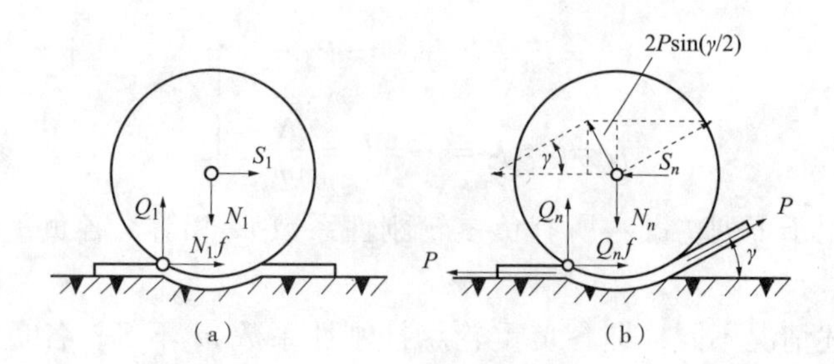

图 3-12 后负重轮及以外负重轮上作用力

(a) 后负重轮以外各负重轮上的作用力；(b) 后负重轮上的作用力

$$\left.\begin{aligned} S_1 &= fN_1 \\ S_2 &= fN_2 \\ &\vdots \\ S_{n-1} &= fN_{n-1} \end{aligned}\right\} \tag{3-29}$$

式中，f——土壤变形后负重轮沿履带的滚动阻力系数。

最后一个负重轮上的力 S_n 可根据后负重轮上各个作用力的平衡条件确定：

$$\left.\begin{aligned} N_n - Q_n - P\sin\gamma = 0 \\ S_n + P(1-\cos\gamma) - fQ_n = 0 \end{aligned}\right\} \tag{3-30}$$

解上式得：

$$S_n = f(N_n - P\sin\gamma) - P(1-\cos\gamma) \tag{3-31}$$

以上分析表明，车辆运动时各个负重轮所承受的负荷要重新分配，$\sin\gamma$ 及（$l\sin\gamma + R_k - h_k\cos\gamma$）的值越大，则各负重轮上的载荷与静载荷的差值越大。

橡胶轮缘的过热和损坏主要发生在车辆高速行驶时，故计算负重轮载荷时，作用在主动轮的扭矩要按高挡时的扭矩计算。

当车辆转向或倾斜行驶时，除上述各力外，负重轮上还作用有侧向力。

计算时只要考虑车辆以最大转向阻力系数在水平地段转向时的侧向力。此时，作用在后负重轮上的侧向力为

$$R_n = \mu(N_n - P\sin\gamma) \tag{3-32}$$

其他负重轮侧向力为

$$R_i = \mu N_i \quad (i = 1, 2, 3, \cdots, n-1) \tag{3-33}$$

式中，μ——转向阻力系数，可取 $\mu = 1$。

3.3.1.2 消除车辆倾斜的调整计算

静置位置时若车辆在水平地段车体过分倾斜，则可通过计算，采取调整措施使车体消除倾斜。当各负重轮位置对于车体重心不对称（$\sum l_i \neq 0$）时，车体可能倾斜。令车体倾斜角为 φ，则

$$\begin{aligned} d &= \tan\varphi = \frac{N}{m_x}A \\ A &= \frac{-\sum l_i}{n\sum l_i^2 - \left(\sum l_i\right)^2} \end{aligned} \tag{3-34}$$

一般消除车体倾斜的方法有两种：

（1）按图 3－10 所示通过车体各支撑点的 C_1-C_1 直线绕 O 点转到 $C-C$ 所示的水平位置，此时各负重轮上载荷不变。

图 3－10 相当于在第 2、3、…、$n-1$ 各负重轮的弹簧上置入 S_2、S_3、…、S_n 不同高度的垫块，相当于所有 $n-1$ 个负重轮都要在安装时往下移 S_2、S_3、…、S_n，各负重轮的位移量按下式确定：

$$\left.\begin{aligned} S_1 &= 0 \\ S_2 &= f_2 - f_1 \\ &\vdots \\ S_n &= f_n - f_1 \end{aligned}\right\} \tag{3-35}$$

（2）按图 3－10 通过车体各支撑点的 C_2-C_2 直线绕车体重心 G 点转到 $C-C$ 所示的水平位置，即安装时将车体重心 G 左方的负重轮向上移动，G 右方的负重轮向下移动。各负重轮的调整数值为

$$\left.\begin{aligned} S'_1 &= dl_1 \\ S'_2 &= dl_2 \\ &\vdots \\ S'_n &= dl_n \end{aligned}\right\} \tag{3-36}$$

这样调整可在纵向把车体调平，但不能消除负重轮间负荷的不均匀性，如果后面负荷稍重，前面稍轻，则是允许的。因为在行驶过程中有反扭矩作用，可使前面负重轮的负荷稍微减轻，后面负重轮的负荷稍许加重，故能形成凸形载荷分布，对转向有利。从零件受力考虑，前面的负重轮易受冲击，负荷小些是较合理的。

3.3.2　重心与弹性中心的匹配

3.3.2.1　匹配原则

在开始设计坦克悬挂系统时，必须确定各个负重轮的悬挂相对于坦克车体重心的位置。各悬挂相对于车体重心的位置，将会影响坦克车体在静止时是否保持水平、各负重轮上垂直负荷的分配以及坦克车体的振动情况。这些问题在做悬挂系统的布置时应予以考虑。

所谓坦克的弹性中心，就是作用在坦克车体上一个垂直力而不致引起车体发生倾斜的作用点。这时车体在静平衡位置时保持水平，各个悬挂的向上弹性恢复力的合力一定通过弹性中心。

弹性中心一定符合下列性质：

（1）如果在这一点上施加一垂直于履带支撑面而方向向下的力 F，则车体做向下的平行移动，此时每个悬挂的弹簧都具有相同的变形。

（2）如果在坦克纵向平面上施加一静力矩 M，则车体绕通过弹性中心的横向轴线做 φ 角的角位移，而弹性中心的位置保持不变。

在设计坦克悬挂系统的布置时，坦克重心与弹性中心的匹配原则是使得坦克重心与弹性中心在同一垂线上。这样，车体在重力作用下仅平行地压缩弹簧，车体不发生转动。反之，如果坦克重心和弹性中心不在同一垂线上，则车体在重力作用下既有向下位移又发生转动，这时车体的静平衡位置不可能保持水平，各负重轮上的负荷也不可能均匀。同时当坦克车体发生振动时，垂直振动和纵向俯仰振动会互相耦合。

3.3.2.2 **计算方法**

为了确定弹性中心的位置，我们取坐标原点通过坦克的重心，坐标系 XOZ 为坦克的初始位置，X 轴的正向指向坦克车首，Z 轴的正向垂直向下，如图 3-13 所示。

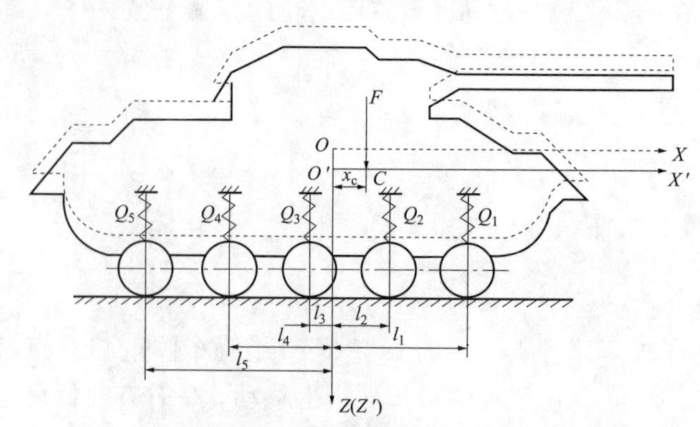

图 3-13 当力 F 作用于弹性中心后，车体的位移

现确定弹性中心的纵向位置 x_c（垂直位置假设与重心高度相等）。为此，施加一方向向下（平行于 Z 轴）的力 F，如弹性中心位于力 F 的作用线上，则车体平行地向下移动距离 z，且必定满足力 F 和各弹簧弹性力 Q_i 的平衡关系。

对于线性悬挂，根据作用于车体垂直方向的力的平衡，可得：

$$F = 2\sum_{i=1}^{n} Q_i = 2z\sum_{i=1}^{n} k_{xi} \tag{3-37}$$

式中，k_{xi}——各负重轮悬挂的刚度；

n——坦克一侧负重轮数目。

根据相对于车体重心的力矩平衡，可得：

$$Fx_c = 2\sum_{n_2}^{n_1} Q_i l_i = 2z\left(\sum_{i=1}^{n_1} k_{xi} l_i - \sum_{i=1}^{n_2} k_{xi} l_i\right) = 2z\sum_{n_2}^{n_1} k_{xi} l_i \tag{3-38}$$

式中，l_i——车体重心到各负重轮轴的纵向距离；

n_1——车体重心前一侧的负重轮数；

n_2——车体重心后一侧的负重轮数。

联立式（3-37）和式（3-38），可求得弹性中心距车体重心的纵向距离 x_c，即

$$x_c = \frac{\sum_{i=1}^{n_1} k_{xi} l_i - \sum_{i=1}^{n_2} k_{xi} l_i}{\sum_{i=1}^{n} k_{xi}} = \frac{\sum_{n_2}^{n_1} k_{xi} l_i}{\sum_{i=1}^{n} k_{xi}} \tag{3-39}$$

上面是应用弹性中心的第一个性质来确定该点的位置，也可以应用第二个性质来确定，在此不再介绍。

为了使坦克重心和弹性中心在同一垂线上，悬挂系统的布置必须满足 $x_c = 0$，由式（3-39）可得：

$$\sum_{i=1}^{n_1} k_{xi} l_i = \sum_{i=1}^{n_2} k_{xi} l_i \tag{3-40}$$

若各个悬挂的刚度都相同，则上述条件可写为

$$\sum_{i=1}^{n_1} l_i = \sum_{i=1}^{n_2} l_i \tag{3-41}$$

若坦克重心和弹性中心不在同一垂线上，则当坦克在静止时车体将不能保持水平而发生倾斜，此时车体的倾斜度可用以下方法求得。

当坦克静止在水平地面上时，车体在其悬置重力 G_x 及各弹簧弹性力 Q_i 的作用下保持平衡。

由力平衡和力矩平衡条件，得：

$$G_x - 2\sum_{i=1}^{n} Q_i = G_x - 2\sum_{i=1}^{n} k_{xi}(z + \varphi l_i) = 0 \tag{3-42}$$

$$2\sum_{i=1}^{n} Q_i l_i = 2\sum_{i=1}^{n} k_{xi}(z + \varphi l_i) l_i = 0 \tag{3-43}$$

式中，z——车体重心的静位移；

G_x——车体的悬置重量；

φ——车体绕重心的静倾角（车尾向后倾斜时取为负值）；

l_i——重心到各负重轮轴的纵向距离，负重轮位于车体重心前的取正值，位于重心后的取负值。

联立解上述方程组，可得静倾角：

$$\varphi = \frac{G_x}{2} \frac{x_c}{x_c \sum_{i=1}^{n} k_{xi} l_i - \sum_{i=1}^{n} k_{xi} l_i^2} \tag{3-44}$$

根据上式计算，如所得静倾角过大，则应采取措施，分别调整各负重轮悬挂，使车体在静止时尽量保持水平。现代大多数坦克，其坦克重心与弹性中心的偏移不大。

由于计算过程比较复杂，一般采用计算机辅助计算。

4

第 4 章 悬挂系统的建模分析

车辆行驶过程中会受到路面不平度、不稳定的气流以及车辆加速/制动等外部激励，同时还有车辆发动机点火、底盘部件旋转失衡、武器射击的反冲造成的内部激励，使车辆系统发生振动，影响乘员的舒适性，并导致车载仪器和行动系统部件的寿命降低或过载损坏、武器行进间射击精度降低等。本章只讨论路面不平度造成的车辆振动。

设计良好的悬挂系统能有效降低车辆的振动水平，通过对车辆悬挂系统的建模分析，可以为悬挂设计提供所需要的参数。车辆的悬挂系统是一个多自由度的非线性随机振动系统，建一个全面反映悬挂系统动力学特性的模型几乎是不可能的，必须进行简化。简化的原则就是根据要分析的问题，保留对分析结果影响较大的因素，忽略相对次要的因素。理论上，如果模型正确，越复杂的模型，越能为被分析对象提供更加细致的刻画，仿真结果和实际情况吻合程度越高。然而越是复杂的模型，在建模过程中出现差错的概率也越大，而且随着模型复杂程度的提高，其对结果精度的提升也越来越缓慢，因此，根据实际分析的要求，选择合适规模的模型对于悬挂仿真非常重要。虽然单自由度悬挂模型在个别分析中偶有使用，但最简单而又能够反映悬挂动力学特性的是二自由度模型（对于双轴车辆，正好是整车的1/4，在很多汽车悬架文献中，也称为1/4 悬架模型），更为复杂的模型包括半车、整车和考虑座椅自由度的整车模型等。

4.1 路面不平度输入

当车辆在不平路面上行驶时，路面的不平度会使车轮跳动，并通过悬挂的弹簧和减振器激励车体振动。地面不平度对车辆的激励取决于两个方面：路面的起伏和车速。路面的起伏包括路面高程的幅值和空间频率。路面高程幅值越大，相应车辆的振动也越大，而空间频率和车速一起决定了激励的频域分布，频率越接近车辆悬挂系统的固有频率，车辆振动水平越高。车速对激励的另一个影响是：车速越高，车辆单位时间内经过的不平度越多，输入悬挂系统的振动能量越大，车辆的振动也就越强烈。

严格地考虑，路面不平度和车辆车轮受到的位移激励并不完全等效。如果考虑路面横向不平度相同的情况，任何小的凸起都会导致车轮的上跳，而小的凹坑却不一定，对于轮式车辆，如果凹坑的尺寸远小于车轮的曲率半径，则车轮根本不可能进入凹坑，因此造成的车轮位移的激励远小于凹坑的深度。如果是履带车辆，考虑履带的影响，任何小于履带节距的激励基本上都会被履带滤掉，同时，又增加了一个和履带节距相等的周期空间不平度激励。如果将路面考虑成三维，则情况更为复杂，对于轮式车辆，车轮和路面的接触不再是一个线段而成为一个面，因此，空间中一个很小的凸起，会因为车轮本身的包容性而不会对车轮产生较大的影响，而一个宽度小于轮胎宽度的凹坑，对车轮的影响可以忽略。而若把路面和车轮的接触简化为一个弹簧，则当车轮跳离地面时，地面甚至会给车轮一个拉力，其与实际系统也存在着较大的差距。

为了分析简便，本书后面的分析暂时不考虑上述情况，对于履带车辆，忽略履带效应，虽然结果会和实际有一定偏差，但会使建模显著简化，但在进行详细的工程计算时，则需要全面考虑上述因素。

4.1.1　路面不平度

路面相对基准平面的高度为 q，沿道路走向长度 l 的变化 $q(l)$ 称为路面纵断面曲线或不平度函数，如图 4-1 所示。路面不平度通常用来描述路面的起伏程度，是车辆行驶过程中的主要激励，其会影响车辆行驶的平顺性、操纵稳定性、零部件疲劳寿命、运输效率和油耗等各个方面。

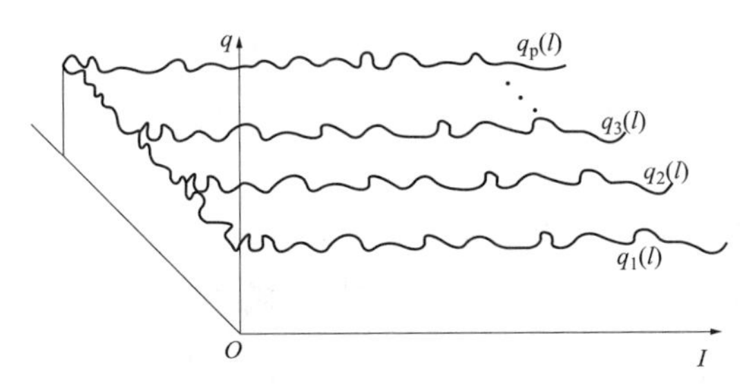

图 4-1　路面纵断面曲线

4.1.1.1　空间频率谱

路面波的波长为 λ 时，它的空间频率为 $n=1/\lambda$，路面不平度 $q(l)$ 的截断函数 $q_L(l)$ 定义为

$$q_L(l)=\begin{cases}q(l) & \left(|l|\leqslant\dfrac{L}{2}\right)\\ 0 & \left(|l|>\dfrac{L}{2}\right)\end{cases}\tag{4-1}$$

截断函数 $q_L(l)$ 对空间频率 n 的傅立叶函数变换为

$$Q_L(n)=\int_{-\infty}^{\infty}q_L(l)e^{-j2\pi nl}\mathrm{d}l\tag{4-2}$$

在线性随机振动系统中，输入与输出之间的传递关系是以谱矩阵的形式给出的，因而作为车辆振动输入的路面不平度，主要用路面空间频率单边功率谱密度函数 $G_q(n)$ 描述，简称路面谱。路面谱定义：

$$G_q(n)=\lim_{L\to\infty}\frac{2}{L}|Q_L(n)|^2\tag{4-3}$$

国内、外许多测量分析表明，在双对数坐标上，$G_q(n)$ 为下降斜线。因此国标准标协会在文件 ISO/TC108/SC2N67 中提出的“路面不平度表示方法草案”中，建议路面功率谱密度函数 $G_q(n)$ 用下式作为拟合的表达式：

$$G_q(n) = G_q(n_0)\left(\frac{n}{n_0}\right)^{-W} \qquad (n_1 \leqslant n \leqslant n_u) \tag{4-4}$$

式中，n——空间频率，表示单位长度（m）中包含 n 的波数，单位（m^{-1}）；

n_1，n_u——路面谱的下、上限空间频率；

n_0——参考空间频率，$n_0 = 0.1\,m^{-1}$；

$G_q(n_0)$——参考空间频率 n_0 下的路面谱值，称路面不平度系数（m^2/m^{-1}）；

W——频率指数，为双对数坐标功率谱斜率的绝对值，决定路面谱的频率结构，$W=2$。

路面不平度的标准差（均方根值）σ_q 可由下式计算：

$$\sigma_q^2 = \int_0^{\infty} G_q(n)\mathrm{d}n = \int_{n_1}^{n_u} G_q(n_0)\left(\frac{n}{n_0}\right)^{-2}\mathrm{d}n = G_q(n_0)n_0^2(n_1^{-1} - n_u^{-1}) \tag{4-5}$$

由此式可以得到路面不平度系数 $G_q(n_0)$ 的估算式为

$$G_q(n_0) = \sigma_q^2 n_0^{-2}(\lambda_u - \lambda_1)^{-1} \tag{4-6}$$

式中，λ_u，λ_1——路面波的最大波长和最小波长，$\lambda_u = n_1^{-1}$，$\lambda_1 = n_u^{-1}$。 (4-7)

4.1.1.2 **时间频率谱**

以速度 u 通过 l 路程的时间为 $t = l/u$，通过波长 λ 的时间称为周期 $T = \lambda/u$，周期 T 的倒数称为时间频率 $f = 1/T = u/\lambda$，简称频率。

空间频率 $n = 1/\lambda$，从而得到时间频率 f 与空间频率 n 的关系 $f = un$ 以及 $ft = nl$。

路面不平度 $q(l) = q(ut) = q_1(t)$，它的截断函数 $q_L(l) = q_{1T}(t)$ 在时间频率 f 上的傅立叶变换为

$$Q_{1T}(f) = \int_{-\infty}^{\infty} q_{1T}(t)\mathrm{e}^{-\mathrm{j}2\pi ft}\mathrm{d}t = \frac{1}{u}\int_{-\infty}^{\infty} q_L(l)\mathrm{e}^{-\mathrm{j}2\pi nl}\mathrm{d}l \tag{4-8}$$

从而得到路面不平度截断函数在时间频率 f 和空间频率 n 上傅立叶变换的关系：

$$Q_{1T}(f) = \frac{1}{u}Q_L(n) \tag{4-9}$$

共轭为

$$Q_{1T}^*(f) = \frac{1}{u}Q_L^*(n) \tag{4-10}$$

路面不平度的空间频率单边功率谱密度函数 $G_q(n)$ 为

$$G_q(n) = \lim_{L\to\infty}\frac{2}{L}|Q_L(n)|^2 \tag{4-11}$$

而路面不平度的时间频率单边功率密度函数 $G_q(f)$ 为

$$G_q(f) = \lim_{T\to\infty}\frac{2}{T}|Q_{1T}(f)|^2 \tag{4-12}$$

由于 $T = \dfrac{L}{u}$，故有：

$$G_q(f) = \frac{1}{u}G_q(n) \tag{4-13}$$

国际标准建议路面的空间频率谱 $G_q(n)$ 用下式拟合：

$$G_q(n) = G_q(n_0)\,n_0^W n^{-W} \tag{4-14}$$

且 $n = u^{-1}f$。

路面不平度时间频率f的单边谱的拟合式$G_q(f)$可表示为

$$G_q(f)=G_q(n_0)\ n_0^W u^{(W-1)} f^{-W} \tag{4-15}$$

4.1.2　等级划分

根据路面不平度系数$G_q(n_0)$将路面分为8级，表4-1为中国国家标准GB 7031—1987《车辆振动输入——路面平度表示方法》规定的各级路面$G_q(n_0)$的范围和几何平均值以及空间频率n在$0.011\leqslant n\leqslant 2.83\mathrm{m}^{-1}$对应路面不平度的标准差$\sigma_q$值。

表4-1　路面按路面不平度系数$G_q(n_0)$的分级

路面等级	$G_q(n_0)$/(mm²·(m⁻¹)⁻¹)			σ_q/mm		
	下限	几何平均	上限	下限	几何平均	上限
A	8	16	32	2.69	3.81	5.38
B	32	64	128	5.38	7.61	10.77
C	128	256	512	10.77	15.23	21.53
D	512	1 024	2 048	21.53	30.45	43.06
E	2 048	4 096	8 192	43.06	60.90	86.13
F	8 192	16 384	32 768	86.13	121.81	172.26
G	32 768	65 536	131 072	172.26	243.61	344.52
H	131 072	262 144	524 228	344.52	487.22	689.04

20世纪70年代，国内一些单位对实测的路面不平度数据处理后得到的路面不平度双边谱$S_q(n)$用下式作为拟合曲线：

$$S_q(n)=C_{sp}n^{-W} \tag{4-16}$$

在双对数坐标上$S_q(n)$也是一条下斜的斜线，系数C_{sp}的因次为$\mathrm{m}^2/\mathrm{m}^{-(1-W)}$，与频率指数$W$有关。

式(4-16)与国际标准推荐的拟合式相比较，可得到：

$$G_q(n_0)=2C_{sp}n_0^{-W} \tag{4-17}$$

表4-2是国内实测的四种道路的W、C_{sp}值，以及按式(4-17)计算的$G_q(n_0)$值。

表4-2　国内实测的四种道路不平度的统计资料

道路种类	W	C_{sp}/(m²·(m$^{-(1-W)}$)⁻¹)	$G_q(n_0)$/(mm²·(m⁻¹)⁻¹)
较平坦公路	2.1	4.8×10^{-7}	120.9
碎石路	2.1	4.4×10^{-6}	1 107.9
搓板路	2.4	1.8×10^{-6}	904.3
未铺装的不平路	3.8	5.4×10^{-6}	68 143.4

为了与国际接轨，我国国家标准GB 7031-1987《车辆振动输入——路面平度表示方

法》完全等同采用国际标准为国家标准。据统计，我国公路路面不平度基本在 A、B、C 三级范围内，但 B、C 级路面占的比重较大。

4.1.3 时域构造方法

对于简化为线性模型的车辆悬挂系统，可以在频域分析，响应的功率谱可以直接由传递函数模的平方和路面谱的乘积来得到。对于非线性悬挂模型，由于考虑车轮的非线性刚度、迟滞阻尼以采用明显具有非线性刚度的空气弹簧等，故建立在叠加原理的频域分析已不再适用，需要进行时域仿真。另外，当把振动系统的微分方程转化为状态空间后，其仿真也是在时域，对于悬挂控制策略的仿真通常采用状态空间模式。时域仿真需要采用时域的路面不平度函数，因此，需要利用路面单边功率谱来重构时域的路面不平度输入，构造的主要方法有滤波白噪声法、三角级数法和 AR（ARMA）法等。

4.1.3.1 线性滤波白噪声法

基于线性滤波的白噪声激励模拟是目前使用较多的一种方法，该方法便于软件实现，其基本思想是将路面高程的随机波动抽象为通过一个成型滤波器的白噪声，其数学模型为

$$q_{ij}(t) + \alpha V q_{ij}(t) = \xi_{ij} \quad (i=1,2;\ j=1,2) \tag{4-18}$$

式中，i——前、后轮激励输入点位置；

j——左、右轮激励输入点位置；

q_{ij}——随机路面激励；

α——与路面等级有关的常数；

V——车速；

ξ_{ij}——零均值的 Gaussian 随机过程。

式（4－18）是以白噪声 ξ_{ij} 为输入，以滤波白噪声为输出的线性系统的随机微分方程。由 q_{ij} 模拟的路面高程及其变化速率作为整车动力学微分方程的输入，可以分别通过轮胎垂直刚度和轮胎阻尼系数作用而嵌入运动方程的激励项中。该方法特别适合用于国标道路谱时域模型的生成，而且线性滤波法具有计算量小、速度快的优点，但算法较烦琐，模拟精度差。

在一般情况下，当车辆以速度 u 匀速行驶时，路面不平度功率谱密度表示为

$$S_q(f) = S_q(n_0)\, n_0^2 u / f^2 \tag{4-19}$$

式中，$S_q(n_0)$——路面不平度系数；

n_0——标准空间频率，$n_0 = 0.1m^{-1}$。

$$S_q(\omega) = 4\pi^2 S_q(n_0)\, n_0^2 u / \omega^2 \tag{4-20}$$

当 $\omega \to 0$ 时，$S_q(\omega) \to \infty$。因此实用功率谱密度为

$$S_q(\omega) = 4\pi^2 S_q(n_0)\, n_0^2 u / (\omega^2 + \omega_0^2) \tag{4-21}$$

式中，ω_0——最低截止角频率。

式（4－21）可视为白噪声激励一阶线性系统的响应。根据随机振动理论，得到如下关系：

$$S_q(\omega) = |H(\omega)|^2 S_\omega \tag{4-22}$$

式中，$H(\omega)$——频响函数；

S_ω——白噪声 $W(t)$ 功率谱密度，通常 $S_\omega = 1$。

由于 $S_q(\omega)$ 为双边谱，取值范围为（$-\infty$，∞），为了使公式有意义，可将双边谱 $S_q(\omega)$ 化为取值范围为（0，∞）的单边谱 $G_q(\omega)$：

$$S_q(\omega) = \frac{1}{2}G_q(\omega) \tag{4-23}$$

故

$$H(\omega) = \frac{n_0\pi\sqrt{2G_q(n_0)u}}{\omega_0 + \mathrm{j}\omega} \tag{4-24}$$

由上式推出单轮路面不平度的微分方程：

$$\dot{q}_1(t) + 2\pi n_{00}uq_1(t) = n_0\pi\sqrt{2G_q(n_0)u}\ W(t) \tag{4-25}$$

式中，n_{00}——路面空间截止频率，$n_{00}=0.01m^{-1}$。

图4-2所示为MATLAB/Simulink仿真模型。

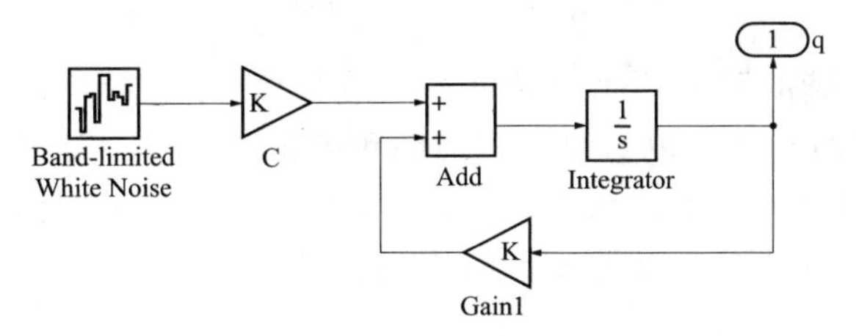

图4-2　MATLAB/Simulink 仿真模型

4.1.3.2　三角级数法

从理论上讲，任意路面都可由一系列离散的正弦波叠加而成，故三角级数法能对任意路面进行重构。可用有限个离散空间频率 n_K 的三角级数来描述路面不平度 $q(l)$ 这一随机过程。

$$q(t) = \sum_{K=1}^{N} a_K \sin(2\pi f_K t + \varphi_K) \tag{4-26}$$

式中，$q(t)$——时域路面随机位移；

φ_K——相角，[0，2π] 均匀分布的随机变量；

a_K——幅值。

由于

$$\frac{a_K^2}{2} = \int_{f_{Kl}}^{f_{Ku}} G_q(f)\,\mathrm{d}f \tag{4-27}$$

式中，f_{Ku}——第 K 频段上限频率；

f_{Kl}——第 K 频段下限频率。

路面不平度时间频率 f 的单边谱的拟合式 $G_q(f)$ 为

$$G_q(f) = G_q(n_0)\ n_0^W u^{(W-1)} f^{-W} \tag{4-28}$$

故

$$a_K = 2G_q(n_0)\ n_0^W u^{(W-1)}\ (f_{Ku}^{-W} - f_{Kl}^{-W}) \tag{4-29}$$

路面统计分析的空间频率分布区间为［0.011m^{-1}，2.83m^{-1}］，令车速 $u=10$m/s $=$ 36km/h，则时间频率为 $f=0.11\sim28.3$Hz，这个频率能把悬挂质量和非悬挂质量的固有频率有效地覆盖在内。

路面不平度自功率谱中低频成分的贡献高于高频成分，为此我们按对数坐标上等距的方式来分，分配时间频率的间隔为 Δf，有：

$$\log\Delta f = x\log 2 \tag{4-30}$$

又可表示为

$$\Delta f = f_{Ku}/f_{Kl} = 2^x \tag{4-31}$$

这里引出“倍频程”的概念。倍频程是指如果频率 f_1 与 f_0 之比等于 2 的 x 次方，则称 f_1 为 f_0 的 x 次倍频程。f_1 与 f_0 之间的中心频率定义为

$$f_m = \sqrt{f_1 \cdot f_0} \tag{4-32}$$

这里以 1/3 倍频程为间隔分配时间频率，在区间［0.11Hz，28.3Hz］内，中心频率数 N 为

$$N = \frac{\log f_u - \log f_l}{\frac{1}{3}\log 2} = \frac{\log 28.3 - \log 0.11}{\frac{1}{3}\log 2} \approx 24 \tag{4-33}$$

三角级数法即将连续的路面不平度功率谱等效为离散的不同幅值的三角函数叠加。如图 4-3所示，式（4-27）表达的意义为阴影面积等于以 a_K 为幅值的三角函数的能量，即有效值的平方。将时间频率划分为 24 份，如图 4-3 所示，低频段频率间隔小，随着频率的增加，间隔变大，低频段的划分在图 4-3 中未显示。a_K 代表中心频率处的等效三角函数幅值。

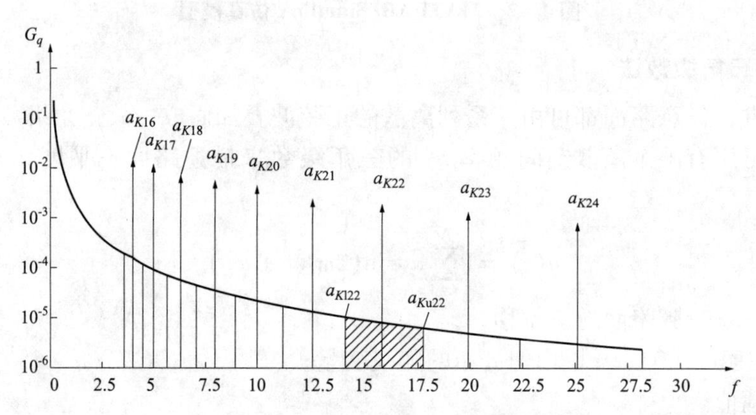

图 4-3　路面不平度功率谱离散化

第 K 个中心频率：

$$f_K = 2^{\frac{1}{3}\left(K-\frac{1}{2}\right)} f_1 \tag{4-34}$$

该频段的上限频率：

$$f_{Ku} = 2^{\frac{1}{6}} f_K = 2^{\left(\frac{K}{3}\right)} f_1, \qquad f_{(K+1)l} = f_{Ku} \tag{4-35}$$

该频段的下限频率：

$$f_{Kl} = 2^{\left(-\frac{1}{6}\right)} f_K = 2^{\left(\frac{K-1}{3}\right)} f_1, \qquad f_{(K-1)u} = f_{Kl} \tag{4-36}$$

f_l 为总下限频率，f_u 为总上限频率，这里 $f_l = 0.11\text{Hz}$，$f_u = 28.3\text{Hz}$。

对于给定的 $K=(1, 2, \cdots, n)$，n_K，a_K 均可由上面给出的式子计算确定，它们是确定值。只有 φ_K 是随机变量，利用 MATLAB 的 rand 函数可以产生规定区间均匀分布的随机变量。

4.1.3.3　时间序列分析模型

时间序列分析是统计学科的一个重要分支内容，在市场价格预测、经济管理、信号处理等方面得到了广泛应用。因此，使用时间序列分析方法可以对路面不平度进行统计特性的分析。

在实际中，只能测到路面不平度的有限数据，利用时间序列分析的主要任务就是根据观测数据的特点为数据建立尽可能合理的统计模型，然后利用模型的统计特性解释数据的统计规律，以达到控制或预报的目的。在时间序列分析中，有两类简单而又常用的模型：AR 模型和 ARMA 模型。

1. AR 模型

AR 模型的表达式为

$$q_t = \theta_1 x_{t-1} + \theta_2 x_{t-2} + \cdots + \theta_n x_{t-n} + \xi_t \tag{4-37}$$

式中，q_t——路面随机激励；

θ_i——自回归系数，它表示 $t-i$ 时刻的值对 t 时刻的值的影响程度；

ξ_t——均值为零的白噪声时间序列。

与 AR 模型相对应的功率谱是连续谱，分辨率可以无限提高，可以很好地解决采用 FFT 为基础的功率谱分析时产生的数据泄漏。

模型的建立：首先由预期的路面谱求路面不平度的相关函数，并由相关函数利用 Yule-Walker 方程建立路面不平度的 AR（p，0）模型，然后对所建立的模型输入正态白噪声，其输出就是所需要的路面不平度。

2. ARMA 模型

ARMA 模型的表达式为

$$q_k - \theta_1 x_{k-1} - \theta_2 x_{k-2} - \cdots - \theta_m x_{k-m} = \alpha_k + \phi_1 \alpha_{k-1} + \cdots + \phi_m \alpha_{k-m} \tag{4-38}$$

式中，q_k——路面随机激励；

θ_i——自回归系数；

ϕ_i——滑动平均系数；

α_k——时刻 i 的白噪声输入。

从总体精度来看，ARMA 模型优于 AR 模型，它能够很好地逼近目标谱。在阶次很低时，ARMA 模型在低频段效果较差，阶次增加后，在整个模拟范围内都可达到极好的效果。ARMA 模型阶次的选择应综合考虑运算量、总体模拟精度两个因素来确定，但对于 ARMA 模型的最优阶次的选取尚无成熟理论，需要进一步的研究。

4.1.3.4　小波分析模型

频域内对路面不平度的研究都是基于傅立叶变换的统计分析，且傅立叶分析使用的是一种全局变换，不能获得信号的局部特征；对于非平稳信号的分析，要么完全在时域，要么完全在频域，无法表述信号的时频局域性质。小波变换是一种时频分析方法，其基本原理是以小波函数 $\Psi\left(t-\dfrac{b}{a}\right)$ 为基函数，通过变换将信号 X（t）分解为不同频带的子信号，并可通过尺度因子 a 的变化观察信号的总体或细节。

曲守平对路面输入信号进行了各级小波分解，对路面不平度进行了时频小波分析，若同时将车辆的响应信号进行小波分解，从小波分解图中还可以了解响应随时间的变化，而且可利用小波分解求出单位时间内不同频带的能量值。北京理工大学的李晓雷对路面输入及车辆振动响应进行了小波分析，分析的结果显示：在0～3.125Hz、0～6.25Hz、0～12.50Hz的3个频段内，路面激励和车辆振动响应曲线变化基本一致。同时可以看出，车辆振动的能量大多集中在3.125～50.00Hz。所以小波理论的应用可以使人们了解路面不平度更详细的信息，而这些是传统的FFT分析无法实现的。

4.2 悬挂系统模型的建立

对于悬挂响应的计算，有解析法和数值方法。理论上，对于高斯输入线性悬挂系统的响应都可以采用解析的方法得到，但当自由度较大时，解析法非常烦琐，则可以用数值仿真来代替。对于简化为非线性的悬挂系统，除了单自由度外，大多数很难进行解析分析。对于多自由度进行解析分析，可以采用统计线性化方法进行求解，由于需要较多的数学知识，这里不作详细介绍，进一步研究可参考相关文献。下面以二自由度为例介绍解析方法求解，然后介绍数值仿真。

4.2.1 解析求解

4.2.1.1 二自由度系统

对于线性二自由度悬挂系统模型，两个自由度分别为簧上质量和簧下质量的垂直运动。在悬挂系统初始参数设计时，分析结果常用于悬挂的初始设计，图4－4所示为一个线性二自由度系统简图。

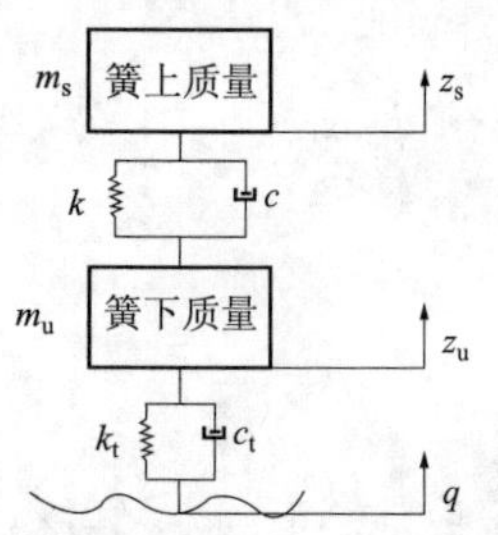

图4－4 线性二自由度系统简图

图4－4中，k、c为悬挂系统的刚度和阻尼系数，k_t、c_t为轮胎的刚度和阻尼系数，q为路面的不平度输入。系统的微分方程可以表示如下：

$$\begin{cases} m_s\ddot{z}_s + c(\dot{z}_s - \dot{z}_u) + k(z_s - z_u) = 0 \\ m_u\ddot{z}_u - m_s\ddot{z}_s + c_t(\dot{z}_u - \dot{q}) + k_t(z_u - q) = 0 \end{cases} \tag{4-39}$$

由于输入为一个零均值的随机过程，根据线性系统的性质，其输出必定也是一个零均值的随机过程。零均值随机过程的方差等于其均方根值，用于描述相应的强度。

簧上质量的加速度为$\ddot{z}_s$，其均方值表示为$\sigma_{\ddot{z}_s}$；悬挂系统的动挠度表示为$z_s - z_u$，则其均方根值用$\sigma_{z_s - z_u}$表示。

对式（4－39）两端进行Fourier变换，整理可得：

$$\begin{cases} (-\omega^2 m_s + j\omega c + k) \cdot Z_s(j\omega) = (j\omega c + k) \cdot Z_u(j\omega) \\ (-\omega^2 m_u + j\omega c_t + k_t) \cdot Z_u(j\omega) = (j\omega c_t + k_t) \cdot Q(j\omega) - m_s\omega^2 Z_s(j\omega) \end{cases} \tag{4-40}$$

为了使下面的讨论物理意义更加鲜明，引入下列辅助变量：

$$\begin{cases}\omega_s=\sqrt{\dfrac{k}{m_s}},\ \omega_u=\sqrt{\dfrac{k_t}{m_u}},\ \zeta_s=\dfrac{c}{2\sqrt{km_s}},\ \gamma=\dfrac{k_t}{k}\\ \zeta_u=\dfrac{c_t}{2\sqrt{k_t m_u}},\ \rho=\dfrac{\omega_u}{\omega_s},\ \mu=\dfrac{m_s}{m_u},\ \rho=\sqrt{\mu\gamma}\end{cases} \tag{4-41}$$

则式（4－40）可以改写成如下形式：

$$\begin{cases}Z_s(j\omega)=\dfrac{2j\zeta_s\omega_s\cdot\omega+\omega_s^2}{-\omega^2+2j\zeta_s\omega_s\cdot\omega+\omega_s^2}\cdot Z_u(j\omega)\\ [-\omega^2+2j\zeta_u\rho\omega_s\cdot\omega+(\rho\omega_s)^2]Z_u(j\omega)\\ =[2j\zeta_u\rho\omega_s\cdot\omega+(\rho\omega_s)^2]\cdot Q(j\omega)+\mu\omega^2\cdot Z_s(j\omega)\end{cases} \tag{4-42}$$

为了推导方便，给出下面的方程：

$$\begin{cases}f_1(j\omega)=-\omega^2+2j\zeta_s\omega_s\cdot\omega+\omega_s^2\\ f_2(j\omega)=2j\zeta_s\omega_s\cdot\omega+\omega_s^2\\ f_3(j\omega)=-\omega^2+2j\zeta_u\rho\omega_s\cdot\omega+(\rho\omega_s)^2\\ f_4(j\omega)=2j\zeta_u\rho\omega_s\cdot\omega+(\rho\omega_s)^2\end{cases} \tag{4-43}$$

将式（4－40）简写为

$$\begin{cases}Z_s(j\omega)=\dfrac{f_2(j\omega)}{f_1(j\omega)}\cdot Z_u(j\omega)\\ f_3(j\omega)Z_u(j\omega)=f_4(j\omega)\cdot Q(j\omega)+\mu\omega^2\cdot Z_s(j\omega)\end{cases} \tag{4-44}$$

上述评价指标的傅立叶变换可以表述为

$$Z_s(j\omega)=\frac{f_2(j\omega)f_4(j\omega)}{f_1(j\omega)f_3(j\omega)-\mu\omega^2 f_2(j\omega)}Q(j\omega) \tag{4-45}$$

$$Z_u(j\omega)=\frac{f_1(j\omega)f_4(j\omega)}{f_1(j\omega)f_3(j\omega)-\mu\omega^2 f_2(j\omega)}Q(j\omega) \tag{4-46}$$

$$\begin{aligned}F_d(j\omega)&=Z_s(j\omega)-Z_u(j\omega)=\frac{[f_2(j\omega)-f_1(j\omega)]f_4(j\omega)}{f_1(j\omega)f_3(j\omega)-\mu\omega^2 f_2(j\omega)}Q(j\omega)\\ &=\frac{\omega^2 f_4(j\omega)}{f_1(j\omega)f_3(j\omega)-\mu\omega^2 f_2(j\omega)}Q(j\omega)\end{aligned} \tag{4-47}$$

则传递函数可以写成：

$$H_{z_s-q}(j\omega)=\frac{-4\rho\zeta_u\zeta_s\omega_s^2\cdot\omega^2+2j\rho\omega_s^3(\rho\zeta_s+\zeta_u)\cdot\omega+\rho^2\omega_s^4}{\omega^4-2j\cdot\omega_s(\zeta_u\rho+\zeta_s+\zeta_s\mu)\cdot\omega^3-\omega_s^2\cdot(\rho^2+4\zeta_u\zeta_s\rho+\mu+1)\cdot\omega^2+2j\rho\omega_s^3(\rho\zeta_s+\zeta_u)\cdot\omega+\rho^2\omega_s^4} \tag{4-48}$$

$$H_{f_d-q}(j\omega)=\frac{2j\zeta_u\rho\omega_s\cdot\omega^3+(\rho\omega_s)^2\omega^2}{\omega^4-2j\cdot\omega_s(\zeta_u\rho+\zeta_s+\zeta_s\mu)\cdot\omega^3-\omega_s^2\cdot(\rho^2+4\zeta_u\zeta_s\rho+\mu+1)\cdot\omega^2+2j\rho\omega_s^3(\rho\zeta_s+\zeta_u)\cdot\omega+\rho^2\omega_s^4} \tag{4-49}$$

路面不平度的功率谱密度函数与 ω^{-2} 成正比，因而路面不平度速度的功率谱密度函数为常数，即路面不平度的速度输入 $\dot{q}(t)$ 为白噪声信号，则簧上质量对路面速度输入的传递函数可以表示如下：

$$H_{\ddot{z}_s-\dot{q}}=j\omega\cdot H_{z_s-q}(j\omega) \tag{4-50}$$

将上式按 ω 的降幂展开：

$$H_{\ddot{z}_s-q}=\frac{-4j\zeta_s\zeta_u\rho\omega_s^2\cdot\omega^3-2\rho\omega_s^3(\zeta_u+\zeta_s\rho)\cdot\omega^2+j\rho^2\omega_s^4\cdot\omega}{\omega^4-2j\cdot\omega_s(\zeta_u\rho+\zeta_s+\zeta_s\mu)\cdot\omega^3-\omega_s^2\cdot(\rho^2+4\zeta_u\zeta_s\rho+\mu+1)\cdot\omega^2+2j\rho\omega_s^3(\rho\zeta_s+\zeta_u)\cdot\omega+\rho^2\omega_s^4} \tag{4-51}$$

则 $\ddot{z}_s$ 的功率谱密度函数可以表示如下：

$$S_{\ddot{z}_s}(\omega)=S_{\dot{q}}\left|H_{\ddot{z}_s-q}(j\omega)\right|^2 \tag{4-52}$$

则质心加速度均方根值可以表示为

$$\sigma_{\ddot{z}_s}^2=\frac{1}{2\pi}\int_{-\infty}^{+\infty}S_{\ddot{z}_s}(\omega)\mathrm{d}\omega=\frac{1}{2\pi}S_{\dot{q}}\int_{-\infty}^{+\infty}\left|H_{\ddot{z}_s-\dot{q}}(j\omega)\right|^2\mathrm{d}\omega \tag{4-53}$$

若系统的传递函数具有如下形式

$$H(j\omega)=\frac{-j\omega^3B_3-\omega^2B_2+j\omega B_1+B_0}{\omega^4A_4-j\omega^3A_3-\omega^2A_2+j\omega A_1+A_0} \tag{4-54}$$

则下述积分公式可以写成：

$$\int_{-\infty}^{+\infty}|H(j\omega)|^2\mathrm{d}\omega=\frac{\pi}{D}\left[\frac{B_0^2}{A_0}(A_2A_3-A_1A_4)+A_3(B_1^2-2B_0B_2)+A_1(B_2^2-2B_1B_3)+\frac{B_3^2}{A_4}(A_1A_2-A_0A_3)\right] \tag{4-55}$$

式中，$D\triangleq A_1(A_2A_3-A_1A_4)-A_0A_3^2$。 (4-56)

根据式（4-51）~式（4-56）可得：

$$\begin{cases}A_0=\rho^2\omega_s^4\\A_1=2\rho\omega_s^3(\rho\zeta_s+\zeta_u)\\A_2=\omega_s^2\cdot(\rho^2+4\zeta_u\zeta_s\rho+\mu+1)\\A_3=2\cdot\omega_s(\zeta_u\rho+\zeta_s+\zeta_s\mu)\\A_4=1\end{cases} \tag{4-57}$$

$$\begin{cases}B_0=0\\B_1=\rho^2\omega_s^4\\B_2=2\rho\omega_s^3(\zeta_u+\zeta_s\rho)\\B_3=4\zeta_s\zeta_u\rho\omega_s^2\end{cases} \tag{4-58}$$

$$D=4\rho\omega_s^6(\zeta_u+\rho\zeta_s)[(1+4\rho\zeta_s\zeta_u+\rho^2+\mu)(\rho\zeta_u+\zeta_s+\mu\zeta_s)-\rho(\zeta_u+\rho\zeta_s)]+\rho^2\omega_s^6(\zeta_u\rho+\zeta_s+\zeta_s\mu)^2 \tag{4-59}$$

为了使结果简洁，可忽略轮胎的阻尼，即 ζ_u 为零，则上式可以简化为

$$\int_{-\infty}^{+\infty}|H(j\omega)|^2\mathrm{d}\omega=\pi\frac{8\rho^6\omega_s^3\zeta_s^3+2\rho^4\omega_s^3(1+\mu)\zeta_s}{4\rho^4\mu\zeta_s^2} \tag{4-60}$$

将式（4-59）代入式（4-53），可以得到：

$$\sigma_{\ddot{z}_s}^2=\frac{4\rho^6\omega_s^3\zeta_s^3+\rho^4\omega_s^3(1+\mu)\zeta_s}{4\rho^4\mu\zeta_s^2}\cdot S_{\dot{q}} \tag{4-61}$$

通过对 $\sigma_{\ddot{z}_s}^2$ 求 ξ_s 的偏导数，可以得到对 $\sigma_{\ddot{z}_s}^2$ 的最佳阻尼比。令

$$\frac{\partial\ \sigma_{\ddot{z}_s}^2}{\partial\ \zeta_s}=0 \tag{4-62}$$

可求得悬挂系统的最优阻尼比：

$$\zeta_s=\frac{\sqrt{1+\mu}}{2\rho} \tag{4-63}$$

式（4－63）在悬挂设计中是一个非常易用的公式，可以用于设计阶段初选车辆的阻尼比。

对于某些轮式车辆，可取质量比 $\mu=10$，刚度比 $\gamma=9$，得到：

$$\rho=\sqrt{\mu\cdot\gamma}=9.49 \tag{4-64}$$

代入式（4－63），可以得到最优的阻尼比为 $\zeta_s=0.175$，由于大量相关文献没有给出解析解论述，只给出了一个范围 $\zeta_s\subset(0.15,0.2)$，可以看出，解析解求得的数值在其给出的范围之内。

对于某型坦克悬挂系统，等效质量比 $\mu=18.75$，固有频率比 $\rho=19.61$，可以求得最优阻尼比为 $\zeta_s=0.113$，此时减振器的阻尼系数相当于坦克被动悬挂系统减振器阻尼系数的一半。

下面讨论动挠度的情况，悬挂动挠度对速度的传递函数为

$$H_{f_d-\dot{q}}(j\omega)=\frac{H_{f_d-q}(j\omega)}{j\omega} \tag{4-65}$$

按照 ω 的降幂展开：

$$H_{f_d-q}(j\omega)=\frac{2\zeta_u\rho\omega_s\cdot\omega^2-(\rho\omega_s)^2\omega}{\omega^4-2j\cdot\omega_s(\zeta_u\rho+\zeta_s+\zeta_s\mu)\cdot\omega^3-\omega_s^2\cdot(\rho^2+4\zeta_u\zeta_s\rho+\mu+1)\cdot\omega^2+2j\rho\omega_s^3(\rho\zeta_s+\zeta_u)\cdot\omega+\rho^2\omega_s^4} \tag{4-66}$$

根据式（4－54）和式（4－55）有：

$$\begin{cases}A_0=\rho^2\omega_s^4\\A_1=2\rho\omega_s^3(\rho\zeta_s+\zeta_u)\\A_2=\omega_s^2\cdot(\rho^2+4\zeta_u\zeta_s\rho+\mu+1)\\A_3=2\cdot\omega_s(\zeta_u\rho+\zeta_s+\zeta_s\mu)\\A_4=1\end{cases} \tag{4-67}$$

$$\begin{cases}B_0=0\\B_1=-\rho^2\omega_s^4\\B_2=-2\rho\zeta_u\omega_s\\B_3=0\end{cases} \tag{4-68}$$

$$D=4\rho\omega_s^6(\zeta_u+\rho\zeta_s)[(1+4\zeta_s\zeta_u\rho+\rho^2+\mu)(\rho\zeta_u+\zeta_s+\mu\zeta_s)-\rho(\zeta_u+\rho\zeta_s)]-4\rho^2\omega_s^6(\rho\zeta_u+\zeta_s+\mu\zeta_s)^2 \tag{4-69}$$

$$\int_{-\infty}^{+\infty}|H(j\omega)|^2d\omega=\pi\frac{2\rho^3\omega_s^4(\zeta_s+\rho\zeta_u+\mu\zeta_s)+8\rho^2\zeta_u^2(\zeta_u+\rho\zeta_s)}{4\omega_s(\zeta_u+\rho\zeta_s)\left[(1+4\zeta_s\zeta_u\rho+\rho^2+\mu)(\rho\zeta_u+\zeta_s+\mu\zeta_s)-\rho(\zeta_u+\rho\zeta_s)\right]-4\rho\omega_s(\rho\zeta_u+\zeta_s+\mu\zeta_s)^2} \tag{4-70}$$

同样，为了使结果简洁，可忽略轮胎的阻尼系数，则式（4－70）可以简化为

$$\int_{-\infty}^{+\infty}|H(j\omega)|^2d\omega=\frac{\pi}{2}\omega_s^3\cdot\frac{1+\mu}{\mu}\cdot\frac{1}{\zeta_s} \tag{4-71}$$

$$\sigma_{f_d}^2 = \frac{1}{4}\omega_s^3 \frac{1+\mu}{\mu} \frac{1}{\zeta_s} \cdot S_{\dot{q}} \tag{4-72}$$

可以看出，在振动的情况下($0 \leqslant \zeta_s < 1$)，随着 ζ_s 增大，$\sigma_{f_d}^2$减小，没有极值。

下面利用式（4－63）和式（4－72），给出 $\mu=10$，刚度比 $\gamma=9$，簧上质心加速度和悬挂系统动挠度的曲线如图 4－5 和图 4－6 所示。

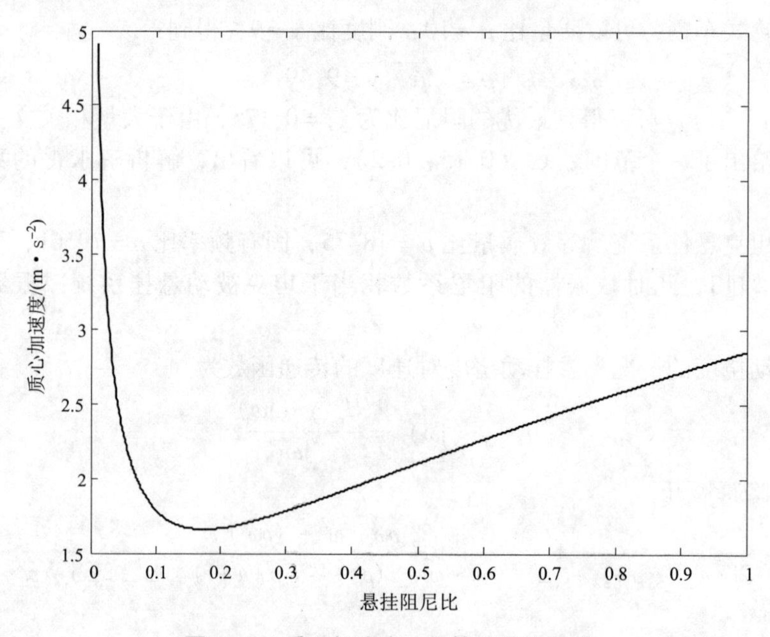

图 4－5　质心加速度－悬挂阻尼比曲线

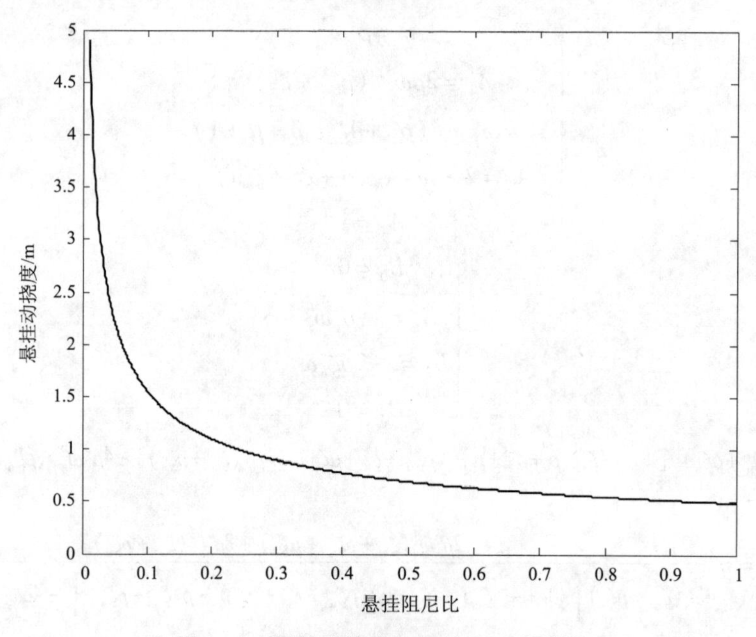

图 4－6　悬挂动挠度－悬挂阻尼比曲线

4.2.1.2　半车悬挂系统模型

对车辆悬挂，当满足一定条件时，可以采用半车模型进行分析。

1. 基本假设

（1）车体对质心的纵轴左右对称。车体的侧倾振动小，可以忽略。

（2）对于履带车，不计履带的影响。履带预张力有加大车体振动趋势；但履带引起的振动“牵连”会减小角振动固有频率，并对车体振动产生阻尼作用。不计履带的影响，综合结果会使分析结论稍稍偏大。

（3）认为左右两侧车辙不平度相同。

（4）车上各轮悬挂的弹性特性相同，并且都具有线性特性，各轮的悬挂刚度相同（$k_i=k$）。

（5）装有减振器的各轮，阻尼特性相同，并且都是黏性阻尼，各轮悬挂阻尼系数相同（$c_i=c$）。

（6）车轮的弹性特性相同，其结构阻尼也相同。

2. 坐标选取

（1）车辆以速度 u 向右方行驶，选取车辆静（置）平衡位置时悬置质量的质心（以下简称车辆质心）O 为动坐标原点，过车辆质心的纵轴为 x 轴、横轴为 y 轴、竖轴为 z 轴；车辆质心相对其静平衡位置的垂直位移为 z_c，车体绕过质心的横轴 y 的俯仰角位移为 φ，x、y、z 和 φ 的正向均按右手定则确定。

（2）车辆一侧有 n 个车轮，各轮相对于其静平衡位置的垂直位移为 z_i（$i=1,2,\cdots,n$，i 的顺序由车首算起），各轮轴心与车辆质心的水平距离为 l_i，在车辆质心左边的各轮 l_i 为正，反之为负。

（3）选取路面的基准面为水平固定坐标 l，路面不平度的坐标为 q，取车辆开始行驶时过车辆质心的垂线与固定坐标上水平坐标的交点为固定坐标的原点 C，在时间 t 内车辆质心在固定坐标上的水平位移 $l_c=ut$，此时各轮轴心在固定坐标上的水平位置为

$$l_{wi}=l_c+l_i \tag{4-73}$$

（4）车体绕过质心 O 的横轴 y 的惯性半径为 ρ。

定义车轮轴心的位置系数 b_i 为

$$b_i=l_i/\rho \tag{4-74}$$

（5）车辆系统的位移向量：

$$\{z\}=\{z_c,\ \varphi,\ z_1,\ \cdots,\ z_n\}^{\mathrm{T}} \tag{4-75}$$

路面激励的位移向量：

$$\{q\}=\{q_1,\ \cdots,\ q_i,\ \cdots,\ q_n\}^{\mathrm{T}} \tag{4-76}$$

式中，

$$q_i=q_1\ (t+t_i); \tag{4-77}$$

$$t_i=l_1-l_i。 \tag{4-78}$$

3. 车辆线性悬挂系统的动力学方程

建立如图4-7所示的车辆线性振动力学模型，可以得出：

各轮悬挂的动变形量也就是车轮相对车体的行程 f_i 为

$$f_i=z_c+b_i\rho\varphi-z_i \tag{4-79}$$

各个车轮的动变形量为

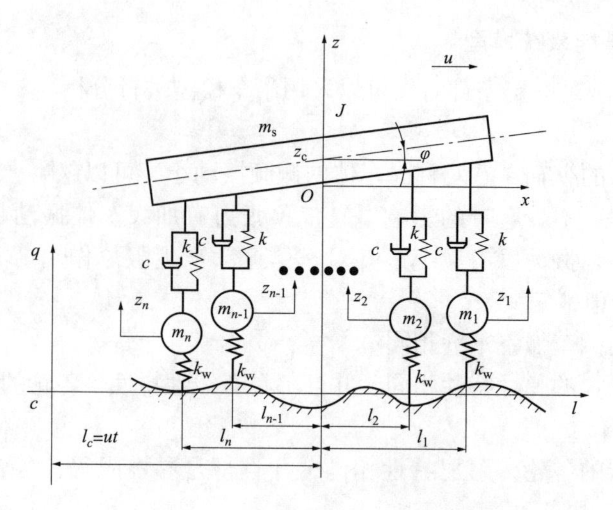

图 4-7　车辆线性振动力学模型简图

$$\delta_i = z_i - q_i \tag{4-80}$$

车辆悬置质量 m_s，悬置质量之半为

$$m_h = \frac{1}{2} m_s \tag{4-81}$$

车辆绕过车辆悬置质量质心 O 横轴 y 的转动惯量 J 为

$$J = m_s \rho^2 = 2m_h \rho^2 \tag{4-82}$$

各轮处非悬挂质量为 m_w。

系统的动能 T 为

$$T = \frac{1}{2}\left(m_s \dot{z}_c^2 + J\dot{\varphi}^2 + 2m_w \sum_{i=1}^{n} \dot{z}_i^2\right) = m_h \dot{z}_c^2 + m_h \rho^2 \dot{\varphi}^2 + m_w \sum_{i=1}^{n} \dot{z}_i^2 \tag{4-83}$$

系统的势能 V 为

$$V = k \sum_{i=1}^{n} f_i^2 + k_w \sum_{i=1}^{n} \delta_i^2 \tag{4-84}$$

系统的瑞利耗散函数 F 为

$$F = c \sum_{i=1}^{\gamma} \dot{f}_i^2 + \varepsilon c \sum_{i=\gamma+1}^{n} \dot{f}_i^2 \qquad (\varepsilon \ll 1\text{，}\gamma\text{ 为车辆一侧减振器数}) \tag{4-85}$$

通过拉格朗日方程，建立车辆行驶时的动力学方程，拉格朗日方程如下：

$$\frac{\mathrm{d}}{\mathrm{d}t}\left(\frac{\partial T}{\partial \dot{z}_i}\right) + \frac{\partial F}{\partial \dot{z}_i} + \frac{\partial V}{\partial z_i} = 0 \tag{4-86}$$

计算$\frac{\mathrm{d}}{\mathrm{d}t}\left(\frac{\partial T}{\partial \dot{z}_i}\right)$、$\frac{\partial F}{\partial \dot{z}_i}$、$\frac{\partial V}{\partial z_i}$各项，代入拉格朗日方程，并约去公因子 2，得到：

$$\begin{cases} m_{\mathrm{h}}\ddot{z}_c + c\sum_{i=1}^{\gamma}\dot{f}_i + \varepsilon c\sum_{i=\gamma+1}^{n}\dot{f}_i + k\sum_{i=1}^{n}f_i = 0 \\ m_{\mathrm{h}}\rho\ddot{\varphi} + c\sum_{i=1}^{\gamma}b_i\dot{f}_i + \varepsilon c\sum_{i=1+\gamma}^{n}b_i\dot{f}_i + k\sum_{i=1}^{n}b_if_i = 0 \\ m_{\mathrm{w}}\ddot{z}_1 - c\dot{f}_1 - kf_1 + k_{\mathrm{w}}\delta_1 = 0 \\ \vdots \\ m_{\mathrm{w}}\ddot{z}_i - \varepsilon c\dot{f}_i - kf_i + k_{\mathrm{w}}\delta_i = 0 \\ \vdots \\ m_{\mathrm{w}}\ddot{z}_n - c\dot{f}_n - kf_n + k_{\mathrm{w}}\delta_n = 0 \end{cases} \tag{4-87}$$

代入 $\dot{f}_i$、f_i、δ_i，将式（4-87）写成矩阵形式，得到：

$$[M]\{\ddot{z}\}+[C]\{\dot{z}\}+[K]\{z\}=k_{\mathrm{w}}[L]\{q\} \tag{4-88}$$

式中，$[M]$、$[C]$、$[K]$ ——系统的质量矩阵、阻尼矩阵和刚度矩阵。

$$[M]=\mathrm{diag}\,(m_{\mathrm{h}},\ m_{\mathrm{h}},\ m_{\mathrm{w}},\ \cdots,\ m_{\mathrm{w}}) \tag{4-89}$$

$$[M]^{-1}=\mathrm{diag}\,(m_{\mathrm{h}}^{-1},\ m_{\mathrm{h}}^{-1},\ m_{\mathrm{w}}^{-1},\ \cdots,\ m_{\mathrm{w}}^{-1}) \tag{4-90}$$

$$[C]=\begin{bmatrix} \gamma c & c\sum_{n=1}^{\gamma}b_i & -c & -c & -\varepsilon c & \cdots & -\varepsilon c & -c \\ c\sum_{n=1}^{\gamma}b_i & c\sum_{n=1}^{\gamma}b_i^2 & -b_1c & -b_2c & -b_3\varepsilon c & \cdots & -b_{n-1}\varepsilon c & -b_nc \\ -c & -b_1c & c & 0 & & \cdots & & 0 \\ -c & -b_2c & 0 & c & 0 & \cdots & & 0 \\ & \vdots & & & \vdots & & & \\ -\varepsilon c & -b_ic & 0 & \cdots & 0 & \varepsilon c & 0\cdots & 0 \\ & \vdots & & & \vdots & & & \\ -c & -b_nc & 0 & \cdots & & & 0 & c \end{bmatrix} \tag{4-91}$$

$$[K]=\begin{bmatrix} nk & k\sum_{i=1}^{n}b_i & -k & -k & \cdots & -k \\ k\sum_{i=1}^{n}b_i & k\sum_{i=1}^{n}b_i^2 & -b_1k & -b_2k & \cdots & -b_nk \\ -k & -b_1k & k+k_{\mathrm{w}} & 0 & \cdots & 0 \\ -k & -b_2k & 0 & k+k_{\mathrm{w}} & 0 & 0 \\ & & \vdots & & \ddots & \\ -k & -b_nk & 0 & \cdots & 0 & k+k_{\mathrm{w}} \end{bmatrix} \tag{4-92}$$

$$[L]=\begin{bmatrix} 0_{2\times n} \\ I_{n\times n} \end{bmatrix} \tag{4-93}$$

4.2.2 数值仿真

4.2.2.1 基于 MATLAB 的仿真模型

MATLAB 以其强大的矩阵计算能力和针对不同领域丰富的仿真模块，成为目前应用最广的数值仿真平台，主要包括 MATLAB 文本方式和模块化 Simulink 两大部分。

MATLAB 界面如图 4-8 所示。

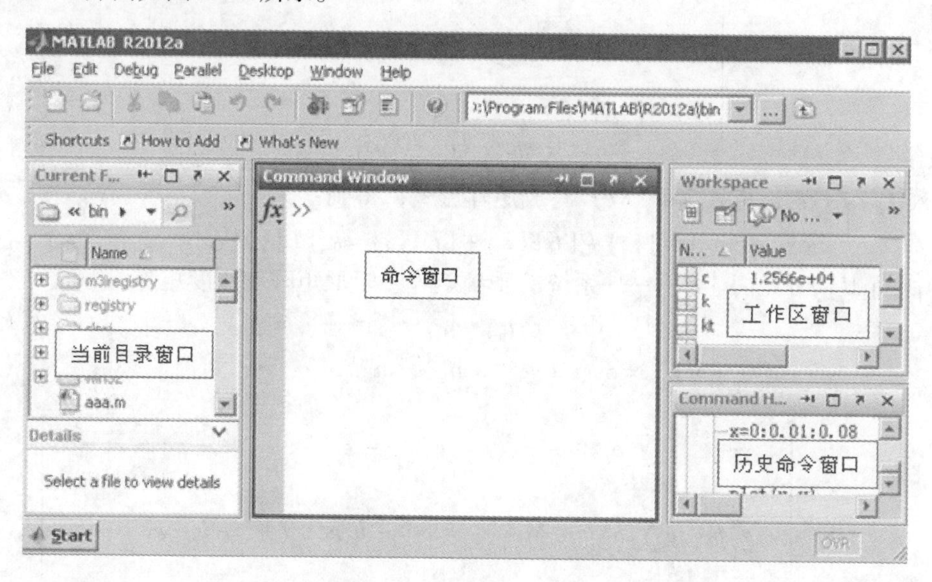

图 4-8 MATLAB 界面

MATLAB 向用户提供了一个自主编写程序的环境，用户可以根据自己的需要，灵活运用 MATLAB 的函数（M 函数）或者命令编程。

1. MATLAB 仿真模型

下面为某履带车辆 8 自由度半车模型平顺性分析程序的一部分：

```
clear;
mx=15000*0.85/2;                              %半车悬置质量
m=15000*0.1/12;                               %负重轮质量
Ib=0.65*7500*0.85*(6.5^2+1.4^2);              %半车转动惯量
g=9.8;                                        %重力加速度
v=40/3.6;                                     %车速m/s
kw=(mx+6*m)*g/6/(6*10^-3);                    %轮胎刚度
n=6;                                          %单侧车轮数
M=diag([mx Ib m m m m m m]);                  %质量矩阵
L=[2.1250,1.2750,0.4250,-0.4250,-1.2750,-2.1250];
                                              %各个负重轮到质心的距离
Lx=[0,0.8500,1.7000,2.5500,3.4000,4.2500];
                                              %各负重轮相对距离
```

2. Simulink 仿真模型

Simulink 是 MATLAB 最重要的组件之一，它提供一个动态系统建模、仿真和综合分析的集成环境。插入不同的计算模块，通过模块间的连线实现数据流传递。

对于二自由度振动系统，其振动微分方程可写为

$$\begin{cases} \ddot{z}_s = \dfrac{1}{m_s}[-c(\dot{z}_s - \dot{z}_u) - k(z_s - z_u)] \\ \ddot{z}_u = \dfrac{1}{m_u}[-c(\dot{z}_u - \dot{z}_s) - k(z_u - z_s) - k_t(z_u - q)] \end{cases} \tag{4-94}$$

将车身加速度 $\ddot{z}_s$ 和车轮加速度 $\ddot{z}_u$ 作为输出，路面信号 q 作为输入，车身速度 $\dot{z}_s$ 用车身加速度 $\ddot{z}_s$ 的积分来表示，车身位移 z_s 用车身速度 $\dot{z}_s$ 的积分来表示，车轮速度 $\dot{z}_u$ 用车轮加速度 $\ddot{z}_u$ 的积分来表示，车轮位移 z_u 用车轮速度 $\dot{z}_u$ 的积分来表示，则仿真模型如图 4-9 所示。

从图 4-9 中可以看出，二自由度振动模型较为复杂，多自由度振动模型如果还按此方法建立，不仅工作量大，而且截面杂乱，不便修改。这里我们引出状态空间分析法。

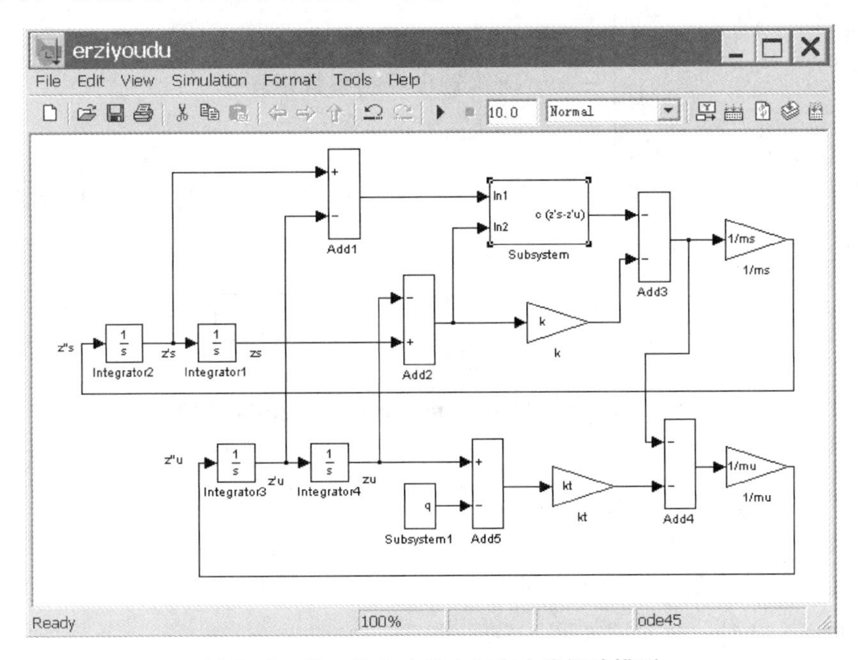

图 4-9　Simulink 中建立二自由度振动模型

状态空间分析法为一种将物理系统表示为一组输入、输出及状态的数学模式，而输入、输出及状态之间的关系可用一阶微分方程来描述。状态空间方程由输入变量、输出变量和状态变量组成，求解状态空间方程主要是求状态变量，状态变量是足以完全表征系统运动状态的最小个数的一组变量，其互相独立但不唯一。

状态空间方程可表示成：

$$\begin{aligned} \dot{\boldsymbol{x}} &= \boldsymbol{ax} + \boldsymbol{bu} \\ \boldsymbol{y} &= \boldsymbol{cx} + \boldsymbol{du} \end{aligned} \tag{4-95}$$

式中，$\boldsymbol{x} = [x_1, x_2, \cdots, x_n]^T$——$n$ 维状态矢量；

$$\boldsymbol{a} = \begin{bmatrix} a_{11} & a_{12} & \cdots & a_{1n} \\ a_{21} & a_{22} & \cdots & a_{2n} \\ \vdots & \vdots & \ddots & \vdots \\ a_{n1} & a_{n2} & \cdots & a_{nn} \end{bmatrix}$$——$n \times n$ 维系统状态系数矩阵；

$\boldsymbol{u}=[u_1, u_2, \cdots, u_r]^{\mathrm{T}}$——$r$ 维控制矢量；

$$\boldsymbol{b}=\begin{bmatrix} b_{11} & b_{12} & \cdots & b_{1r} \\ b_{21} & b_{22} & \cdots & b_{2r} \\ \vdots & \vdots & \ddots & \vdots \\ b_{n1} & b_{n2} & \cdots & b_{nr} \end{bmatrix}$$——$n\times r$ 维系统控制系数矩阵；

$\boldsymbol{y}=[y_1, y_2, \cdots, y_m]^{\mathrm{T}}$——$m$ 维输出矢量；

$$\boldsymbol{c}=\begin{bmatrix} c_{11} & c_{12} & \cdots & c_{1n} \\ c_{21} & c_{22} & \cdots & c_{2n} \\ \vdots & \vdots & \ddots & \vdots \\ c_{m1} & c_{m2} & \cdots & c_{mn} \end{bmatrix}$$——$m\times n$ 维输出状态系数矩阵；

$$\boldsymbol{d}=\begin{bmatrix} d_{11} & d_{12} & \cdots & d_{1r} \\ d_{21} & d_{22} & \cdots & d_{2r} \\ \vdots & \vdots & \ddots & \vdots \\ d_{m1} & d_{m2} & \cdots & d_{mr} \end{bmatrix}$$——$m\times r$ 维输出控制系数矩阵。

状态空间方程在 MATLAB/Simulink 中有相应模块（见图 4-10），采用状态空间模型可以使仿真过程更清晰明了，输入、输出一目了然。

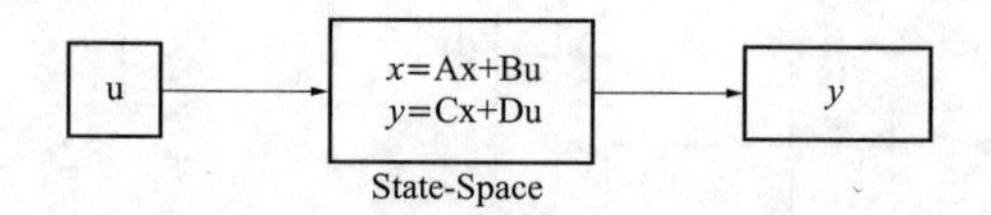

图 4-10　MATLAB/Simulink 中的状态空间模型

下面以二自由度振动系统为例，介绍状态空间方程的求解方法，多自由度振动系统的求解方法不再赘述。

对于二自由度振动系统，通常输入为路面不平度，即输入变量 $u=q$，我们关心振动系统的车身与车轮的加速度量，故输出变量为 $\boldsymbol{Y}=[\ddot{z}_{\mathrm{u}}, \ddot{z}_{\mathrm{s}}]^{\mathrm{T}}$，状态变量为 $\boldsymbol{X}=[z_{\mathrm{u}}, z_{\mathrm{s}}, \dot{z}_{\mathrm{u}}, \dot{z}_{\mathrm{s}}]^{\mathrm{T}}$。根据微分方程（4-94），首先用 $\boldsymbol{X}$ 和 $\boldsymbol{u}$ 表示 $\dot{\boldsymbol{X}}$：

$$\begin{cases} \dot{\boldsymbol{X}}(1)=\dot{z}_{\mathrm{u}}=\boldsymbol{X}(3)=[0\quad 0\quad 1\quad 0]\boldsymbol{X} \\ \dot{\boldsymbol{X}}(2)=\dot{z}_{\mathrm{s}}=\boldsymbol{X}(4)=[0\quad 0\quad 0\quad 1]\boldsymbol{X} \\ \dot{\boldsymbol{X}}(3)=\ddot{z}_{\mathrm{u}}=-\dfrac{k+k_{\mathrm{t}}}{m_{\mathrm{u}}}z_{\mathrm{u}}+\dfrac{k}{m_{\mathrm{u}}}z_{\mathrm{s}}-\dfrac{c}{m_{\mathrm{u}}}\dot{z}_{\mathrm{u}}+\dfrac{c}{m_{\mathrm{u}}}\dot{z}_{\mathrm{s}}+\dfrac{k_{\mathrm{t}}}{m_{\mathrm{u}}}q \\ \qquad =\left[-\dfrac{k+k_{\mathrm{t}}}{m_{\mathrm{u}}}\quad \dfrac{k}{m_{\mathrm{u}}}\quad -\dfrac{c}{m_{\mathrm{u}}}\quad \dfrac{c}{m_{\mathrm{u}}}\right]\boldsymbol{X}+\dfrac{k_{\mathrm{t}}}{m_{\mathrm{u}}}\boldsymbol{u} \\ \dot{\boldsymbol{X}}(4)=\ddot{z}_{\mathrm{s}}=\dfrac{k}{m_{\mathrm{s}}}z_{\mathrm{u}}-\dfrac{k}{m_{\mathrm{s}}}z_{\mathrm{s}}+\dfrac{c}{m_{\mathrm{s}}}\dot{z}_{\mathrm{u}}-\dfrac{c}{m_{\mathrm{s}}}\dot{z}_{\mathrm{s}} \\ \qquad =\left[\dfrac{k}{m_{\mathrm{s}}}\quad -\dfrac{k}{m_{\mathrm{s}}}\quad \dfrac{c}{m_{\mathrm{s}}}\quad -\dfrac{c}{m_{\mathrm{s}}}\right]\boldsymbol{X} \end{cases} \tag{4-96}$$

得出状态矩阵 $\boldsymbol{A}$ 和 $\boldsymbol{B}$：

$$\boldsymbol{A}=\begin{bmatrix} 0 & 0 & 1 & 0 \\ 0 & 0 & 0 & 1 \\ -\dfrac{k+k_t}{m_u} & \dfrac{k}{m_u} & -\dfrac{c}{m_u} & \dfrac{c}{m_u} \\ \dfrac{k}{m_s} & -\dfrac{k}{m_s} & \dfrac{c}{m_s} & -\dfrac{c}{m_s} \end{bmatrix} \tag{4-97}$$

$$\boldsymbol{B}=\begin{bmatrix} 0 \\ 0 \\ \dfrac{k_t}{m_u} \\ 0 \end{bmatrix} \tag{4-98}$$

其次用 $\boldsymbol{X}$ 和 $\boldsymbol{u}$ 表示 $\boldsymbol{Y}$：

$$\begin{cases} \boldsymbol{Y}(1)=\ddot{z}_u=-\dfrac{k+k_t}{m_u}z_u+\dfrac{k}{m_u}z_s-\dfrac{c}{m_u}\dot{z}_u+\dfrac{c}{m_u}\dot{z}_s+\dfrac{k_t}{m_u}q \\ \quad =\begin{bmatrix} -\dfrac{k+k_t}{m_u} & \dfrac{k}{m_u} & -\dfrac{c}{m_u} & \dfrac{c}{m_u} \end{bmatrix}\boldsymbol{X}+\dfrac{k_t}{m_u}\boldsymbol{u} \\ \boldsymbol{Y}(2)=\ddot{z}_s=\dfrac{k}{m_s}z_u-\dfrac{k}{m_s}z_s+\dfrac{c}{m_s}\dot{z}_u-\dfrac{c}{m_s}\dot{z}_s \\ \quad =\begin{bmatrix} \dfrac{k}{m_s} & -\dfrac{k}{m_s} & \dfrac{c}{m_s} & -\dfrac{c}{m_s} \end{bmatrix}\boldsymbol{X} \end{cases} \tag{4-99}$$

得出状态矩阵 $\boldsymbol{C}$ 和 $\boldsymbol{D}$：

$$\boldsymbol{C}=\begin{bmatrix} -\dfrac{k+k_t}{m_u} & \dfrac{k}{m_u} & -\dfrac{c}{m_u} & \dfrac{c}{m_u} \\ \dfrac{k}{m_s} & -\dfrac{k}{m_s} & \dfrac{c}{m_s} & -\dfrac{c}{m_s} \end{bmatrix} \tag{4-100}$$

$$\boldsymbol{D}=\begin{bmatrix} \dfrac{k_t}{m_u} \\ 0 \end{bmatrix} \tag{4-101}$$

对于多自由度振动系统，同样可以按照上述二自由度振动系统根据微分方程求解状态空间方程的方法进行求解，在此不再介绍。

4.2.2.2　多体系统动力学仿真模型

多体系统动力学是在由欧拉、拉格朗日等人奠基的经典刚体动力学基础上发展起来的一个新的力学分支。多体系统动力学应用于车辆设计，并通过计算机仿真实现，是一项前沿技术，且随着其理论研究的逐步深入，这门科学开始走向实用。我国目前很多制造厂家和科研单位已经引进使用和开发了多体系统计算机仿真软件，使我们在处理车辆复杂动态特性方面产生了质的飞跃。

ADAMS，即机械系统动力学自动分析（Automatic Dynamic Analysis of Mechanical Systems），该软件是美国 MDI 公司（Mechanical Dynamics Inc.）开发的虚拟样机分析软件。ADAMS 已经被全世界各行各业的数百家主要制造商采用。

ADAMS 软件的核心理论是多体系统动力学，它使用交互式图形环境和零件库、约束库、力库，创建完全参数化的机械系统集合模型，其求解器采用多刚体系统动力学理论中的拉格朗日方程方法，建立系统动力学方程，对虚拟机械系统进行静力学、运动学和动力学分析，输出位移、速度、加速度和反作用力曲线。ADAMS 软件的仿真可用于预测机械系统的性能、运动范围、碰撞检测、峰值载荷以及计算有限元的输入载荷等。

ADAMS 软件由基本模块、扩展模块、接口模块、专业领域模块及工具箱 5 类模块组成，用户不仅可以采用通用模块对一般的机械系统进行仿真，而且可以采用专用模块针对特定工业应用领域的问题进行快速有效的建模与仿真分析。

ADAMS 基本模块包括用户界面模块 ADAMS/View、求解器模块 ADAMS/Solver 和后处理模块 ADAMS/PostProcessor。ADAMS/View 是 ADAMS 系列产品的核心模块之一，采用以用户为中心的交互式图形环境，将图标操作、菜单操作、鼠标点击操作与交互式图形建模、仿真计算、动画显示、优化设计、曲线处理、结果分析和数据打印等功能集成在一起。ADAMS/Solver 也是核心模块之一，是 ADAMS 产品系列处于心脏地位的仿真器。该软件自动形成机械系统模型的动力学方程，提供静力学、运动学和动力学的解算结果。ADAMS/Solver 有各种建模和求解选项，以便精确有效地解决各种工程应用问题。ADAMS/PostProcessor 主要用来处理仿真结果数据、显示仿真动画等。

对于轮式车辆的设计开发可以采用 ADAMS/Car 模块，ADAMS/Car 是 MDI 公司与奥迪（Audi）、宝马（BMW）、雷诺（Renault）和沃尔沃（Volvo）等公司合作开发的车辆专用分析软件包，其集成了各公司在车辆设计、开发方面的专家经验，在 ADAMS/Car 中融合了轮胎模块、解算器模块和后处理模块。它允许工程师建造车辆各个子系统的虚拟原型，并如同试验真实样机一样对其进行计算机仿真分析，输出表示操作稳定性、制动性、乘坐舒适性和安全性的性能参数。

履带式军用车辆设计方面一般采用专门分析履带车辆的工具箱——ATV（Adams Tracked Vehicle）。ATV 可以提供常见的履带车辆模型，可方便地建立各种履带式车辆的动力学模型，进而对履带式车辆进行仿真分析。

ADAMS/ATV 模块中建立的履带式车辆模型如图 4-11 所示。

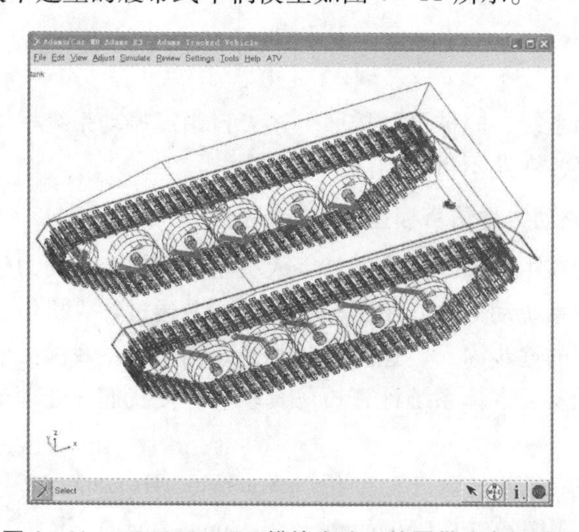

图 4-11　ADAMS/ATV 模块中建立的履带式车辆模型

4.2.2.3　MATLAB 和 ADAMS 联合仿真模型

近几年来，随着车辆电控技术的迅速发展，机械电子系统联合设计的要求日益迫切。联合仿真技术发挥的作用：常采用多体动力学软件进行机械结构仿真，MATLAB 或 EASY5 等进行控制系统建模仿真，发挥二者优势，加快系统开发。下面以 MATLAB 和 ADAMS 联合仿真为例进行简单介绍。

联合仿真模型的建立步骤为：首先在 ADAMS/View 软件中建立机械模型，然后建立 ADAMS 和 MATLAB 之间的通信连接，最后再 MATLAB/Simulink 环境下建立控制算法的仿真模型，进行两个软件的联合仿真。

图 4－12 所示为一种基于模糊控制的主动悬挂联合仿真模型，其中 adams _sub 模块为 ADAMS 子系统模块，整个模型是在 Simulink 环境下建立的。

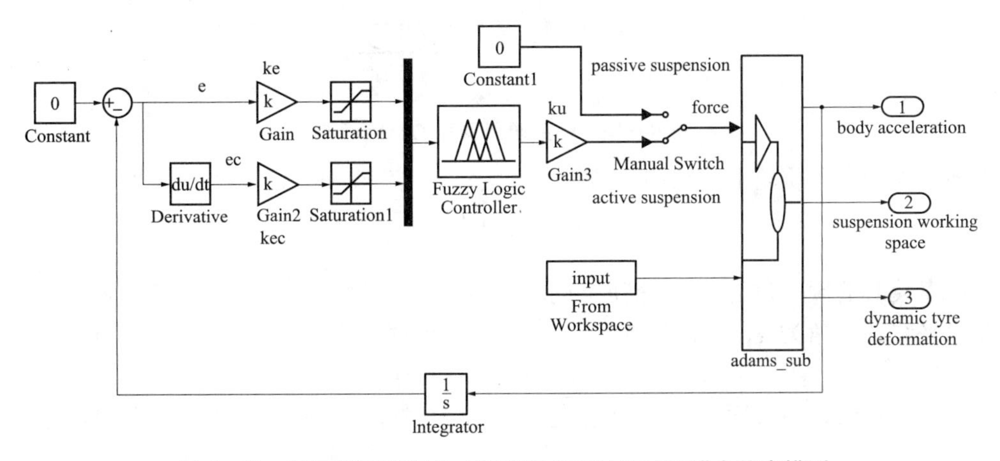

图 4－12　基于模糊控制的 ADAMS 和 MATLAB 联合仿真模型

4.3　悬挂导向机构的建模分析

4.3.1　导向机构的类型、作用

通常悬挂系统中的弹性元件（阻尼元件）并不直接安装在负重轮的正上方，而是利用不同的导向机构进行连接。军用车辆多用独立式悬挂。

履带式车辆的悬挂常用的导向机构分为两种，一种是弹性元件（阻尼元件）一端直接连在平衡肘上，这种导向机构比较简单，也比较常用；另一种是平衡肘—连杆机构，平衡肘与弹性、阻尼元件之间利用连杆相连。

轮式军用车辆转向驱动桥悬挂常用的为麦弗逊式悬挂和双横臂式悬挂。麦弗逊式悬挂具有结构简单、占用空间小的优点；双横臂式悬挂则具有侧倾中心高、抗侧倾能力的优点。非转向桥常用单纵臂或斜置臂。

车辆悬挂的简单模型经常忽略导向机构的作用，导向杆系除了在驱动、制动和转向过程传递切向力、侧向力以及相应扭矩外，对悬挂振动性能也有很大影响，即由于导向杆系的存在，车轮跳动的距离与弹性元件的压缩和拉伸量不同，车轮的跳动速度和阻尼装置变形速度不同，从而导致车辆悬挂的刚度和阻尼参数并不相同，两者之间的差异通常称作悬挂导向杆系的传动比。

4.3.2 导向杆系的传动比

以单横臂悬挂为例来分析弹性元件的传动比（见图 4 – 13）。

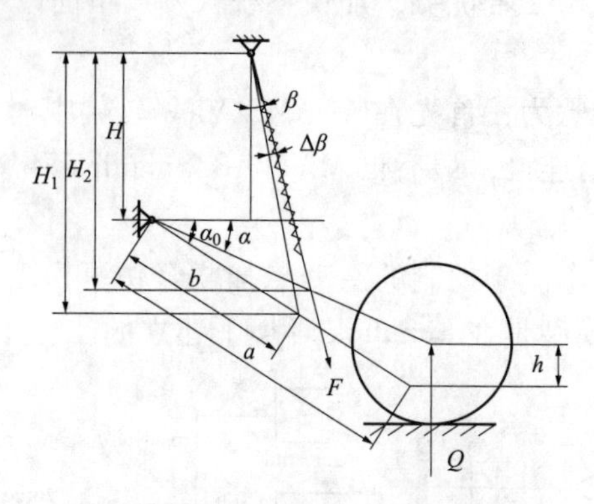

图 4 – 13 弹簧倾斜安装的悬挂简图

设地面作用在负重轮上的法向负荷为 Q，负重轮行程为 h，则悬挂的刚度 k_x 应为

$$k_x = \frac{dQ}{dh} \tag{4-102}$$

弹簧安装时的倾斜角为 β，平衡肘与水平线的安装角度为 α_0；当负重轮行程为 h 时，平衡肘与水平线的夹角为 α，弹簧的倾斜角增加 $\Delta\beta$。根据图 4 – 13 中几何关系，可得：

$$h = a(\sin\alpha_0 - \sin\alpha) \tag{a}$$

若弹簧安装时自由长度为 l，当负重轮行程为 h 时弹簧的长度变为 l'，则弹簧的变形为 f，则：

$$f = l - l' \tag{4-103}$$

由图 4 – 13 中几何关系可以求得：

$$l = \frac{H_1}{\cos\beta} \tag{4-104}$$

$$H_1 = H + b\sin\alpha \tag{4-105}$$

$$l' = \frac{H_2}{\cos(\beta + \Delta\beta)} \tag{4-106}$$

$$H_2 = H + b\sin\alpha \tag{4-107}$$

所以

$$f = \frac{H + b\sin\alpha_0}{\cos\beta} - \frac{H + b\sin\alpha}{\cos(\beta + \Delta\beta)} \tag{4-108}$$

因弹簧摆动角度 $\Delta\beta$ 不大，可近似地认为

$$\cos(\beta + \Delta\beta) \approx \cos\beta \tag{4-109}$$

则：

$$f = \frac{b(\sin\alpha_0 - \sin\alpha)}{\cos\beta} \tag{4-110}$$

或写成：

$$\sin\alpha_0 - \sin\alpha = \frac{f\cos\beta}{b} \tag{4-111}$$

将式（4－111）带入式（a），得：

$$h = \frac{af\cos\beta}{b} \tag{4-112}$$

对式（4－112）微分：

$$\mathrm{d}h = \frac{a\cos\beta \mathrm{d}f}{b} \tag{b}$$

对 O 点取力矩平衡，可得如下关系式：

$$Qa\cos\alpha = Pb\cos(\alpha + \beta + \Delta\beta) \tag{4-113}$$

式中，P——弹簧的弹力。

忽略 $\Delta\beta$ 时有：

$$Qa\cos\alpha = Pb\cos(\alpha + \beta) \tag{4-114}$$

对上式微分后，得：

$$\mathrm{d}Q = \frac{b(\cos\beta\sin\alpha + \sin\beta\cos\alpha)}{a\sin\alpha}\mathrm{d}P \tag{c}$$

由式（b）和式（c）可以求出悬挂的刚度为

$$k_x = \frac{\mathrm{d}Q}{\mathrm{d}h} = \frac{b^2(\cos\beta\sin\alpha + \sin\beta\cos\alpha)}{a^2\sin\alpha\cos\beta}\frac{\mathrm{d}P}{\mathrm{d}f} \tag{4-115}$$

式中，$\frac{\mathrm{d}P}{\mathrm{d}f}$——弹簧的刚度 k_T。

于是

$$k_x = k_T\frac{b^2}{a^2}\frac{(\cos\beta\sin\alpha + \sin\beta\cos\alpha)}{\sin\alpha\cos\beta} \tag{4-116}$$

从式（4－116）可以看出，悬挂的刚度并不等于弹簧的刚度。弹簧为垂直安装时，则 $\beta=0$，于是有：

$$k_x = k_T\frac{b^2}{a^2} \tag{4-117}$$

式中，$\frac{b}{a}$——该传导机构的传动比 i。

用同样方法可以推出其他结构形式的悬挂刚度与元件刚度的关系式也是如此。

对于减振器，一般假设阻力与活塞速度成正比，即

$$R_h = c_D v_h \tag{4-118}$$

式中，R_h——活塞阻力；

c_D——减振器阻力系数；

v_h——活塞速度。

将 R_h 换算到负重轮中心处则有：

$$R = cv \tag{4-119}$$

式中，R——将减振器阻力换算到负重轮中心处对车体的阻力；

v——将 v_h 换算为负重轮相对于车体的速度；

c——将减振器阻尼系数换算成对车体振动系统的阻尼系数，即悬挂阻尼系数。

$$c = \frac{R}{v} = \frac{R_h i}{v_h/i} = \frac{R_h}{v_h}i^2 = c_D i^2 \tag{4-120}$$

综合上面对于弹簧和减振器的分析，可以得出：悬挂刚度（阻尼）=元件刚度（阻尼）×传动比的平方。

所以在设计悬挂装置时，要设计悬挂的传动比，然后根据由悬挂性能要求确定的悬挂刚度（阻尼）来确定弹性元件（阻尼元件）的刚度（阻尼），进而进行弹性元件（阻尼元件）的设计。

4.3.3　导向杆系的设计计算

4.3.3.1　麦弗逊式导向杆系

麦弗逊式悬挂由减振器和螺旋弹簧作为上部导向机构，下横臂作为下部导向机构，减振器不仅起阻尼作用还起导向作用，以避免螺旋弹簧受力时偏移，限制弹簧只能做上下方向的振动，并可以用减振器的行程长短及松紧来设定悬挂的软硬及性能，构造如图 4 - 14 所示。

图 4 - 14　麦弗逊式悬挂构造

1. 导向杆系受力分析

分析如图 4 - 15 所示的麦弗逊式独立悬挂受力简图可知：作用在导向套上的横向力 F_3 可根据图上的布置尺寸求得：

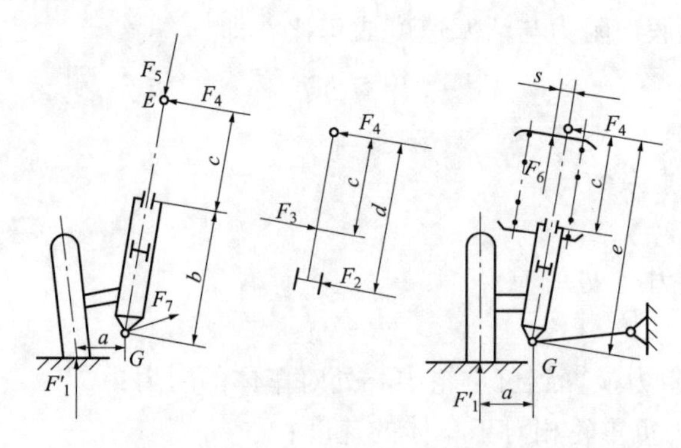

图 4 - 15　麦弗逊式独立悬挂导向机构受力简图

$$F_3 = \frac{F_1 ad}{(c+b)\ (d-c)} \tag{4-121}$$

式中，F_1——前轮上的静载荷 F_1' 减去前轴簧下质量的 1/2。

横向力 F_3越大，则作用在导向套上的摩擦力 F_3f 越大（f 为摩擦因数），但车辆平顺性较差。为了减小摩擦力，在导向套和活塞表面应用了减摩材料和特殊工艺。由式（4－121）可知，为了减小 F_3，要求尺寸（$c+d$）越大越好，或者减小尺寸 a。增大尺寸（$c+b$）会使悬挂占用的空间增加，导致布置上有困难；若用增加减振器轴线倾斜度的方法，可达到减小尺寸 a 的目的，但也存在布置困难的问题。为此，在保持减振器轴线不变的条件下，常将图 4－15 中的 G 点外伸至车轮轮圈内部，既可达到缩短尺寸 a 的目的，又可获得较小的甚至是负的主销偏移距，提高制动稳定性。移动 G 点后的主销轴线不再与减振器轴线重合。

由图 4－15 可知，将弹簧和减振器的轴线相互偏移距离 s，再考虑到弹簧轴向力 F_6的影响，则作用到导向套上的力将减小，即

$$F_3=\frac{F_1ad}{(c+d)(d-c)}-\frac{F_6s}{d-c} \tag{4-122}$$

由式（4－122）可知，增加距离 s，有助于减小作用到导向套上的横向力 F_3。

为了发挥弹簧反力减小横向力 F_3的作用，有时还将弹簧下端布置得尽量靠近车轮，从而使弹簧轴线及减振器轴线成一角度。这就是麦弗逊独立悬挂中主销轴线、滑柱轴线和弹簧轴线不共线的主要原因。

2. 横臂轴线布置方式

麦弗逊式独立悬挂横臂轴线与主销后倾角的匹配，影响车辆的纵倾稳定性。图 4－16 中，O 点为车辆纵向平面内悬挂相对于车身跳动的运动瞬心。当摆臂轴的抗前俯角 $-\beta'$等于静平衡位置的主销后倾角 γ 时，横臂轴线正好与主销轴线垂直，运动瞬心交于无穷远处，主销轴线在悬挂跳动时做平动。因此，γ 值保持不变。

当 $-\beta'$与 γ 的匹配使运动瞬心 O 交于前轮后方时，在悬挂压缩行程，γ 角有增大的趋势。

当 $-\beta'$与 γ 的匹配使运动瞬心 O 交于前轮前方时，在悬挂压缩行程，γ 角有减小的趋势。

为了减小车辆制动时的纵倾，一般希望在悬挂压缩行程主销后倾角 γ 有增大的趋势。因此，在设计麦弗逊式独立悬挂时，应选择参数 β'能使运动瞬心 O 交于前轮后方。

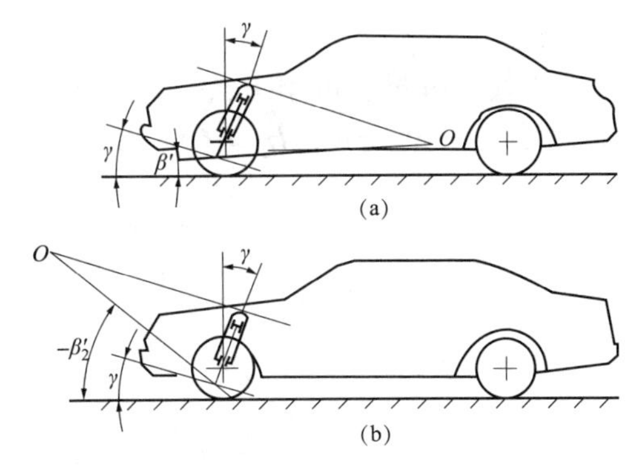

图 4－16　γ 角变化示意图

3. 运动特性

悬挂运动学特性是指当车轮跳动时，前轮定位参数、轮距、前轮侧向滑移量等参数相应

变化的规律。这一规律是由导向机构所决定的，它直接影响到车辆的使用性能，特别是操纵稳定性、平顺性、转向轻便性和轮胎的使用寿命等。

图4-17所示为某车辆采用的麦弗逊式悬挂运动特性，其前独立悬挂的实测参数为输入数据的计算结果。图4-17中的几组曲线是下横臂 l_1 取不同值时的悬挂运动特性。由图4-17可以看出，横臂越长，B_y 曲线越平缓，即车轮跳动时轮距变化越小，有利于提高轮胎寿命。主销内倾角 β、车轮外倾角 α 和主销后倾角 γ 曲线的变化规律也都与 B_y 类似，这说明横臂越长，前轮定位角度的变化越小，将有利于提高车辆的操纵稳定性。

具体设计时，在满足布置要求的前提下，应尽量加长横臂长度。

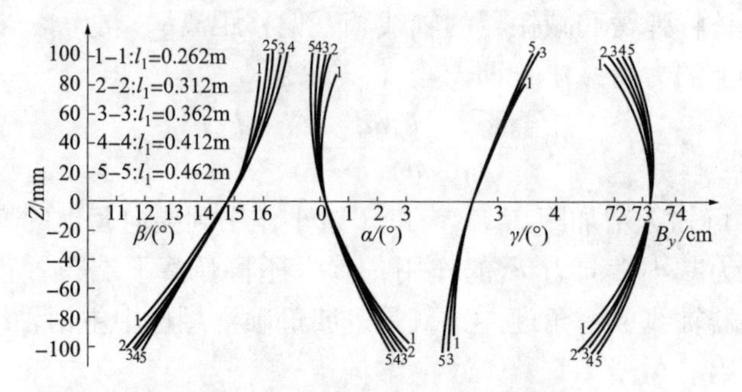

图4-17 麦弗逊式悬挂运动特性

图4-18所示为麦弗逊悬挂的导向机构简图，杆 AB、BC、CA 组成了"三连杆机构"。假设 A 点的坐标为 (y_A, z_A)，B 点的坐标为 (y_B, z_B)。

对于杆 AB、BC、CA，有：

$$\overrightarrow{AB} + \overrightarrow{BC} = \overrightarrow{AC} \tag{4-123}$$

故：

$$-L_2 \cdot \sin\beta + L_1 \cdot \cos\alpha = y_A - y_C \tag{4-124}$$

$$L_2 \cdot \cos\beta - L_1 \cdot \sin\alpha = z_A - z_C \tag{4-125}$$

式中，L_2——杆 AB 的长度；

L_1——杆 BC 的长度；

α——杆 BC 与 y 轴的夹角；

β——杆 AB 与 z 轴的夹角。

方程中，α 为输入，L_2、β 为代求解量。可用牛顿—辛普森方法对此非线性方程求解。

例如：某车辆平衡位置时，$L_1 = 390\text{mm}$，$L_2 = 634\text{mm}$，$\alpha = 4°$，$\beta = 14°$，$y_A - y_C = 235\text{mm}$，$z_A - z_C = 588\text{mm}$。

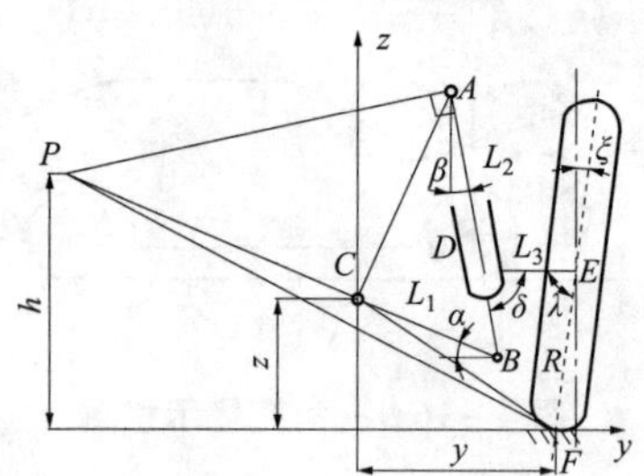

图4-18 麦弗逊悬挂导向机构

利用 MATLAB 编程求解，程序如下：

```
clc;
clear;
a = -10 * pi/180;
L2 =634;                             % AB 的长度
while a <10 * pi/180
b =14 * pi/180;                      % 平衡时 AB 与水平方向的夹角
zac =588;                            % zA - zC 的值
yac =235;                            % yA - yC 的值
L1 =390;                             % BC 的长度
e =0.1;                              % 计算精度
f =[ -L2. * sin(b) +L1. * cos(a) -yac
      L2. * cos(b) -L1. * sin(a) -zac]
norm(f)
while norm(f) >e
    J =[ -sin(b) -L2. * cos(b)
          cos(b) -l2. * sin(b)];
    D =inv(J) * [( -1). * f];
    L2 =L2 +D(1);
    b =b +D(2);
   f =[ -l2. * sin(b) +L1. * cos(a) -yac
        L2. * cos(b) -L1. * sin(a) -zac];
   norm(f);
end
L2                                   % AB 杆的长度
b*180/pi
subplot(211)
plot(a*180/pi,b*180/pi)
hold on
xlabel('α 角度'),ylabel('β 角度')
subplot(212)
plot(a*180/pi,L2)
hold on
xlabel('α 角度'),ylabel('L2 的长度')
a =a +0.01 * pi/180
end
```

结果显示如图4－19所示。

车轮着地点的变化由$\overrightarrow{FC}$、$\overrightarrow{CB}$、$\overrightarrow{BD}$、$\overrightarrow{DE}$、$\overrightarrow{R}$所构成的闭环决定，则车轮接地点的坐标可由下式表示：

$$y = L_1\cos\alpha - BD\sin\beta + L_2\cos(90° - \beta - \delta) - R\cos(\lambda + \beta + \delta - 90°) \qquad (4-126)$$

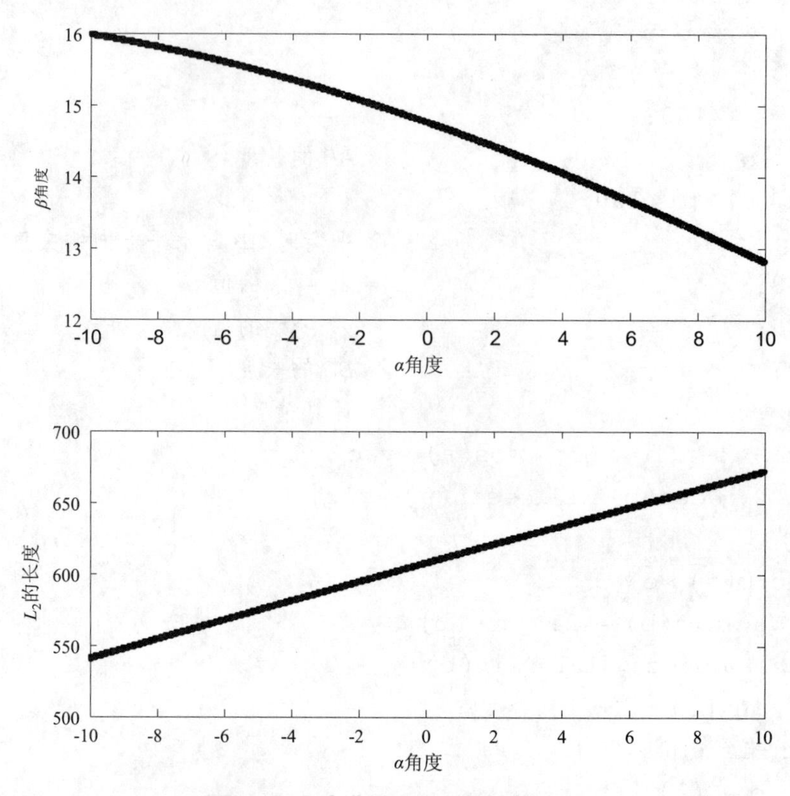

图 4－19　麦弗逊导向机构计算结果

$$z = -L_1\sin\alpha + BD\cos\beta - L_2\sin(90^\circ - \beta - \delta) - R\cos(\lambda + \beta + \delta - 90^\circ) \tag{4-127}$$

根据已经求出的导向机构随下臂的运动关系即可求出车轮接地点的坐标。

根据图 4－18 可以得到相关参数的表达式。

（1）车轮外倾角 ξ：

$$\xi = 180^\circ - \lambda - \beta - \delta \tag{4-128}$$

（2）主销内倾角：

$$\xi_i = \beta - \zeta \tag{4-129}$$

式中，ζ——主销与杆 AB 的夹角。

（3）轮距：

$$B = S + 2y \tag{4-130}$$

式中，S——左、右悬挂横臂枢轴点间的距离。

4.3.3.2　双横臂式导向杆系

双横臂式悬挂和双叉臂式悬挂有着许多的共性，只是结构比双叉臂式简单些，也可以称为简化版的双叉臂式悬挂。同双叉臂式悬挂一样，双横臂式悬挂的横向刚度比较大，一般采用上下不等长的摇臂设置。而有的双横臂的上下臂不能起到纵向导向作用，还需要另加拉杆导向。这种结构较双叉臂式悬挂更简单的双横臂式悬挂性能介于麦弗逊式悬挂和双叉臂式悬挂之间，拥有较好的运动性能。双横臂式悬挂的制造如图 4－20 所示。

图 4-20　双横臂式悬挂构造

1. 上、下横臂长度

双横臂式悬挂的上、下臂长度对车轮上、下跳动时前轮的定位参数影响很大。现代车辆所用的双横臂式前悬挂，一般设计成上横臂短、下横臂长。这一方面是考虑到布置发动机方便，另一方面也是为了得到理想的悬挂运动特性。

图 4-21 所示为下横臂长度 l_1 保持原车值不变，改变上横臂长度 l_2，使 $\frac{l_2}{l_1}$ 分别为 0.4、0.6、0.8、1.0 和 1.2 时计算得到的悬挂运动特性曲线。其中 $Z-B_y$（Z 为车轮接地点的垂直位移，B_y 为 $\frac{1}{2}$ 轮距）为车轮接地点在横向平面内随车轮跳动的特性曲线。由图 4-21 可以看出，当上、下横臂的长度之比为 0.6 时，B_y 曲线变化最平缓；$\frac{l_2}{l_1}$ 增大后再减小时，B_y 曲线的曲率都增加。图 4-21 中的 $Z-\alpha$ 和 $Z-\beta$ 分别为车轮外倾角和主销内倾角随车轮跳动的特性曲线，当 $\frac{l_2}{l_1}=1.0$ 时，α 和 β 均为直线并与横坐标垂直，即 α 和 β 在悬挂运动过程中保持定值。

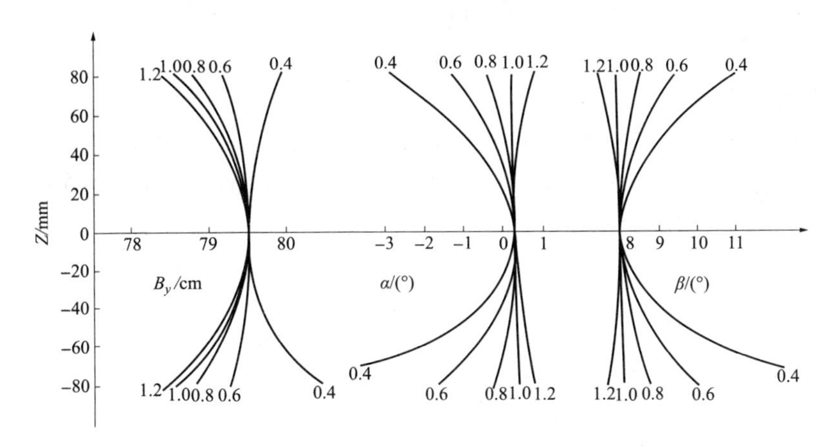

图 4-21　上、下横臂长度之比（l_2/l_1）改变时的悬挂运动特性

设计车辆悬挂时，轮距变化要小，以减少轮胎磨损，提高其使用寿命，因此应选择 l_2/l_1 在 0.6 附近；为保证车辆具有良好的操纵稳定性，前轮定位角度的变化要小，这时应选择 l_2/l_1 在 1.0 附近。综合以上分析，该悬挂的 l_2/l_1 应在 0.6~1.0。美国克莱斯勒和通用车辆分

别认为，上、下横臂长度之比取 0.7 和 0.66 为最佳。根据我国车辆设计的经验，在初选尺寸时，l_2/l_1取 0.65 为宜。

2. 机构分析

在绘出双横臂悬挂空间模型的前提下，列出相关点的坐标，并利用这些坐标确定上下横臂的坐标，然后利用 *YZ* 平面和 *XZ* 平面的模型确定悬挂中心和力矩中心。

双横臂悬挂空间模型如图 4－22 所示。图 4－22 中除上、下三脚架外，还有扭杆、减振器以及转向机构等。

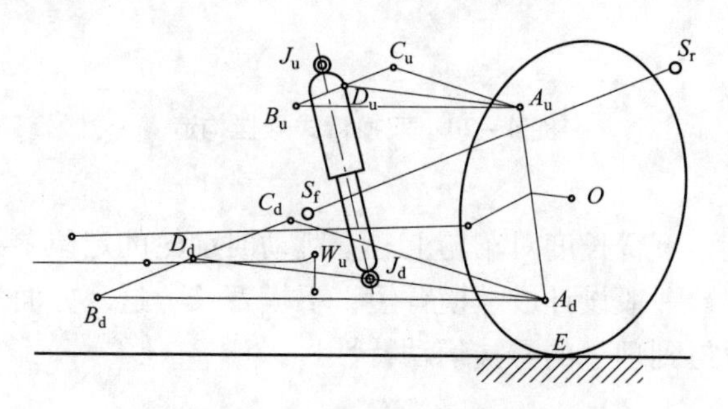

图 4－22　双横臂悬挂空间模型

双横臂悬挂常做成双叉式或 A 臂式。它利用上三脚架 $A_uB_uC_u$ 和下三脚架 $A_dB_dC_d$ 将车轮和车身连接起来。为简化分析和计算的需要，常将上、下三脚架各简化为摆臂，也就是图 4－22所示中的 A_uD_u 和 A_dD_d。因此确定上、下臂的坐标，也就是在已知三脚架三点 *A*、*B*、*C* 的坐标的情况下，确定 D_u 和 D_d 两点的坐标。确定的具体步骤如下所述。

1）计算“三脚架”各边的空间长度

设 *x*、*y*、*z* 为“三脚架”各点的坐标，那么“三脚架”各边的实际长度可利用下列三式计算：

$$l_{AB}=[(x_A-x_B)^2+(y_A-y_B)^2+(z_A-z_B)^2]^{\frac{1}{2}}$$

$$l_{BC}=[(x_B-x_C)^2+(y_B-y_C)^2+(z_B-z_C)^2]^{\frac{1}{2}}$$

$$l_{CA}=[(x_C-x_A)^2+(y_C-y_A)^2+(z_C-z_A)^2]^{\frac{1}{2}} \tag{4-131}$$

2）确定臂端坐标

如图 4－23 所示，在实际边长的三角形中，过点 *A* 作 *BC*（长度为 l_{BC}）的垂线 *AD*（长度为 *l*）便是臂长，其垂足 *D* 便是臂的另一端点，与点 *D* 相关的 *BD*（长度为 l_{BD}）和臂长 *AD*（长度为 *l*）可用下列两式计算：

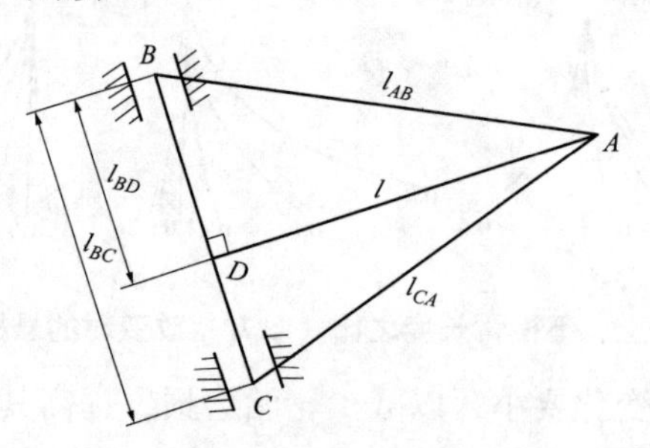

图 4－23　摆臂坐标的确定

$$l_{BD}=\frac{\pm(l_{AB}^2+l_{BC}^2-l_{CA}^2)}{2l_{BC}} \tag{4-132}$$

$$l=\sqrt{l_{AB}^2-l_{BD}^2} \tag{4-133}$$

式（4-132）中，垂足在三角形中部或在外下部者取正，其余取负。

垂足的坐标可用下列公式计算：

$$\begin{cases} x_D=x_B\pm\dfrac{(x_C-x_B)l_{CD}}{l_{BC}} \\ y_D=y_B\pm\dfrac{(y_C-y_B)l_{CD}}{l_{BC}} \\ z_D=z_B\pm\dfrac{(z_C-z_B)l_{CD}}{l_{BC}} \end{cases} \tag{4-134}$$

垂足在△ABC 中部取正号，其余为负号。

为方便求出横向悬挂中心和纵向悬挂中心，应把模型分别建立在 YZ 平面和 XZ 平面上。

3）横向悬挂中心和侧倾力矩中心

横向导向机构分别由上臂 A_uD_u 和下臂 A_dD_d 构成，如图4-24所示，它属于摆臂外交式。

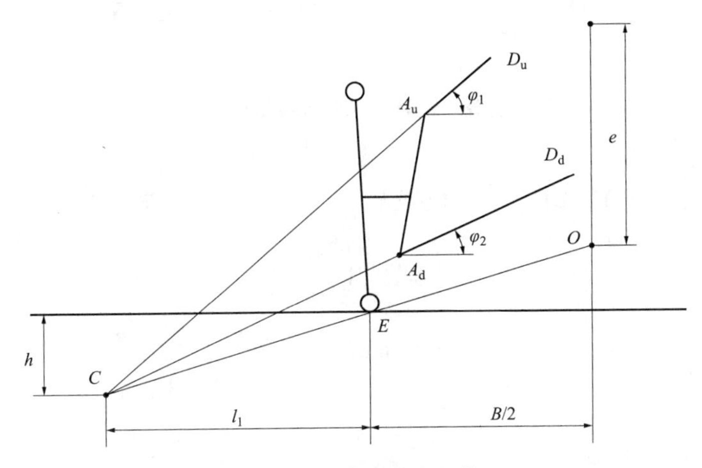

图4-24　横向导向机构

点 A_u、D_u 以及 A_d、D_d 连线的延长线汇交于车轮外侧的点 C，此点便是横向悬挂中心。注意 A_uD_u 和 A_dD_d 是满载时的空间直线，其延长线不一定交于一点。正因为如此，在设计时，务必要保证 A_u、D_u、A_d、D_d、E 五点基本共面，即应使其 x 轴坐标基本相等。

点 C 与车轮着地中心点 E 连线的延长线与车身中心线的交点 O 就是侧倾力矩中心。侧倾力矩中心与悬挂质体质心的高度差便是侧倾力矩臂 e。

横向悬挂中心 C 的位置由高度 h 和长度 l_1 决定，而在横向平面内上、下臂所在直线的方程为

$$\begin{cases} \dfrac{y-y_{A_u}}{y_{D_u}-y_{A_u}}=\dfrac{z-z_{A_u}}{z_{D_u}-z_{A_u}} \\ \dfrac{y-y_{A_d}}{y_{D_d}-y_{A_d}}=\dfrac{z-z_{A_d}}{z_{D_d}-z_{A_d}} \end{cases} \tag{4-135}$$

解此方程组，便可求出点 C 的坐标 y_C、z_C，因此有：

$$h = z_E - z_C \tag{4-136}$$

$$l_1 = y_E - y_C \tag{4-137}$$

4）摆臂角 φ_1、φ_2

摆臂角可根据 A_u、D_u、A_d、D_d 四点的坐标由下列两式计算：

$$\varphi_1 = \arctan\left(\frac{|z_{D_u} - z_{A_u}|}{|y_{D_u} - y_{A_u}|}\right) \tag{4-138}$$

$$\varphi_2 = \arctan\left(\frac{|z_{D_d} - z_{A_d}|}{|y_{D_d} - y_{A_d}|}\right) \tag{4-139}$$

5）纵向悬挂中心

纵向导向机构由上臂销轴 B_uC_u 和下臂销轴 B_dC_d 构成，两销轴延长线的交点 C_e 就是纵向悬挂中心，如图 4－25 所示。纵向力矩中心则需要前、后悬挂配合导出。

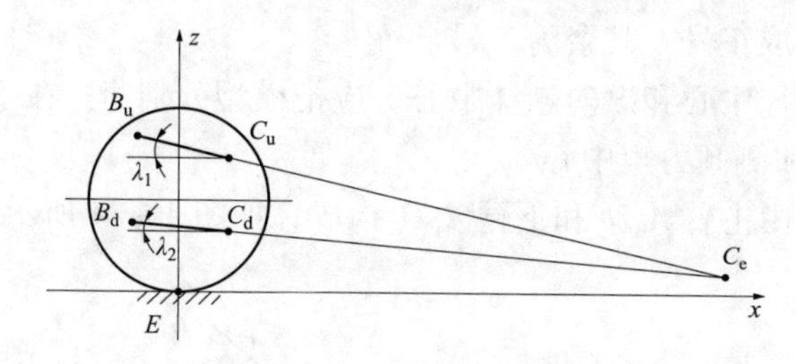

图 4－25　纵向导线机构

6）臂轴销角 λ_1、λ_2

上臂轴销角 λ_1 与下臂轴销角 λ_2 可根据 B_u、C_u、B_d、C_d 四点的坐标由以下两式计算：

$$\lambda_1 = \arctan\left(\frac{z_{B_u} - z_{C_u}}{x_{C_u} - x_{B_u}}\right) \tag{4-140}$$

$$\lambda_2 = \arctan\left(\frac{z_{B_d} - z_{C_d}}{x_{C_d} - x_{B_d}}\right) \tag{4-141}$$

3. 运动特性

1）车轮初始定位参数

主销内倾角 γ_i 和后倾角 γ_r 可根据 A_u、A_d 两点的坐标由下列两式计算：

$$\gamma_i = \arctan\left(\frac{y_{A_u} - y_{A_d}}{z_{A_u} - z_{A_d}}\right) \tag{4-142}$$

$$\gamma_r = \arctan\left(\frac{x_{A_u} - x_{A_d}}{z_{A_u} - z_{A_d}}\right) \tag{4-143}$$

车轮外倾角 γ_0 由轮心 O 与接地点 E 的坐标确定。定义车轮外倾角外倾时为正，则外倾角为

$$\gamma_0 = \arcsin\left(\frac{y_E - y_O}{R}\right) \tag{4-144}$$

式中，R——轮胎的静半径。

车轮的前束角 θ_T 由车轮的轮心 O 与接地点 E 的坐标确定。定义前束角内收为正，则前束角为

$$\theta_T = \arctan\left(\frac{x_O - x_E}{y_O - y_E}\right) \tag{4-145}$$

设主销延长线与地面的交点为 P，则其 x、y 坐标分别为

$$x_P = x_{A_u} + \frac{z_E - z_{A_u}}{z_{A_u} - z_{A_d}}(x_{A_u} - x_{A_d}) \tag{4-146}$$

$$y_P = y_{A_u} + \frac{z_E - z_{A_u}}{z_{A_u} - z_{A_d}}(y_{A_u} - y_{A_d}) \tag{4-147}$$

即主销的后拖距 a_r 为

$$a_r = x_E - x_P \tag{4-148}$$

主销的偏移距 a_i 为

$$a_i = y_E - y_P \tag{4-149}$$

2）导向机构随下臂或上臂的运动关系

导向机构随摆臂运动的问题为三维空间的问题，现将它放在 yz 平面内的二维空间来处理。在此，假设 A_u、D_u、A_d、D_d、E 五点的 x 轴坐标相等。

此处利用简明的复数法来建立机构随下臂或上臂运动的数学模型。在所研究的问题里，导向机构其实就是一个“四杆机构”，如图4－26所示。把“四杆机构”的杆长设为 R_k（$k=1，2，3，4$），若弹性元件装于下臂之上，则杆 R_1 这个下臂就是主动臂。作用于主动臂臂端点 $A_d(O_2)$ 的力（力矩）使下臂绕枢轴点 $D_d(O_1)$ 逆时针旋转。

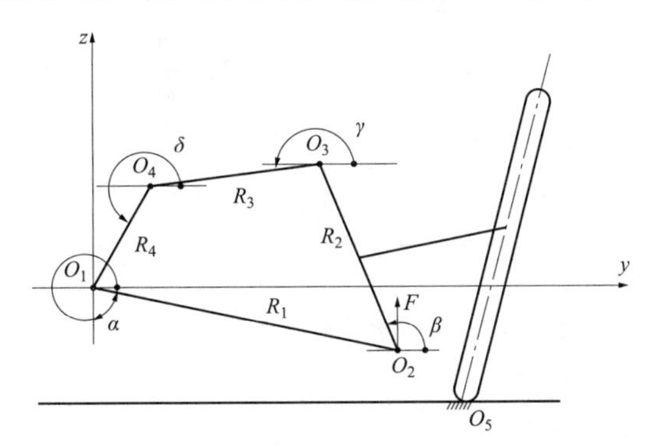

图4－26　导向机构的运动规律

假设下臂转过了 α 角，其他各杆转角分别为 β、γ 和 δ，由于 R_k 和 δ 为已知参数，α 为独立变量，则要求的只有 β 和 γ。

若弹性元件装于上臂之上，则杆 R_3 这个下臂就是主动臂。作用于主动臂臂端点 $A_u(O_3)$ 的力（力矩）使上臂绕枢轴点 $D_u(O_4)$ 逆时针旋转。假设下臂转过了 γ 角，其他各杆转角分别为 α、β 和 δ，由于 R_k 和 δ 为已知参数，γ 为独立变量，则要求的只有 β 和 α。

在图4－26中，“四杆机构”全部为铰点，且复数 $\vec{R}_k$ 构成封闭环路，即

$$\sum_{k=1}^{4} \vec{R}_k = \vec{R}_1 + \vec{R}_2 + \vec{R}_3 + \vec{R}_4 = 0 \tag{4-150}$$

按指数写法为

$$\sum_{k=1}^{4} R_k e^{jx} = R_1 e^{j\alpha} + R_2 e^{j\beta} + R_3 e^{j\gamma} + R_4 e^{j\delta} = 0 \tag{4-151}$$

根据欧拉公式有：

$$e^{jx} = \cos x + j\sin x \tag{4-152}$$

所以复数实部为

$$R_1\cos\alpha+R_2\cos\beta+R_3\cos\gamma+R_4\cos\delta=0 \tag{4-153}$$

则复数虚部为

$$R_1\sin\alpha+R_2\sin\beta+R_3\sin\gamma+R_4\sin\delta=0 \tag{4-154}$$

应用牛顿—辛普森方法便可以求解以上两式，从而得知导向杆系随摆臂的运动关系。

3）车轮着地点随摆臂运动的关系

在图4-27中，弹性元件无论装在下臂还是上臂，车轮着地点的变化都是由$\vec{R}_1$、$\vec{R}_5$、$\vec{R}_6$、$\vec{R}_k$、$\vec{R}_1$所构成的闭环决定的，因此车轮着地点的坐标为

$$y=R_1\cos\alpha+R_5\cos\beta+R_6\cos(\lambda+\beta-360)+r_k\cos(\lambda_0+\lambda+\beta-540) \tag{4-155}$$

$$z=R_1\sin\alpha+R_5\sin\beta+R_6\sin(\lambda+\beta-360)+r_k\sin(\lambda_0+\lambda+\beta-540) \tag{4-156}$$

式中，λ_0和λ为定值，其他参数可以由导向机构与摆臂的运动关系导出，从而可以得知车轮着地点的位置变化。

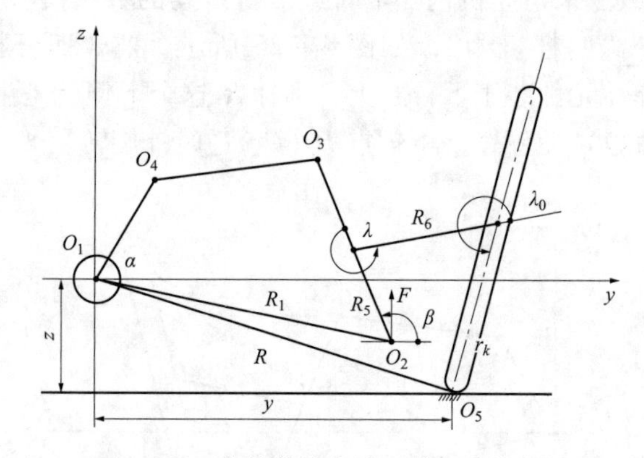

图4-27 车轮着地点随下臂运动的关系

4）相关参数与摆臂运动关系

相关参数指轮距B、车轮外倾角ξ_0、主销内倾角ξ_i、悬挂中心C和力矩中心O等，如图4-28所示。这些参数不但随摆臂的运动而改变，且对悬挂刚度、行驶稳定性和车身稳定性有至关重要的作用。

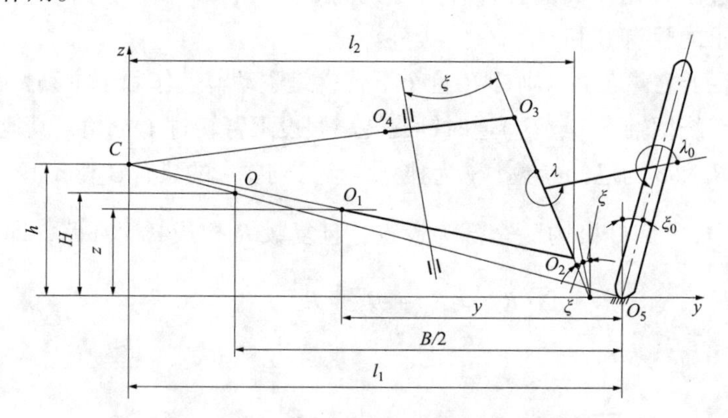

图4-28 相关参数与摆臂运动的关系

根据图4-28和已经导出的结果，可得到以下相关参数的表达式。

（1）车轮外倾角ξ_0：

$$\xi_0 = 630° - \lambda_0 - \lambda_i - \beta \tag{4-157}$$

（2）主销内倾角 ξ_i：

$$\xi_i = \beta - 90° - \xi \tag{4-158}$$

式中，ξ——主销与杆 $O_2O_3(R_2)$ 的夹角。

（3）轮距：

$$B = S + 2y \tag{4-159}$$

式中，S——左、右悬挂摆臂枢轴点的距离

（4）杠杆参数 l_1、l_2：

杠杆参数 l_1 和 l_2 不仅是确定悬挂中心 C 和力矩中心 O 的过渡参数，也是推求悬挂刚度必不可少的参数。由图4－28的几何关系可得：

$$l_1 = l_2 \pm \left[y - R_1\cos(\alpha - 360°) \right] \tag{4-160}$$

$$l_2 = \pm \frac{R_2\sin(\gamma - \beta)\cos(\alpha - 360°)}{\sin(\alpha - \gamma)} \tag{4-161}$$

（5）悬挂中心 C 的纵坐标 h：

$$h = \pm l_1\tan(\alpha - 360°) - \left| z + y\tan(\alpha - 360°) \right| \tag{4-162}$$

对于式（4－160）、式（4－161）和式（4－162）中的“±”号，摆臂内交者为正，反之取负。

（6）力矩中心 O 的纵坐标 H：

$$H = Bh/2l_1 \tag{4-163}$$

4.3.3.3　平衡肘—连杆式导向杆系

图4－29所示为一种坦克悬挂子系统的运动简图，A、B、C、D、E 代表旋转副，AB、BC、CD 为平衡肘、连杆和减振器拉臂，其长度分别为 l_1、l_2 和 l_3，负重轮安装位置 E 和扭杆弹簧中心的距离为 l_4，扭杆弹簧中心和减振器中心高度差为 H，水平距离为 L，取平衡肘和水平线夹角 α 为广义坐标，α 在水平线下方取正号，取 BC 与过 B 点的铅垂线夹角 β 和 CD 同过 D 点的水平线夹角 γ 为辅助变量，β 在铅垂线左侧为正，γ 在水平线下方为正。

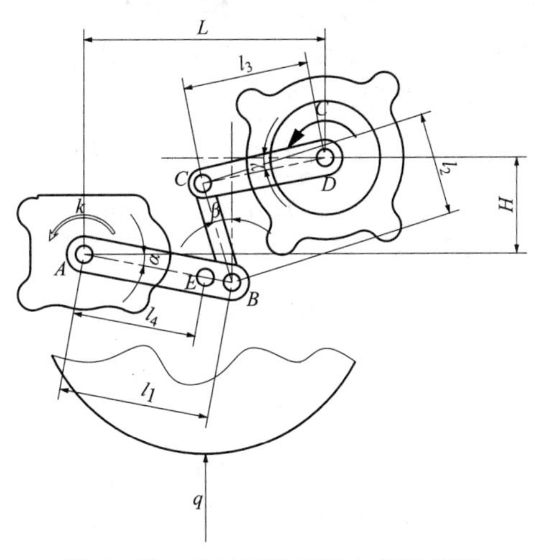

图4－29　悬挂子系统导向杆系简图

1. 运动学分析

根据几何关系可以写出：

$$\begin{cases} H = -l_1\sin\alpha + l_2\cos\beta + l_3\sin\gamma \\ L = l_1\cos\alpha - l_2\sin\beta + l_3\cos\gamma \end{cases} \tag{4-164}$$

为了求得对于任意悬挂系统变形量和变形速度对应的 CD 杆受到的阻尼力矩，必须求解上述非线性方程组，求得 γ、$\dot{\gamma}$ 和 α 的关系。

定义误差为

$$Error = [f_1, f_2]\begin{bmatrix} f_1 \\ f_2 \end{bmatrix} \tag{4-165}$$

系统的雅可比矩阵为

$$J = \begin{bmatrix} l_2\sin\beta & -l_3\cos\gamma \\ -l_2\cos\beta & -l_3\sin\gamma \end{bmatrix} \tag{4-166}$$

对于给定的 α_i，定义：

$$\begin{cases} f_1^{ik} = l_1\sin\alpha_i - l_2\cos\beta_{ik} - l_3\sin\gamma_{ik} + H \\ f_2^{ik} = l_1\cos\alpha_i - l_2\sin\beta_{ik} + l_3\cos\gamma_{ik} - L \end{cases} \tag{4-167}$$

式中，k——迭代次数。

若 $Error^{ik} > \varepsilon$，ε 为指定的迭代误差；

$$\begin{bmatrix} \beta_{i(k+1)} \\ \gamma_{i(k+1)} \end{bmatrix} = \begin{bmatrix} \beta_{ik} \\ \gamma_{ik} \end{bmatrix} - J^{ik} \cdot \begin{bmatrix} f_1^{ik} \\ f_2^{ik} \end{bmatrix} \tag{4-168}$$

按上述方法一直迭代到 $Error^{in} < \varepsilon$ 为止，并记：

$$\begin{bmatrix} \beta_i \\ \gamma_i \end{bmatrix} = \begin{bmatrix} \beta_{in} \\ \gamma_{in} \end{bmatrix}$$

式中，n——迭代终点。

对于迭代初值的问题，在编制仿真程序前，可以用绘图软件（如 AutoCAD）绘出 $\alpha = 0°$ 时的图形，在图中测得此时对应的 β 和 γ 的值，作为迭代的初值即可。如果 $\boldsymbol{\alpha}$ 为一个形如 $\boldsymbol{\alpha}_i = \boldsymbol{\alpha}_0 + i\Delta\boldsymbol{\alpha}$ 的向量，则可以由 α_i 得到准确的 β 和 γ 值，作为 α_{i+1} 的初值。

对式（4-164）两端求导，并整理得：

$$\begin{cases} l_1\dot{\alpha}\cos\alpha = -l_2\dot{\beta}\sin\beta + l_3\dot{\gamma}\cos\gamma \\ l_1\dot{\alpha}\sin\alpha = -l_2\dot{\beta}\cos\beta - l_3\dot{\gamma}\sin\gamma \end{cases} \tag{4-169}$$

令

$$A = \begin{bmatrix} -l_2\sin\beta & l_3\cos\gamma \\ -l_2\cos\beta & -l_3\sin\gamma \end{bmatrix} \tag{4-170}$$

$$B = \begin{bmatrix} l_1\cos\alpha \\ l_1\sin\alpha \end{bmatrix} \tag{4-171}$$

则：

$$\begin{bmatrix} \dot{\beta} \\ \dot{\gamma} \end{bmatrix} = \dot{\alpha}A^{-1}B \tag{4-172}$$

当平衡肘的频率为 10Hz 时，平衡肘、连杆与减振器拉臂转角和角速度之间的关系为曲线。

2. *动力学分析*

当上述分析的导向机构安装到车体后，在振动过程中，导向机构会与整个车体的运动发生耦合。此时，扭杆弹簧中心与减振器中心高度差 H 和水平距离 L 都会发生变化，设车体的俯仰角为 φ，则实际高度差和水平距离表示为

$$\begin{cases} H_{\mathrm{p}} = H/\cos\varphi \\ L_{\mathrm{p}} = L\cos\varphi \end{cases} \tag{4-173}$$

由于车体的俯仰角比较小，在仿真过程中，仍然认为上述尺寸为常数，同时认为在减振器和扭杆弹簧中心处，悬挂系统导向机构对车体作用力的力臂为常数。在计算过程中，只考虑平衡肘与负重轮的质量和转动惯量，忽略连杆与减振器拉臂的质量和转动惯量，则连杆可以作为二力杆来处理。

为了便于表示，绘制出系统的动力学简图，如图 4－30 所示，相同的字母和图 4.4 中表示的意义完全相同。悬挂子系统的动力学方程可以表示为

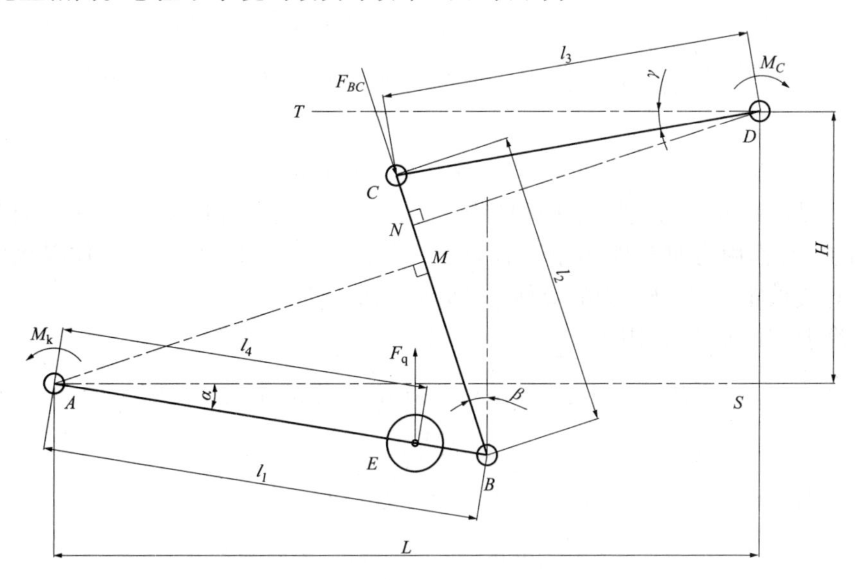

图 4－30　悬挂导向杆系动力学简图

$$J_{\mathrm{u}}\ddot{\alpha} = -F_{\mathrm{q}}l_4\cos\alpha - F_{CB}l_1\cos(\alpha+\beta) - M_{\mathrm{k}} \tag{4-174}$$

（对于 1、2、6 负重轮）

式中，J_{u}——负重轮和平衡肘对 A 点的转动惯量之和。

将平衡肘近似看作均匀杆，转动惯量可表示为

$$J_{\mathrm{u}} = \frac{1}{3}m_1 l_1^2 + m_{\mathrm{w}} l_4^2 \tag{4-175}$$

式中，m_1，m_{w}——平衡肘和负重轮的质量。

$$\begin{cases} F_{\mathrm{q}} = k_{\mathrm{t}}(-z_C - l_{\mathrm{k}i}\varphi - l_4\sin\alpha + l_4\sin\alpha_{0i} + q_i) - c(\dot{z}_C + l_{\mathrm{k}i}\dot{\varphi} + l_4\dot{\alpha}\cos\alpha - \dot{q}_i) \\ F_{\mathrm{q}} = 0 \end{cases} \tag{4-176}$$

由于

$$z_i = z_C + l_{\mathrm{k}i}\varphi + l_4\sin\alpha - l_4\sin\alpha_{0i} \tag{4-177}$$

$$\dot{z}_i = \dot{z}_C + l_{\mathrm{k}i}\dot{\varphi} + l_4\dot{\alpha}\cos\alpha \tag{4-178}$$

式中，α_{0i}——第 i 个负重轮平衡肘的静倾角；

q_i——第 i 个负重轮处的路面不平度位移输入。

$$F_{CB}=-F_{BC}=-\frac{M_C}{DN}=\frac{-c\dot{\gamma}}{l_3\cos(\beta-\gamma)} \tag{4-179}$$

$$M_k=k(\alpha-\alpha_{0i}) \tag{4-180}$$

对于3、4、5负重轮，由于没有安装减振器，有 $F_{CB}=0$，相应的，式（4-174）改写为

$$J_u\ddot{\alpha}=-F_q l_1\cos\alpha-M_k-M_{C'} \tag{4-181}$$

按照上文的约定，在静平衡位置，第3、4、5负重轮平衡肘受到的阻尼力矩：

$$M_{C0}=0.01\frac{-c\dot{\gamma}}{l_3\cos(\beta_0-\gamma_0)}l_1\cos(\alpha_0+\beta_0) \tag{4-182}$$

其中，

$$\dot{\gamma}=f_1(\alpha_0,\beta_0,\gamma_0)\dot{\alpha} \tag{4-183}$$

记：

$$0.01\frac{-cf_1(\alpha_0,\beta_0,\gamma_0)}{l_3\cos(\beta_0-\gamma_0)}l_1\cos(\alpha_0+\beta_0)=f(\alpha_0,\beta_0,\gamma_0) \tag{4-184}$$

则：

$$M_{C0}=f(\alpha_0,\beta_0,\gamma_0)\dot{\alpha} \tag{4-185}$$

下面讨论悬挂系统导向机构对车体的作用力，由于忽略车体倾角的影响，所以只有作用在 A、C 点的垂直作用力对车体的振动有影响，下面分别为 A、C 点的车体受到的作用力。对于1、2、6负重轮，以 AEB 为隔离体，应用达朗伯原理。

车体平衡肘支座垂直作用的外力：

$$\begin{cases}F_{y_A}=-\left(\frac{1}{2}l_1m_1\ddot{\alpha}+m_w\ddot{\alpha}l_4\right)\cos\alpha+F_q+F_{BC}\cos\beta\\F_{y_C}=F_{CB}\cos\beta=-F_{BC}\cos\beta\end{cases} \tag{4-186}$$

车体平衡肘支座纵向（水平方向）作用的外力：

$$\begin{cases}F_{x_A}=-\left(\frac{1}{2}l_1m_1\ddot{\alpha}+m_w\ddot{\alpha}l_4\right)\sin\alpha+F_q+F_{BC}\sin\beta\\F_{x_C}=F_{CB}\cos\beta=-F_{BC}\sin\beta\end{cases} \tag{4-187}$$

对于3、4、5负重轮，有：

$$\begin{cases}F_{y_A}=-\left(\frac{1}{2}l_1m_1\ddot{\alpha}+m_w\ddot{\alpha}l_4\right)\cos\alpha+F_q\\F_{y_C}=0\end{cases} \tag{4-188}$$

$$\begin{cases}F_{x_A}=-\left(\frac{1}{2}l_1m_1\ddot{\alpha}+m_w\ddot{\alpha}l_4\right)\sin\alpha\\F_{x_C}=0\end{cases} \tag{4-189}$$

对于车体：

$$J\ddot{\varphi}=\sum_{i=1}^{6}y_{Ai}l_{ki}+\sum_{j=1,2,6}y_{Cj}l_{cj}+\sum_{i=1}^{6}x_{Ai}h_{ki}+\sum_{j=1,2,6}x_{Cj}h_{cj} \tag{4-190}$$

式中，J——簧上质量对于质心的转动惯量；

l_{ki}——扭杆中心到车体质心的距离，其中，在质心左侧为正，反之为负；

l_{cj}——减振器中心到车体质心的距离，符号同上。

$$M\ddot{z} = \sum_{i=1}^{6} y_{Ai} + \sum_{j=1,2,6} y_{Cj} \tag{4-191}$$

式中，M——悬挂质量。

因此，描述系统的微分方程组可以组集如下：

$$\begin{cases} J\ddot{\varphi} = \sum_{i=1}^{6} y_{Ai}l_{ki} + \sum_{j=1,2,6} y_{Cj}l_{cj} + \sum_{i=1}^{6} x_{Ai}h_{ki} + \sum_{j=1,2,6} x_{Cj}h_{cj} \\ M\ddot{z} = \sum_{i=1}^{6} y_{Ai} + \sum_{j=1,2,6} y_{Cj} \\ J_{ui}\ddot{\alpha}_i = -F_{q_i}l_4\cos\alpha_i - F_{CBi}l_1\cos(\alpha_i+\beta_i) - M_{ki} \quad (i=1,2,6) \\ J_{uj}\ddot{\alpha} = -F_{qj}l_1\cos\alpha_j - M_{kj} \quad (j=3,4,5) \end{cases} \tag{4-192}$$

该微分方程组包含 8 个独立的方程。下面对系统进行运动学分析，以确定系统的自由度是否和微分方程的个数相符。

按照前面假设，只考虑车体的俯仰振动和垂直振动，用刚体运动副来描述上述假设，即车体用旋转副固定在一个和地面参照系用移动副连接的物体上。以车体的质心为坐标原点，车体的纵向轴线为 x 轴，x 轴正向由车尾指向车头，y 轴竖直向上，z 轴和 x 轴、y 轴成右手系。按照上述约束，车体可以在 xy 平面做转动，并可以在 y 轴方向做垂直运动。平衡肘、减振器拉臂和车体之间的运动副均为旋转副，平衡肘和连接臂之间的运动副为圆柱副，减振器拉臂和连接臂之间的运动副为球副。负重轮安装在平衡肘上，可以转动，由于负重轮的转动对整个系统仿真没有影响，属于局部自由度，在计算系统自由度时，不予考虑，可以认为负重轮和平衡肘固连，作为一个构件。

表 4－3 为各运动副对刚体自由度的限制情况。

表 4－3　各运动副对刚体自由度的限制情况

自由度名称 \ 运动副名称	旋转副	圆柱副	球副	移动副
限制移动自由度个数	3	2	3	2
限制转动自由度个数	2	2	0	3

则系统的自由度数可用如下公式表示：

$$DOF = 6n - \sum_{i=1}^{m} p_i \tag{4-193}$$

式中，n——系统的运动刚体个数，根据本系统的运动简图可知，系统的运动刚体包括限制车体运动的固定块、车体、6 根平衡肘、3 根减振器拉臂、3 根连杆，因此 $n=14$；

m——运动副的个数；

p_i——第 i 个运动副限制的刚体自由度个数，本系统共有 1 个移动副、10 个转动副、3 个圆柱副和 3 个球副。

代入式（4－193）可得，$DOF=8$。可以看出，系统的运动自由度数和系统的微分方程数目相同，因此，在给定外界激励的情况下，系统的运动完全确定。

第 5 章 弹性元件

5.1 扭杆弹簧

5.1.1 扭杆弹簧概述

扭杆弹簧（Torsion-bar Spring），即一端固定而另一端与工作部件连接的杆形弹簧，主要作用是靠扭转弹力来吸收振动能量。结构如图 5－1 所示。

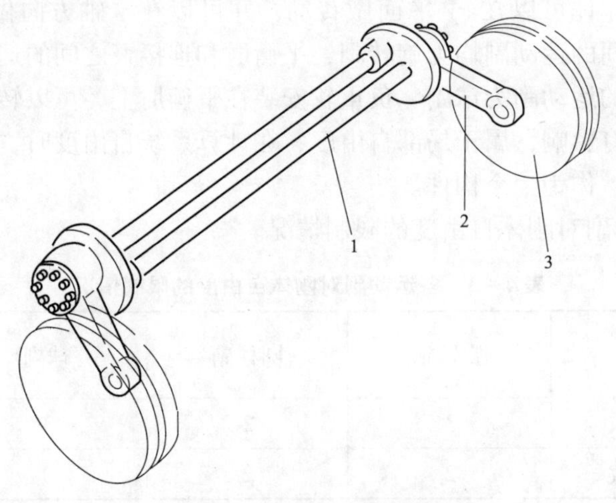

图 5－1 扭杆弹簧结构

1—扭杆；2—平衡肘；3—负重轮

扭杆弹簧主要用于军用履带车辆的悬挂装置。从截断面上看，扭杆弹簧有圆形、管形、矩形、叠片及组合式等，使用最多的是圆形扭杆，它呈长杆状，两端可加工成花键、六角形等，以便将一端固定在车架而另一端通过控制臂（平衡肘）固定在车轮上。

扭杆用合金弹簧钢制成，具有高的强度极限。在车辆行驶过程中，车轮受路面不平度的影响上下运动，控制臂（平衡肘）随之上下摆动，使扭杆弹簧扭转变形，吸收冲击能量。

扭杆弹簧有较大的能量/质量比，比相等应力的螺旋弹簧和钢板弹簧大得多，且占用的空间小，易于布置，还可适度调整车身的高度，工艺成熟，产品质量稳定，成本低，它已成为 20 世纪 50 年代以后履带式装甲车辆悬挂中首选的金属弹性元件。扭杆刚度随直径的增大和长度的缩短而增大。中国各代主战坦克均采用扭杆弹簧作为弹性元件。

20 世纪 60 年代，发达国家采取了两项重要技术措施来制造扭杆弹簧：一是将热处理工艺中的中温回火改为低温回火，在保持材料具有良好塑、韧性的情况下，提高了材料的扭转屈服点 τ_S；另一个是增加强扭预应力处理工序，在表层产生负残余应力，提高扭杆弹簧承载能力和扭杆弹簧在单向脉动载荷下的疲劳强度。强扭预应力处理工序使扭杆弹簧的名义许用剪应力［τ］（和总扭角 θ_M）增加了约 50%，超过了屈服点 τ_S。扭杆弹簧单位体积吸收的弹性势能增加了约 1.3 倍，大幅度提高了悬挂系统的越野缓冲能力，这样生产的扭杆弹簧称为高强度扭杆弹簧。

20 世纪 80 年代，北京工业学院（北京理工大学前身）掌握了扭杆强扭预应力处理的方法，使用生产效率高的动态强扭工艺（用动态循环加载代替稳定加载），促进了高强度扭杆弹簧在多种履带式装甲中的成功应用。

5.1.2　扭杆悬挂装置的分类

按弹簧的结构形式分，扭杆悬挂装置可分为单扭杆式悬挂装置；两根实心扭杆或一根实心、一根管状的扭杆组成的双扭杆式悬挂装置；束状扭杆式（由多根小直径扭杆组成）悬挂装置。

按照断面形状不同，扭杆弹簧可分为圆形、管形和片形等，如图 5－2 所示。

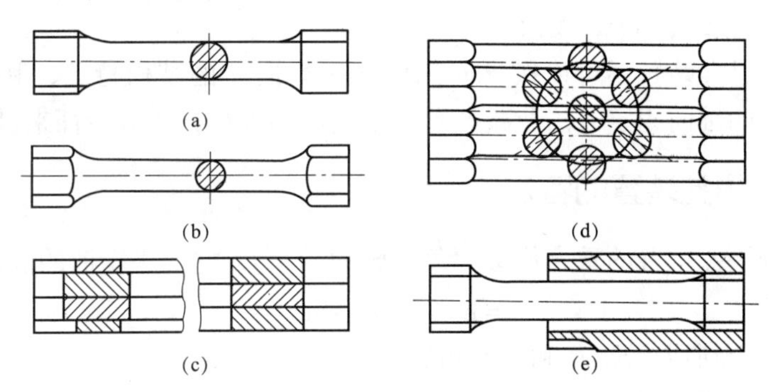

图 5－2　扭杆断面形状及端部结构

（a）圆形断面扭杆，端部为花键；（b）圆形断面扭杆，端部为六角形；（c）片形组合式扭杆；（d）圆形组合式扭杆；（e）串联组合式扭杆

按左、右两侧悬挂装置扭杆的布置不同，分为不同轴心布置扭杆悬挂装置和同轴心布置的扭杆式悬挂装置。

扭杆悬挂装置的各种方案如图 5－3 所示。在军用履带车辆上用得最广的扭杆是不同轴心布置的单扭杆式悬挂装置，这种悬挂装置结构简单，与同轴式相比，可以采用更长的扭杆（接近整车宽度），能够保证悬挂低的固有频率和较小的剪切应力。

扭杆同轴心布置的优点是可以减小悬挂装置占用车内的空间；减少车辆直线行驶时的驶偏倾向，提高车辆的操纵性。扭杆弹簧最长只能达到车宽的一半，限制了悬挂的行程；车体底部的变形会使花键的工作条件变坏。

双扭杆式，两根扭杆可以采用串联方式，也可以采用并联方式。串联方式刚度低，悬挂行程大，并联方式与之相反。图 5－3（f）的方案为由一根实心扭杆和两根管状扭杆组成的复式弹簧，其中的一根管状扭杆用作副簧来实现折线的刚度特性。

束状扭杆弹簧以其一束细而短的扭杆来保证大的扭转角和相应的负重轮行程，但其应力

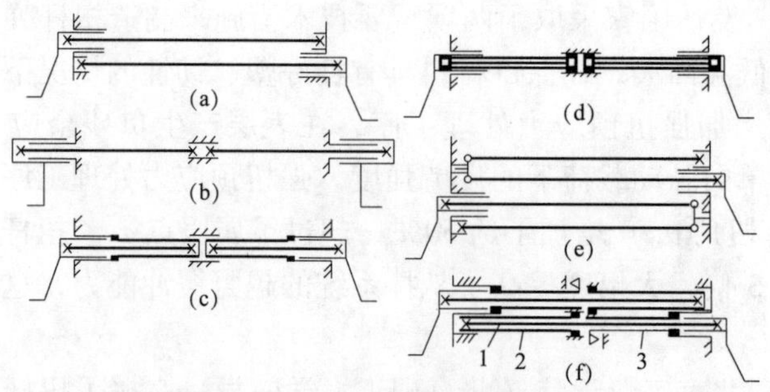

图 5-3 扭杆悬挂装置方案

(a) 两轴不同轴心布置的单扭杆式悬挂装置；(b) 两轴同轴心布置的单扭杆式悬挂装置；
(c) 同轴心布置的管-杆式悬挂装置；(d) 束状扭杆式悬挂装置；
(e) 非同轴扭杆的悬挂装置；(f) 非同轴管-杆式悬挂装置
1—实心扭杆；2—串联的管状扭杆；3—并联的管状扭杆（副弹簧）

较小。双扭杆和束状扭杆的主要缺点是：结构复杂，可靠性差，外部直径较大，将其安装在车体底部需要较大的车底距地高度。

目前，通过选用高强度材料和相应的制造工艺、对扭杆加以强化以及选择平衡肘的适当长度等措施以后，采用结构简单、工作可靠、不同轴心布置的单扭杆式悬挂装置，就可以实现足够大的负重轮行程（580mm 以上）。

另外，扭杆式悬挂装置还可以按导向元件（平衡肘）的结构特点、其在车体内的固定座的结构、平衡肘的轴向固定方法及减振器与平衡肘的连接方法等特征来进行分类。

5.1.3 扭杆悬挂装置的特性

负重轮离开静平衡位置的垂直位移称负重轮的行程 f，它与平衡肘的静倾角 α_j 有关。

$$f = R\ (\sin\alpha - \sin\alpha_j) \tag{5-1}$$

式中，R，α_j——平衡肘曲臂半径和静倾角。

行驶装置总体方案确定后，静倾角 α_j 由下式计算，如图 5-4 所示。

$$\alpha_j = \arcsin\left[\frac{1}{R}\left(h_b + \frac{D_f}{2} - \delta - h - h_0\right)\right] \tag{5-2}$$

式中，h_b——履带板厚度；

D_f——负重轮外径，几种车辆负重轮的直径 D_f 见表 5-1；

δ——负重轮胶胎和履带板胶垫静变形量；

h——车底距地高；

h_0——平衡肘轴心距车底高度。

表 5-1 几种坦克车辆负重轮的直径

车辆名称	T-54A	豹 2	M1	M48	T72
D_f/mm	810	700	640	670	750

负重轮静行程 f_j、设计动行程 $[f_d]$ 与平衡肘安装角 α_0、设计动倾角 α_d 关系（见图 5-4）为

$$\begin{aligned} f_j &= R\ (\sin\alpha_0 - \sin\alpha_j) \\ [f_d] &= R\ (\sin\alpha_d - \sin\alpha_j) \end{aligned} \tag{5-3}$$

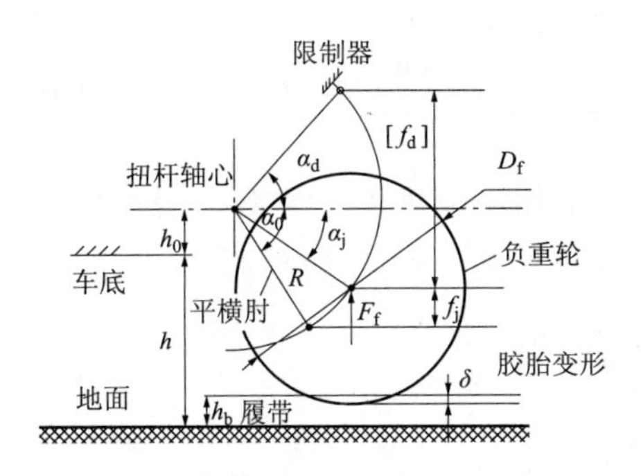

图 5－4　负重轮行程与平衡肘倾角的关系

扭杆弹簧的扭角 $\theta=\alpha-\alpha_0$。几种坦克车辆负重轮的设计动行程$[f_d]$和车底距地高 H_{cj} 见表 5－2。

表 5－2　几种车辆负重轮动行程和车底距地高

车辆名称	T－54A	M113	ПТ76	M46	豹 1	豹 2	M1
$[f_d]$ /mm	142	210	203	206	279	350	381
H_{cj}/mm	479.7	430	444	450	450	490（540）	480
f_d/H_{cj}	0.296	0.488	0.457	0.457	0.62	0.714	0.793

在不同行程时，扭杆悬挂在负重轮轴上的垂直弹性载荷 F_f 为

$$F_f=\frac{T}{R\cos\alpha}=\frac{k_\theta\theta}{R\cos\alpha}=\frac{GJ}{l}\cdot\frac{\theta}{R\cos\alpha} \tag{5-4}$$

式中，T——使扭杆弹簧扭转扭角 θ 的扭矩，$T=k_\theta\theta$；

J——扭杆弹簧的极惯矩，$J=\frac{\pi}{32}d_T^4$；

d_T，l——扭杆弹簧的工作直径和工作长度；

G——扭杆材料的剪切弹性模量，低温回火的 45CrNiMoVA，强扭处理后，$G=76.3\text{GPa}$；中温回火的 45CrNiMoVA，强扭处理后，$G=78.3\text{GPa}$。

车辆静置在水平面，负重轮轴上的垂直静载荷为 F_{fj}，负重轮轴上的垂直弹性载荷 F_f 与静载荷 F_{fj} 之差称为负重轮轴上的弹性动载荷 F_{fs}。

$$F_{fs}=F_f-F_{fj} \tag{5-5}$$

负重轮轴上弹性动载荷 F_{fs} 与负重轮行程 f 的关系，称为悬挂特性。扭杆悬挂具有双向渐升特性，适合悬挂使用要求。

悬挂特性的斜率称悬挂刚度 k，$k=\frac{dF_{fs}}{df}$。

扭杆悬挂刚度 k 为

$$k=\frac{dF_{fs}}{df}=\frac{dF_f}{df} \tag{5-6}$$

$$k=\frac{dF_{fs}}{d\alpha}\cdot\frac{d\alpha}{df}=\frac{k_\theta}{R^2}\cdot\frac{(1+\theta\tan\alpha)}{\cos^2\alpha}=\frac{F_f\left(\tan\alpha+\frac{1}{\theta}\right)}{R\cos\alpha} \tag{5-7}$$

其静刚度：

$$k_j = \frac{F_{fj}\left(\frac{1}{\theta_j} + \tan\alpha_j\right)}{R\cos\alpha_j} = \frac{GJ}{l} \cdot \frac{(1 + \theta_j \tan\alpha_j)}{R^2 \cos^2\alpha_j} \tag{5-8}$$

上式说明，虽然扭杆弹簧的扭转刚度 k_θ 为常数，但扭杆悬挂的刚度 k 要随平衡肘倾角 α、负重轮行程 f 而变化，是 f 的函数，$k = k\ (f)$。

5.1.4 扭杆悬挂装置的设计

5.1.4.1 主要参数的确定

设计扭杆悬挂时，由行动系统的总体设计确定 F_{fj}、R、l、α_j，根据对悬挂系统的性能要求确定 k_j，这样可按步骤计算 θ_j、α_0、J、d_T、θ_d、α_d 和 $[f_d]$。

[例] 已知下列数据：

车辆全重	$G_p = 200$kN
悬挂重量	$G_x = 185$kN
每侧负重轮个数	$n = 5$
车底距地高	$H_{cj} = 450$mm
负重轮直径	$D_f = 760$mm
平衡肘长度	$R = 250$mm
履带板厚度	$h_b = 50$mm
负重轮橡胶变形量	$\delta = 5$mm
扭杆中心距车底高	$h_0 = 40$mm
车体绕过重心横轴转动惯量	$I = 99\ 600$kg · m^2
扭杆悬挂静刚度	$k_j = 200$N/mm
扭杆材料的剪切弹性模量	$G = 77$GPa
扭杆许用剪切应力	$[\tau] = 1\ 000$MPa

设负重轮上负荷为均匀分布，各负重轮中心至重心纵向距离分别为 $l_1 = 1\ 800$mm，$l_2 = 950$mm，$l_3 = 0$，$l_4 = -950$mm，$l_5 = -1\ 800$mm。

扭杆的工作长度 l 可先参照车宽及布置确定其全长，再除去键齿等部分，$l = 1\ 900$mm。

平衡肘静倾角 α_j：

$$\alpha_j = \arcsin\left[\frac{1}{R}\left(h_b + \frac{D_f}{2} - \delta - H_{cj} - h_0\right)\right]$$

$$= \arcsin\left[\frac{1}{250} \times \left(50 + \frac{760}{2} - 5 - 450 - 40\right)\right] = -15.07°$$

（负号表示逆时针方向）

静载荷 F_{fj}：

$$F_{fj} = \frac{G_x}{2n} = \frac{185\ 000}{2 \times 5} = 18\ 500\ (\mathrm{N})$$

扭杆的静扭角 θ_j：

$$\theta_j = \frac{F_{fj}}{k_j R\cos\alpha_j - F_{fj}\tan\alpha_j}$$

$$= \frac{18\ 500}{200 \times 250 \times \cos(-15.07°) - 18\ 500 \times \tan(-15.07°)} = 19.9°$$

平衡肘安装角 α_0：

$$\alpha_0 = \alpha_j - \theta_j = -15.07° - 19.9° = -34.97°$$

扭杆的极惯矩 J：

$$J = \frac{lk_j R^2 \cos^2 \alpha_j}{G(1 + \theta_j \tan\alpha_j)}$$

$$= \frac{1\ 900 \times 200 \times 250^2 \times \cos^2(-15.07°)}{77\ 000 \times [1 + 19.9° \times \tan(-15.07°)]} = 317\ 320\ (\text{mm}^4)$$

扭杆工作直径 d_T：

$$d_T = \sqrt[4]{\frac{32J}{\pi}} = \sqrt[4]{\frac{32 \times 317\ 320}{\pi}} = 42.4\ (\text{mm})$$

由于 $[\tau] = G\gamma_M = G\left(\frac{d_T \theta_M}{2l}\right)$，可以根据 $[\tau]$ 确定扭杆最大扭角 θ_M。几种车辆扭杆的最大剪切应力见表5－3。

表5－3 几种车辆扭杆的最大剪切应力

车辆名称	T－54A	M46	豹1	M1	T72
τ_{max}/MPa	872.81	1 110.13	1 157.2	1 240.55	1 289.79

$$\theta_M = \frac{2l[\tau]}{Gd_T} = \frac{2 \times 1\ 900 \times 1\ 000}{77\ 000 \times 42.4} = 66.7\ (°)$$

平衡肘设计动倾角 α_d：

$$\alpha_d = \theta_M + \alpha_0 = 66.7° - 34.97° = 31.73°$$

负重轮设计动行程 $[f_d]$：

$$[f_d] = R(\sin\alpha_d - \sin\alpha_j) = 250 \times [\sin 31.73° - \sin(-15.07°)] = 196\ (\text{mm})$$

从上面的步骤可以看出，各个参数是唯一确定的，扭杆悬挂优化设计应在确定 R 和 k_j 之前进行。

5.1.4.2 结构设计

三种车辆扭杆悬挂装置的各项参数见表5－4。

表5－4 三种车辆扭杆悬挂装置的各项参数

数据 \ 车辆名称			T－54A		ИС－2	ПТ76	
			后负重轮	其他负重轮		首负重轮	尾负重轮
基本数据	坦克全重	G_p/kN	352.8		450.8	137.2	
	悬挂重力	G_x/kN	320.48		423.36	123.97	
	每侧负重轮数	n	5		6	5	
	车底距地高	H_{cj}/mm	479.7		400	444	
	负重轮外径	D_f/mm	810		550	670	
	平衡肘长度	R/mm	250		480	360	
	扭杆直径	d_T/mm	52		70	38	
	扭杆工作长度	l_T/mm	1 945		1 700	1 990	

续表

数据 \ 车辆名称			T－54A		ИС－2	ПТ76	
			后负重轮	其他负重轮		首负重轮	尾负重轮
静置状态	负重轮静行程	f_j/mm	62	61.3	78	117	139
	平衡肘静倾角	β_y	17°52′			21°15′	21°
	扭杆静扭角	α_j	15°30′	15°19′	10°15′	22°15′	27°10′
	悬挂静刚度	K_{xj}/(N·cm^{-1})	5 145	5 232.2	4 508	607.6	
	负重轮静负荷	F_j/kN	32.05		35.28	9.31	11.37
	扭杆静应力	τ_j/MPa	282.24	280.28	248.2	291.06	354.76
动力状态	负重轮动行程	f_d/mm	140	142	145	195	203
	扭杆总扭角	α_{max}	48°	48°20′	28°20′	55°20′	60°
	悬挂刚度	K_x/(N·cm^{-1})	5 105.8	37.2	3 920	803.6	
	负重轮最大负荷	F_{max}/kN	103.35	2.5	109.76	22.08	23.94
	扭杆最大应力	τ_{max}/MPa	880.04		784	723.83	784.9
其他性能参数	线振动周期	T_z/s	0.497		0.50	0.72	
	角振动周期	T_φ/s	0.937		0.79	1.61	
	动比位能	λ_d/mm	293		330	—	
	总比位能	λ/mm	323.7		360	408	
	动力系数	F_{max}/F_j	3.22		3.11	2.36	2.11

为安装、连接及固定的需要，扭杆端部可制成花键形、细齿形或正多边形，其中以花键形用得较多。正多边形一般为正六边形。为减少花键根部的应力集中，根部常采用较大的圆弧半径（如 $R=0.5\sim0.75$mm）及较大的键齿角（一般为60°），并在键齿槽中滚压强化以提高键齿的疲劳寿命。

当端部为花键齿时，为弥补齿根应力集中对连接部分强度的减弱，花键或细齿的根部直径 D 比扭杆的工作直径 d_T 应适当加粗，根据经验，$D/d_T=1.09\sim1.25$，其下限适用于直径较小的一端。键齿长度 $l=(0.4\sim0.6)D$，在挤压应力许可的条件下，键齿不宜过长，否则反而会因接触不良而减少扭杆的有效工作长度 L。

图5－5所示为T－54A和M46坦克扭杆两端的结构图，表5－5为其尺寸参数。M46键齿长度与根径比 l/D 较小，而T－54A的相应值较大；M46的键齿角较大，而T－45A的键齿角则较小。

表5－5　T－54A和M46坦克扭杆参数

车辆 \ 参数	大端			小端			键齿角/(°)
	外径 D_1/mm	键齿长 l_1/mm	l_1/D_1	外径 D_2/mm	键齿长 l_2/mm	l_2/D_2	
M46	72.3	30.1	0.46	69.8	34.9	0.5	90°～100°
T－54A	67	79	1.18	62	59	0.95	60°

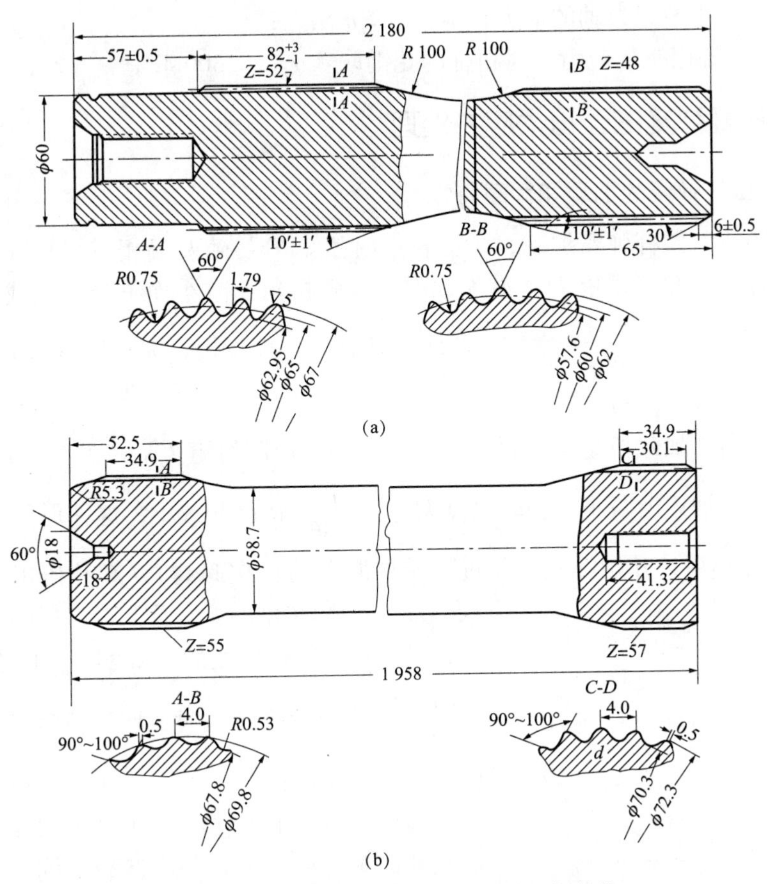

图5－5　T－54坦克和M46坦克的扭杆结构

（a）T－54坦克的扭杆；（b）M46坦克的扭杆

为减轻扭杆工作直径 d_T 到花键部分过渡处的应力集中，可采用过渡圆弧面或过渡圆锥面，其过渡圆弧半径为 3～4d_T 较为合适；过渡圆锥面角一般为15°，连接处圆弧半径为 $1.5d_T$。

花键的计算工作包括求出花键的节圆直径 $d_{j1(2)}$、外直径 $d_{1(2)}$、花键槽直径 $d_{c1(2)}$ 和花键的长度 $l_{1(2)}$。这里下标“1”表示大头花键的参数，而下标“2”则表示小头花键的参数。

根据扭杆直径 d_T 给出小头的节圆直径 $d_{j2}=(1.155\sim1.355)\ d_T$。

求出小头的花键数，$z_2=d_{j2}/m_n$。将 z_2 值化整后，确定直径 $d_{j2}=z_2m_n$。

给出大头和小头的花键差数，$\Delta z=2\sim4$ 个齿；大头的齿数，$z_1=z_2+\Delta z$；大头的节圆直径 $d_{j1}=z_1m_n$。

按下列关系式求出花键的外直径：

$$d_{1(2)}=m_n\ (z_{1(2)}+1.2) \tag{5－9}$$

而内直径（花键槽直径）则为：

$$d_{c1(2)}=m_n\ (z_{1(2)}-0.94) \tag{5－10}$$

花键的长度为：

$$l_{1(2)}=\frac{8T_{\mathrm{Tmax}}}{0.75z_{1(2)}\ (d_{1(2)}^2-d_{c1(2)}^2)\ [\sigma_j]} \tag{5－11}$$

式中，T_{Tmax}——作用于扭力轴的最大转矩，$T_T = m_T\alpha_{max}$；

$[\sigma_j]$ ——许用挤压应力，对扭杆的花键取 $[\sigma_j] \leqslant 300$MPa。

5.1.5 扭杆弹簧的强扭预应力处理

5.1.5.1 扭杆弹簧的加载和卸载特性

用材料试验机对扭杆弹簧加载，载荷较小时扭矩 $T^{(+)}$ 随两端相对扭角 θ 成比例线性增长，在此区段卸载，卸载扭矩 $T^{(-)}$ 沿加载的直线随扭角 θ 减小而下降，加载和卸载的扭转刚度相同，$k_\theta = \dfrac{dT^{(+)}}{d\theta} = \dfrac{dT^{(-)}}{d\theta} =$ 常数，此区段具有线弹性特性，完全卸载（$T=0$），扭杆基本上没有残余扭角（$\theta_y=0$）。

继续加大扭角，加载扭矩 $T^{(+)}$ 随之增长，当超过屈服扭矩 T_s 后（$T^{(+)}>T_s$），扭矩 $T^{(+)}$ 的增长随转角的增加逐渐减小，扭转刚度 $k_\theta^{(+)} = \dfrac{dT^{(+)}}{d\theta}$ 将逐渐减小，这种现象称为扭转屈服。当到达（θ_M，T_M）后，开始卸载（超过扭转屈服点的首次卸载），卸载扭矩 $T^{(-)}$ 基本按照线弹性关系随转角 θ 减小而下降，扭转刚度 $k_\theta^{(-)}$ 为常数，且接近线弹性区段的 k_θ（实际上略有减小），$k_\theta^{(-)} = \dfrac{dT^{(-)}}{d\theta} \approx k_\theta$，完全卸载时，回弹转角 $\theta^{(-)} = \dfrac{T_M}{k_\theta}$，扭杆弹簧有残余变形扭角 $\theta_y = \theta_M - \theta^{(-)}$。经过上述一次超过扭转屈服点 T_s 的强扭后，后续的加载只要 $T \leqslant T_M$，加载和卸载均沿着与第一次卸载的同一直线进行。上述全过程如图 5－6 所示，也就是经过强扭后，扭杆弹簧的线弹性范围扩大到 T_M，由于 $T_M > T_s$，所以强扭后扭杆弹簧的静承载能力由 T_s 扩大到了 T_M，并且可以认为强扭和未强扭的扭杆弹簧扭转刚度 k_θ 基本相同。

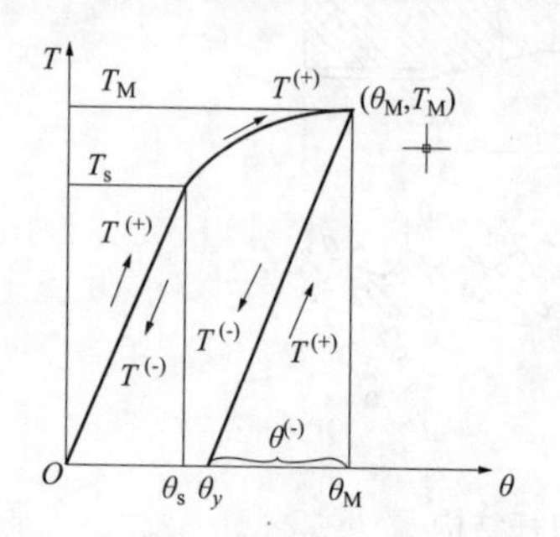

图 5－6 扭杆弹簧的加载与卸载特性

5.1.5.2 扭杆截面上的应力分布

先研究如何从扭杆弹簧的特性（$T-\theta$ 的关系）得到扭转应力 τ 与扭转应变 γ 的关系，在讨论这一问题时，认为扭杆扭转过程中服从平面假设，即扭转过程中，垂直于杆的圆截面始终保持为平面，且圆心位置不变，半径总是保持为直线，如图 5－7 所示，扭杆的固定端截面不转动，在扭杆上施加扭矩 T 以后，活动端绕圆心 O 转动，该端面与固定端面上对应的半径由 OA 转到 OA'，夹角 θ 就是扭杆的转角。

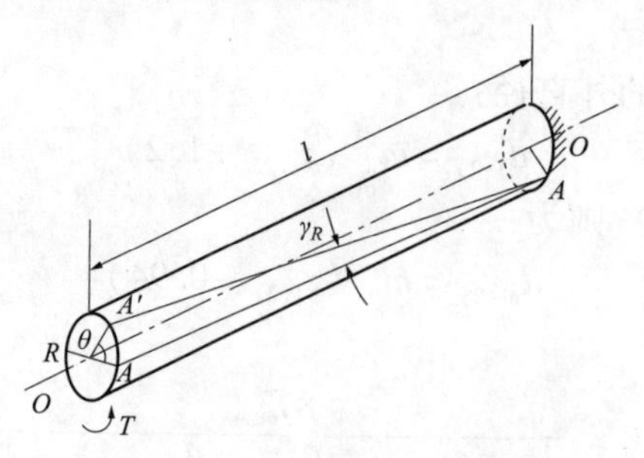

图 5－7 扭杆弹簧扭转简图

一直径为 d_T 的扭杆，其长度 l 的两截面之间，在半径 r 处的扭转应变为 $\gamma=\dfrac{\theta r}{l}$，外径处的扭转应变为 $\gamma_R=\dfrac{\theta d_T}{2l}$，$\dfrac{d_T}{2l}$ 为常数，γ_R 与转角 θ 成比例。

$\gamma=\gamma_R\dfrac{2r}{d_T}$，在半径方向，扭转应变 γ 随半径 r 线性增长。

在弹性应变 γ_s 范围内，$\gamma\leqslant\gamma_s$，扭转应力 $\tau^{(+)}=G\gamma$，其中 G 为材料的剪切弹性模量，从而有：

$$\tau^{(+)}=\tau_R^{(+)}\frac{2r}{d_T}$$

式中，$\tau_R^{(+)}$——加载时扭杆表层的扭转应力，$\tau_R^{(+)}=G\dfrac{\theta d_T}{2l}$。

此时加载扭矩 $T^{(+)}$ 为

$$T^{(+)}=\int_0^{\frac{d_T}{2}}(2\pi r^2)\tau^{(+)}\mathrm{d}r=\frac{4\pi\tau_R^{(+)}}{d_T}\int_0^{\frac{d_T}{2}}r^3\mathrm{d}r=\frac{\pi d_T^3}{16}\tau_R^{(+)}=W\tau_R^{(+)}=\frac{GJ\theta}{l}\tag{5-12}$$

式中，W——扭杆的截面系数，$W=\dfrac{\pi}{16}d_T^3$；

J——扭杆截面的极惯矩，$J=\dfrac{\pi}{32}d_T^4$。

加载扭矩 $T^{(+)}$ 与转角 θ 呈线性关系，这段特性与试验结果相符。由于 $\tau_R^{(+)}=\dfrac{T^{(+)}}{W}$，$\gamma_R=\dfrac{\theta d_T}{2l}$，而 W、$\dfrac{d_T}{2l}$ 为常数，因而 $\tau_R^{(+)}$ 与 $T^{(+)}$、γ_R 与 θ 成比例，可由 $T^{(+)}-\theta$ 的关系线得到 $\tau_R^{(+)}-\gamma_R$ 的关系线。

当 $\gamma>\gamma_s$ 时，$\tau^{(+)}$ 与 γ 不再维持线性关系，但 $\tau^{(+)}$ 仍是 γ 的函数 $\tau^{(+)}(\gamma)$。

这时：

$$\begin{aligned}T^{(+)}&=\int_0^{\frac{d_T}{2}}(2\pi r^2)\tau^{(+)}(\gamma)\mathrm{d}r=\left(\frac{l}{\theta}\right)^3\int_0^{\gamma_R}(2\pi\gamma^2)\tau^{(+)}(\gamma)\mathrm{d}\gamma\\T^{(+)}&=T_1(\gamma_R)=T_1\left(\frac{\theta d_T}{2l}\right)=T^{(+)}(\theta)=\left(\frac{l}{\theta}\right)^3\int_0^{\theta\frac{d_T}{2l}}(2\pi\gamma^2)\tau^{(+)}(\gamma)\mathrm{d}\gamma\end{aligned}\tag{5-13}$$

试验已得到 $T^{(+)}(\theta)$ 与 θ 的关系，前已说明 γ_R 与 θ 成比例，可以得到了 $T_1(\gamma_R)$ 与 γ_R 的曲线。

将 $T^{(+)}(\theta)$ 对 θ 取导，得到：

$$\lambda_d=\frac{2n}{G_x}\cdot\frac{p_0F_1h_0}{m-1}\left\{\left[\left(1-\frac{S_d}{h_0}\right)^{1-m}-1\right]-\frac{\xi}{\mu}\left[1-\left(1+\mu\frac{S_d}{h_0}\right)^{1-m}\right]\right\}\tag{5-14}$$

整理得：

$$\tau_R^{(+)}=\frac{1}{W}\left[T^{(+)}-\frac{1}{4}\left(T^{(+)}-\theta\frac{\mathrm{d}T^{(+)}}{\mathrm{d}\theta}\right)\right]\tag{5-15}$$

在 $T^{(+)}-\theta$ 曲线上取屈服后任一点 B，该曲线的切线交纵轴（T 轴）于 G 点，从 B 点的纵坐标 FB 上，截取 $BD=\dfrac{1}{4}OG$，则 D 点的纵坐标 $FD=T^{(+)}-\dfrac{1}{4}\left(T^{(+)}-\theta\dfrac{\mathrm{d}T^{(+)}}{\mathrm{d}\theta}\right)=W\tau_R^{(+)}$，

将纵坐标 $T^{(+)}$ 改为 $\tau_R^{(+)}$，横坐标由 θ 改为 γ_R，便得到 $\tau_R^{(+)}-\gamma_R$ 的关系曲线，如图 5－8 所示。

由于一种材料的应力—应变关系与材料在结构中所处的位置没有关系，因而该 $\tau_R^{(+)}-\gamma_R$ 就是真实的第一次加载应力—应变关系 $\tau^{(+)}-\gamma$ 曲线。而把 $\dfrac{T^{(+)}}{W}=\tau_N$ 的值（即 BF）称为名义扭转应力，屈服后的真实加载应力 $\tau^{(+)}$ 小于名义应力 τ_N。

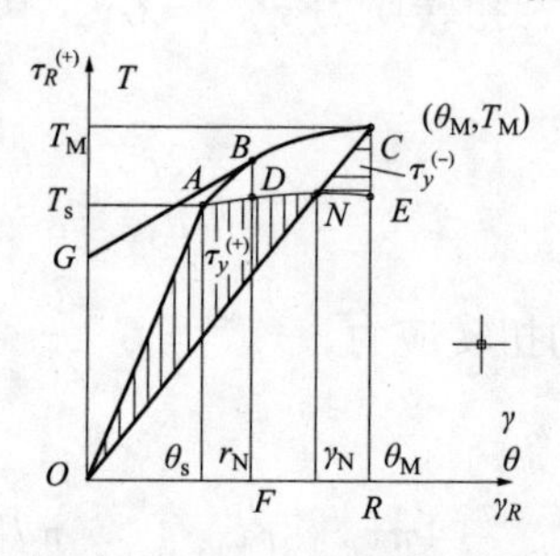

图 5－8　由 $T-\theta$ 转换为 $\tau-\gamma$

在屈服前 $T^{(+)}-\theta\dfrac{dT^{(+)}}{d\theta}=0$，真实加载应力 $\tau^{(+)}$ 与名义应力 τ_N 相等。

前已说明 γ 与 r 成比例，这样 $\tau^{(+)}-\gamma$ 的曲线也就是 $\tau^{(+)}-r$ 的曲线。

曲线 $OADE$ 代表第一次加载最终时刻真实加载应力随半径变化的关系 $\tau^{(+)}-r$。

强扭到最大载荷卸载时，卸去的应力与回弹应变成比例 $\tau^{(-)}=G\gamma$，由于卸载时也服从平面假设，回弹应变沿半径方向增加，$\gamma=\dfrac{2r}{d_T}\gamma_R$，因此，卸去的应力 $\tau^{(-)}$ 也沿半径方向增加，$\tau^{(-)}=\left(\dfrac{2r}{d_T}\right)\tau_R^{(-)}$。

卸去的扭矩：

$$T^{(-)}=\int_0^{d_T/2}(2\pi r^2)\left(\frac{2r}{d_T}\right)\tau_R^{(-)}\,dr=W\tau_R^{(-)}=\frac{GJ\theta}{l}\tag{5－16}$$

$T^{(-)}-\theta$ 呈线性关系，具有的扭转刚度 $k_\theta=\dfrac{GJ}{l}$ 与线弹性加载过程相同，和试验结果吻合。

完全卸载时，卸去的载荷等于加载最大载荷，$T_M=W\tau_R^{(-)}$，$\tau_R^{(-)}=\dfrac{T_M}{W}=\tau_N$。完全卸载时，表层卸去的应力 $\tau_R^{(-)}$ 等于名义扭转应力 τ_N，也就是图 5－8 的 C 点。连接 O、C，即得到沿半径卸去的应力变化规律。

强扭第一次加载最终真实应力 $\tau^{(+)}$ 与完全卸载卸去的应力 $\tau^{(-)}$ 之差是残余应力 τ_y，$\tau_y=\tau^{(+)}-\tau^{(-)}$，由图 5－8 可以看出半径 O 至 r_N 区间，有正残余应力 $\tau_y^{(+)}$，半径 r_N 至 R 区间有负残余应力 $\tau_y^{(-)}$，外径处的残余应力 τ_{yR} 为

$$\tau_{yR}=\frac{-1}{4W}\left(T_M-\theta\frac{dT^{(+)}}{d\theta}\bigg|_{\theta=\theta_M}\right)\tag{5－17}$$

但

$$\int_0^{d_T/2}(2\pi r^2)\tau_y\,dr=0\tag{5－18}$$

以后的加载，只要加载扭矩 $T\leqslant T_M$，则加载的应力 τ 就沿半径 r 线性增加。

$$\tau = \left(\frac{2r}{d_{\mathrm{T}}}\right)\tau_R \tag{5-19}$$

式中，τ_R——外径处加载的应力。

总和应为

$$\tau_{\mathrm{T}} = \tau_y + \tau \tag{5-20}$$

加载扭矩为

$$T = \int_0^{d_{\mathrm{T}}/2}(2\pi r^2)\tau_{\mathrm{T}}\mathrm{d}r = \int_0^{d_{\mathrm{T}}/2}(2\pi r^2)\tau_y\mathrm{d}r + \int_0^{d_{\mathrm{T}}/2}(2\pi r^2)\tau\mathrm{d}r \tag{5-21}$$

$$T = \tau_R W = \frac{GJ\theta}{l} \tag{5-22}$$

加载力矩 T 与转角 θ 呈线性关系，与试验结果吻合。

当 $T = T_{\mathrm{M}}$时，$\tau_{RM} = \dfrac{T_{\mathrm{M}}}{W} = \tau_{\mathrm{N}} > \tau_{\mathrm{s}}$。

强扭过程中扭杆截面应力分布情况如图 5－9 所示。

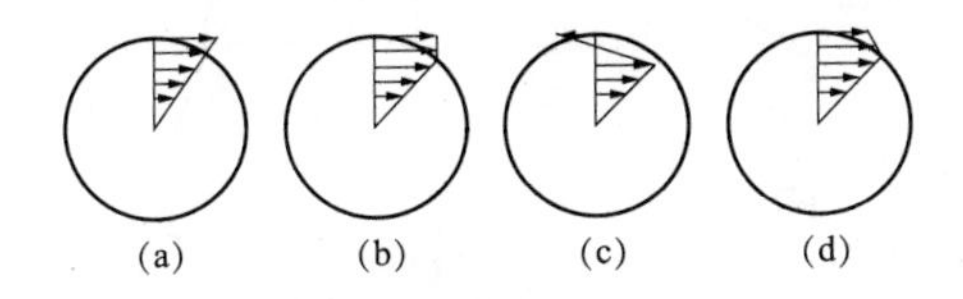

图 5－9　强扭过程中扭杆截面应力分布情况

（a）小负荷加载；（b）强扭时；（c）强扭卸载后；（d）再次强扭

强扭处理后，外径处加载的最大应力 τ_{RM}可以达到名义应力 τ_{N}，大于屈服点 τ_{s}，其值随材料和强扭程度而异，当强扭最大应变 $\gamma_{\mathrm{M}} \approx 2\gamma_{\mathrm{s}}$时，$\tau_{RM}$约为 $1.3\tau_{\mathrm{s}}$，强扭处理后的扭杆弹簧，使用过程中扭杆的芯部有正残余应力 $\tau_y^{(+)}$，总应力 τ_{T}比未强扭情况下有所增加，提高了材料利用率，增加了扭杆承载能力。而在扭杆表层由于有负残余应力 $\tau_y^{(-)}$存在，总应力 τ_{T}反而比未强扭处理状态下小，总的应力水平下降，有助于改善受力状态，特别是能提高疲劳寿命。

5.1.5.3　强扭处理对扭杆弹簧耐久性的影响

1. 对疲劳性能的影响

强扭处理对扭杆疲劳性能的影响有两个方面：一方面表层的负残余应力能使扭杆工作过程中表层的总应力下降，提高疲劳寿命；另一方面强扭处理过程中数次大幅度的加载，又会造成疲劳损伤。后一影响的重要程度如何是值得探讨的问题。疲劳损伤有两种理论，一种是大家熟知的累积损伤理论，按照这一理论，扭杆强扭时，加载幅度很大，尽管次数不多，但也会对疲劳寿命有损害；另一种理论认为材料有过负荷损害界，它是材料在一定应力与周次工作后，正好不影响疲劳极限的界限值，只有高于过负荷损害界的应力及相关周次，才对材料的疲劳寿命有影响。通过试验证实 45CrNiMoVA 有过负荷损害界，并且这一界限与其疲劳曲线相比下降不多，如图 5－10 所示，强扭处理的负面影响不会很大。

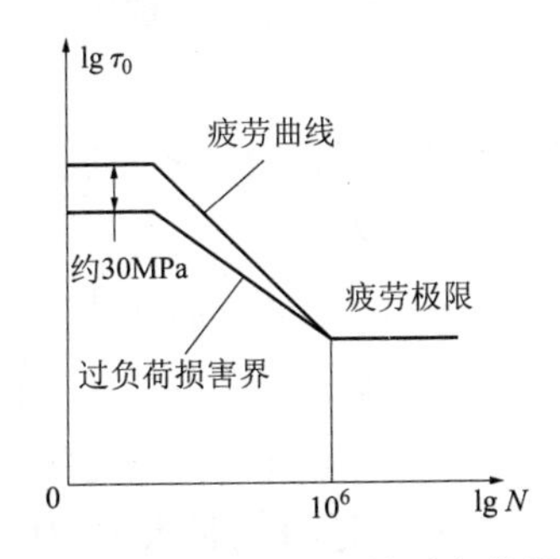

图 5－10　45CrNiMoVA 的过负荷损害界

按合理工艺强扭处理过的扭杆试棒和未处理的相同试棒，所做的单向脉动疲劳试验对比结果如图 5-11 所示，可见强扭处理对提高扭杆弹簧疲劳性能有明显作用。将用强扭处理的扭杆弹簧的许用应力提高 25%，与未强扭的同尺寸扭杆弹簧装车行驶，对比试验发现，强扭处理的扭杆弹簧使用里程仍有较大提高。车辆悬挂中应用的扭杆弹簧承受随机载荷，应力幅度忽大忽小，而且无序，并且大多数应力水平低于疲劳极限。很难估计次负荷煅炼和过负荷损害的影响，即使通过统计分析，也难以准确确定扭杆弹簧的使用寿命与许用应力的关系，只能通过装车行驶试验实际考核，并累积经验与数据。

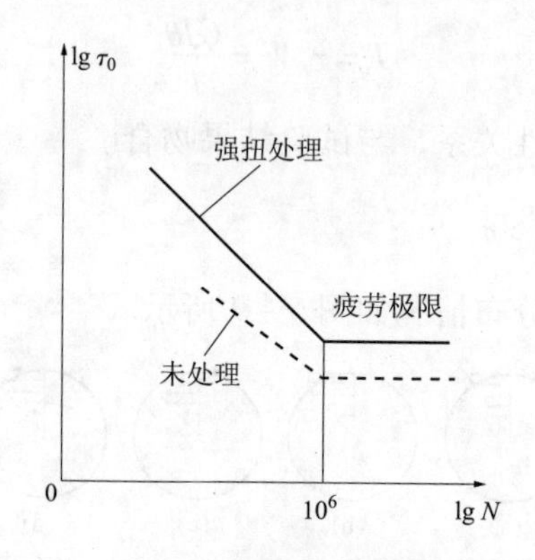

图 5-11　强扭处理对疲劳性能的影响

2. 对常温蠕变的影响

将强扭处理过的（小直径）试棒在最大静载荷下保持 45h，另将强扭处理过的（大直径）扭杆弹簧在试验台做 200h 的相关试验，其常温静态蠕变均较小。实物装在车辆悬挂上的静载荷不足最大静载荷的 1/3，车辆长期停放，强扭处理的扭杆弹簧不会变形而使车高沉降。试棒动态试验表明，常温动态蠕变有一定的量值，但不致影响车辆使用寿命。实物装车试验测量结果与试棒动态试验相仿。

3. 时效的影响

为研究强扭处理的效果能否持久，将强扭处理过的试棒经 255 天时效，从时效前后的应力—应变（$\tau-\gamma$）曲线可以看出，时效后剪切弹性模量 G 值有所回升，并逐渐恢复到强扭以前的值。为研究低温退火对强扭处理的影响，将强扭处理过的试棒进行低温退火，与不退火的试棒做相同的扭转特性试验，测得的扭矩—转角曲线（$T-\theta$）未见明显差异，可见强扭处理的效果能够持久、稳定。初步试验表明：强扭处理过的试棒时效后的疲劳曲线略有提高，但因试验做得不充分，所以尚不能作为依据。

5.1.5.4　强扭处理的工艺

1. 工艺规范

强扭处理的效果与加载达到的最大应变量 γ_M 有关，最大应变量不足，静承载能力增加较小，表层负残余应力较小，对疲劳性能改善不大。最大应变量超过一定限度后，静承载能力提高不明显，但对疲劳性能的过负荷损伤加大，负面影响大。不同强扭处理的疲劳曲线如图 5-12所示，适宜的最大强扭应变量 γ_M 约为 $2\gamma_s$，各种材料在不同热处理规范下的屈服点 τ_s 不同，强扭处理的最大应变量 γ_M 也不同。

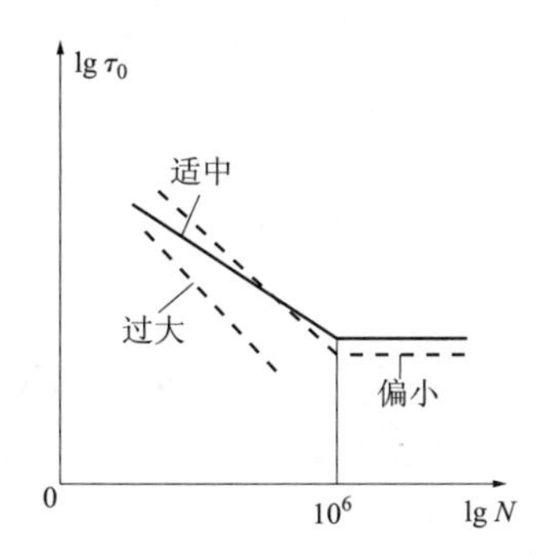

图 5－12　不同强扭程度对疲劳性能的影响

50CrVA 和中温回火的 45CrNiMoVA 可取 $\gamma_M \approx 0.022$，低温回火的 45CrNiMoVA 的 γ_s有所提高，所取的 γ_M应相应地增加。为了确定工艺中实际应用的最大强扭角 θ_M，可将已做好的尚未强扭的扭杆弹簧做一次加载试验，测取加载扭矩 $T^{(+)}$ 和转角 θ 的曲线，从中找到屈服点（T_s，θ_s），取 $\theta_M \approx 2\theta_s$，作为强扭处理加载最大扭角。这样做综合考虑了实际材料特性、热处理的规范、扭杆弹簧直径 d_T和工作长度 l（包括过渡部分的折算长度）等多种因素，比计算更为准确，而且较为方便。

2. 工艺方法

强扭处理的工艺方法有静态方法和动态方法两种，以往用得较多的是静态方法，即把扭杆弹簧一次加载到要求的最大扭角下，保持 6～48h，卸载后工序结束。这种方法耗时长，占用设备和场地多，生产效率低，经济效益不好。动态方法是将扭杆弹簧在一定的强扭角状态下，经多次连续加载和卸载（一般经 5～6 次），以在短短的几分钟内达到稳定强扭效果的目的，为使金属晶格滑移稳定，处理过程不宜太快，每次往复 1.5～2min 为宜，动态法全部处理过程仅 10min 左右。动态方法和静态方法的处理效果相同，但动态方法的生产效率和经济效益比静态方法高，故国际上现都改用动态方法。中国通过自己的试验研究，建立了适宜的工艺规程和设备，经多年生产应用，其质量已较为稳定。

一般动态方法又可分为两种方法。

（1）如图 5－13（a）所示，每次强扭角 θ 保持不变进行多次加载、卸载强扭处理方法。第一次强扭 θ_1角，卸载后残余扭转角为 α_1；第二次强扭 θ_2角（$\theta_2 = \theta_1$），卸载后残余扭转角为 α_2；第三次强扭 θ_3角（$\theta_3 = \theta_1$），卸载后残余扭转角为 α_3；其余类推。

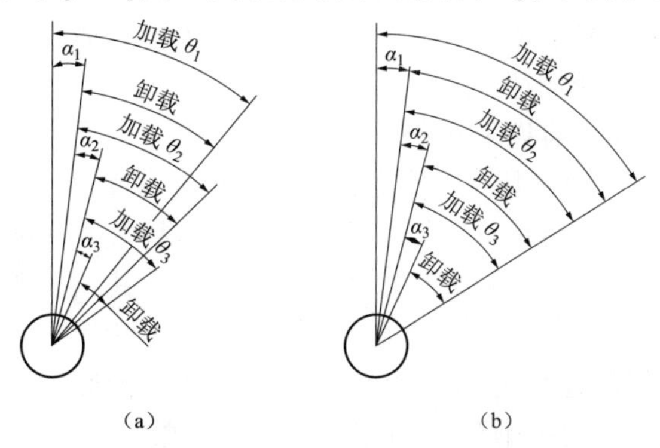

图 5－13　扭杆弹簧强扭方法

（a）每次强扭角保持不变；（b）每次强扭重点位置保持不变

(2) 图5－13 (b) 所示为每次强扭扭转到第一次强扭角的最终位置的强化处理方法。第一次强扭 θ_1 角，卸载后残余扭转角为 α_1；第二次强扭角 θ_2 为第一次的卸载弹回角，卸载后残余扭转角为 α_2；第三次强扭角 θ_3 为第二次的卸载弹回角，卸载后残余扭转角为 α_3。

强扭处理的设备在卸载时应能切断加载机构与扭杆弹簧间的动力连接，使扭杆能自由回弹，不产生反扭。

强扭处理中加载值很大，还具有剔除有疵病产品的功能。

值得注意的是，强扭扭杆在安装使用时，应注意其方向性，只能按强扭方向正扭，绝不能反向使用。

5.2 油气弹簧

5.2.1 油气弹簧概述

油气弹簧 (Hydro－Pneumatic Spring) 由蓄能器、动力缸和阻尼阀等组成，利用液压油传递力，用高压氮气作为弹性介质。蓄能器中含有一个高压气体体积可变的密闭气室，其余空间充满液体，并通过阻尼阀与动力缸相连。液体进出蓄能器，改变气室占有的容积，气体压强随之变化，起到储存与释放能量的作用，其中液体是气体的密封和传力介质。图5－14所示为一种油气弹簧结构，增加一些结构后，油气弹簧可兼具减振器的功能。

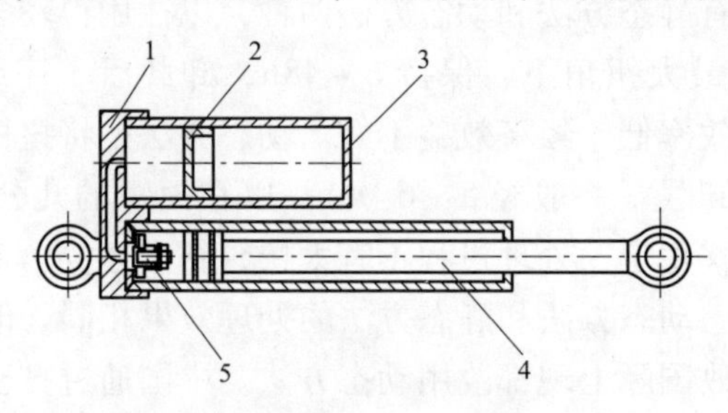

图5－14 油气弹簧

1—上盖；2—浮动活塞；3—蓄能器；4—活塞杆；5—阻尼阀

20世纪50年代中期，富康 (Citroën) 公司率先进行了油气悬挂技术的研究，并于1955年开始将自主开发的油气弹簧用在轿车上。此后，很多著名的汽车制造商也开始应用油气悬挂技术，如罗尔斯－罗伊斯 (Rolls－Royce)、奔驰 (Mercedes－Benz) 和标致 (Peugeot) 等公司，并逐渐将油气悬挂系统运用于卡车、大型自卸矿车和某些军用车辆上。M60坦克装备扭杆悬挂与油气悬挂时车身加速度的对比如图5－15所示。

油气悬挂装置的优点主要有以下几个方面：

(1) 具有渐增的非线性刚度特性。在平坦的地面上行驶时，动行程较小，悬挂刚度较小，行驶平顺性较好，可以改善乘员的舒适性，并能防止精密电子仪器因振动加速度过大而损坏或失效；而在起伏地行驶时，随着车轮动行程的增大，其悬挂刚度变大，能吸收较多的冲击能量，避免产生悬架刚性撞击，较好地满足了行驶平顺性和缓冲可靠性的要求。

(2) 装有可调式油气悬挂装置的车辆可以调整车辆的俯仰、侧倾姿态和车体距地高，即可提高车辆的通过性，扩大火炮的射角范围。如74式坦克车体在正常高度时可升、降200mm，前后俯仰6°，左右倾斜9°。

(3) 可以实现悬挂闭锁。液压闭锁可使弹性悬挂接近刚性悬挂，消除射击时车体的振动，提高射击精度。

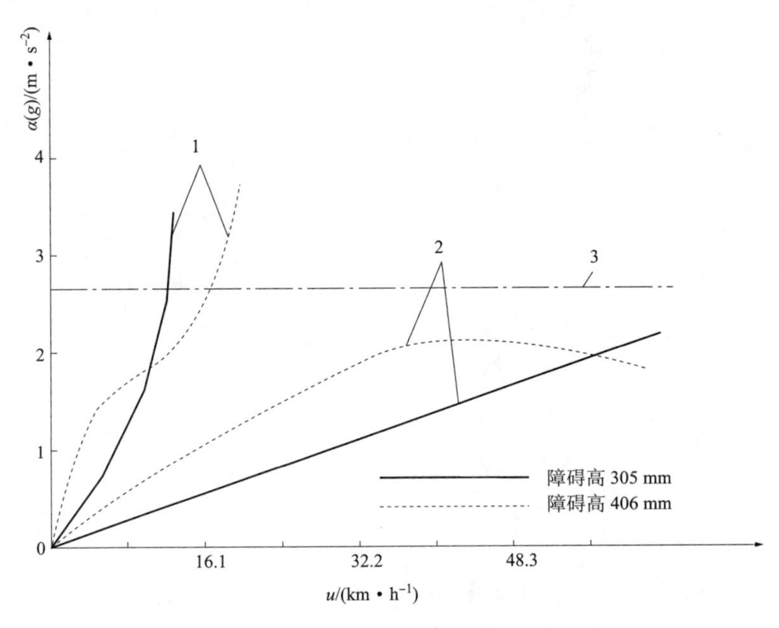

图 5－15　M60 坦克装备扭杆悬挂与油气悬挂时车身加速度的对比

1—扭杆悬挂；2—油气悬挂；3—冲击许可极限

（4）油气悬挂可省去单独的减振器。在油气弹簧内部油液往返流动的通道上设置阻尼阀和限压阀，就具有了减振器的功能。

（5）油气悬挂只要改变油气弹簧蓄压器的充气压力，就可以在不同负载的变型车辆上应用，故部件的通用性较好。

（6）可调式油气悬挂可使行动部分维修方便，如车辆在野外需要拆卸某个负重轮时，只需使该负重轮处的油气悬挂处于放油位置，无须液压千斤顶即可拆装负重轮。

但油气悬挂装置也有些不足之处：

（1）油气悬挂布置在车外，防护性较差。

（2）油气悬挂成本一般较扭杆悬挂要高出 20%～25%，并且其可靠性与寿命都不如扭杆悬挂。

（3）油气悬挂中的油压和气压力都较高，对油和气密封处的配合精度和密封件的性能要求较高。

5.2.2　油气弹簧的分类

油气弹簧根据气室的个数不同可分为单气室油气弹簧和双气室油气弹簧。其中单气室油气弹簧根据是否有油气隔膜可分为油气分隔式油气弹簧（见图 5－16）和油气不分隔式油气弹簧（见图 5－17）。两者主要区别在于作为传力元件的液压油与作为弹性元件的高压气体是否直接接触。

单气室油气分隔式油气弹簧球形气室中的隔膜可防止油液乳化，气室装有充气阀，便于充气和维护。活塞上行，工作液经阻尼阀等流入气室，隔膜另一侧空气压缩，并通过油液将弹力传出来；活塞下行，工作液也经阻尼阀回流到工作缸，气室内工作压力减小。阀体和节流孔以及加油孔位于工作缸的缸盖上，而不是随活塞一起移动。

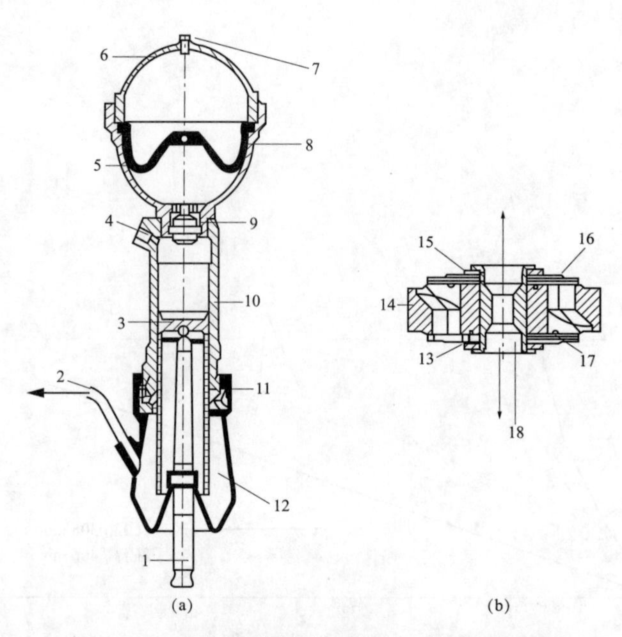

图 5-16 单气室油气分隔式油气弹簧及阻尼阀

(a) 单气室油气分隔式油气弹簧；(b) 阻尼阀

1—活塞杆；2—油液溢流口；3—活塞；4—加油口；5—下半球室；6—上半球室；7—充气螺塞；8—橡胶油气隔膜；9—阻尼阀；10—工作缸；11—密封装置；12—活塞导向套；13—伸张阀限位挡片；14—压缩阀限位挡片；15—阀体；16—压缩阀；17—伸张阀；18—油液节流孔

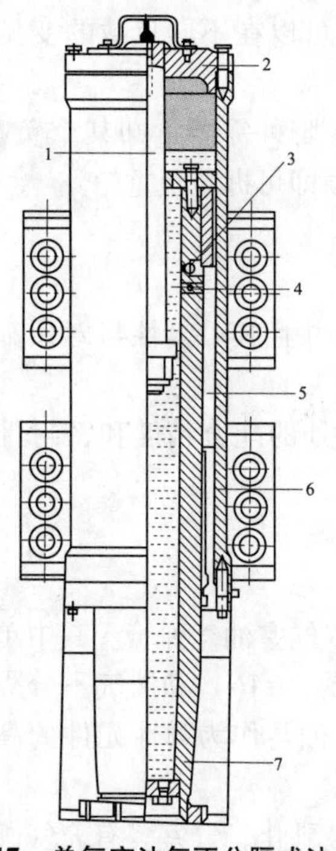

图 5-17 单气室油气不分隔式油气弹簧

1—伸张行程限位器；2—工作缸盖；3—单向球阀；4—常通孔；5—环形腔；6—工作缸；7—管形活塞

单气室油气不分隔式油气弹簧，工作缸固定在车架上，管形活塞的下端与转向节相连。该油气弹簧不仅是前悬挂的弹性元件和减振元件，而且还兼作转向主销，其活塞杆为空心结构，且活塞杆与工作缸之间有环形腔结构，用以补偿活塞杆进出的体积并形成液体流动产生阻尼；在管形活塞头的上面有一油层，既可以润滑活塞又可以作为气室的密封；油层上方的空间即为高压气室，其中充满高压氮气，气体和油液之间没有任何隔离装置。活塞上行，气室压力增加，工作液经管形活塞杆侧壁上常通孔和单向阀流入活塞缸和工作缸之间的环形腔；活塞下行，气室压力减小，工作液由环形腔经常通孔回流。此油气弹簧带有伸张行程限位器，以防止活塞杆从工作缸中滑出。

双气室油气弹簧又可分为主副气室式油气弹簧（见图5-18）和反压气室式油气弹簧（见图5-19）。两者主要区别在于两个气室对主活塞的作用力方向不同，主副气室式油气弹簧的两个气室对主活塞的作用力方向相同；反压气室式油气弹簧的两个气室对主活塞的作用力方向相反。

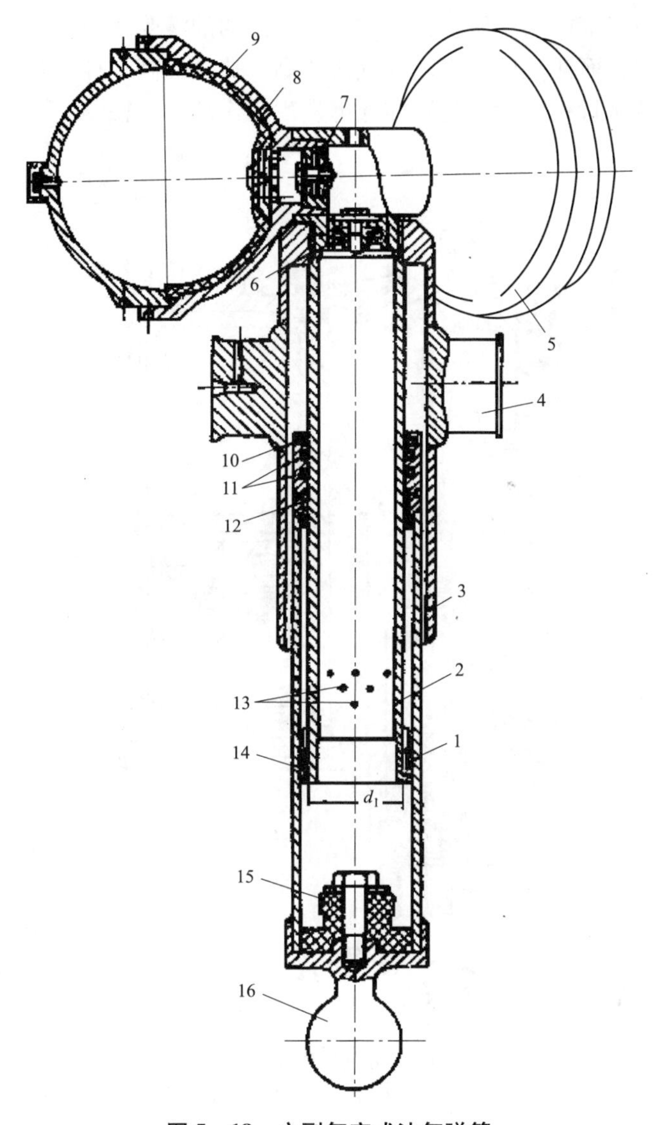

图 5－18　主副气室式油气弹簧

1—外缸筒；2—内缸筒；3—防尘罩；4—连接器；5—气室；6—工作缸阻尼阀；7—气室阻尼阀；
8—橡胶隔膜；9—气室壁；10—缓冲块；11，14—密封；12—衬套；13—阻尼孔；15—底座；16—球铰

主副气室式油气弹簧的特点是：在工作活塞的上方设有两个并列的气室，但两个气室的工作压力不同，主气室内的气压与单气室油气弹簧的气压相近，而副气室内的气压较高，从而具有了变刚度特性。在履带车辆上采用这类悬挂是为了改善悬挂特性，使行程末端的最大压力不致过大。活塞上行且载荷较小时，工作缸油液经阻尼孔流向主气室，同时活塞杆内腔油液经节流孔流向环形腔，载荷较大时，副气室的通过阀启动，工作液进入副气室；活塞下行，两气室中的工作液也根据载荷大小分别回流工作缸。

带反压气室的双气室油气弹簧能够提高伸张行程的刚度，并能有效防止活塞在伸张行程与油缸相撞。当弹簧处于压缩行程时，主气室中的活塞上移，使主气室内的气压增高、弹簧的刚度增大，此时浮动活塞下面的油液在反压气室的气体压力作用下经通道流入主气室的活塞下面，以补充活塞上移后空出的容积，而使反压气室内的气压降低。当弹簧处于伸张行程

时，主活塞下移，主气室内的气压降低，主活塞下面的油液受挤压，经通道流回浮动活塞的下面，推动活塞上移，而使反压气室内的气压增高，从而提高了伸张行程的弹簧刚度。这种油气弹簧消除了在伸张行程中活塞与缸体底部发生撞击的可能性。

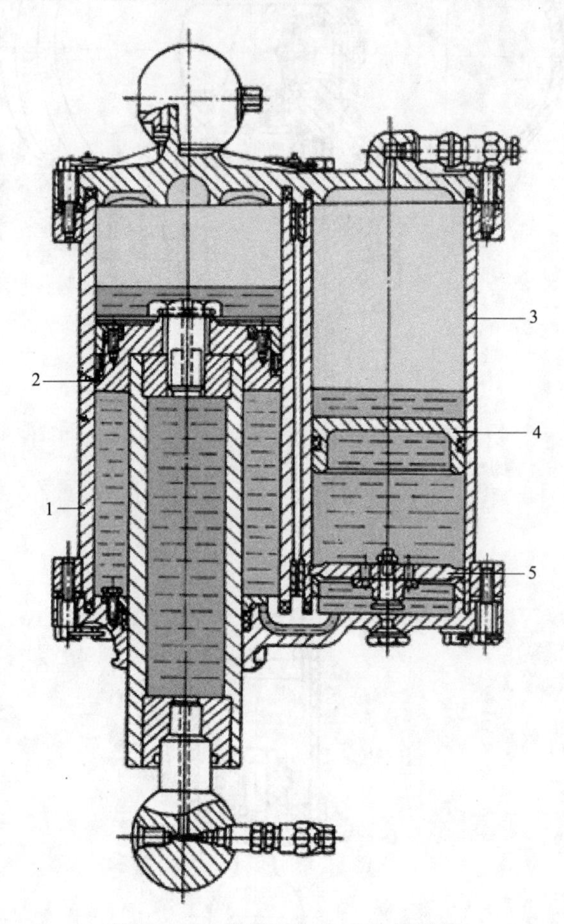

图 5-19　带反压气室式油气弹簧

1—主工作缸；2—主活塞；3—副工作缸；4—浮动活塞；5—阻尼阀座

油气悬挂根据蓄能器与工作缸的布置形式不同可以分为蓄能器—工作缸一体式（见图 5-20）和蓄能器—工作缸分离式（见图 5-21）。

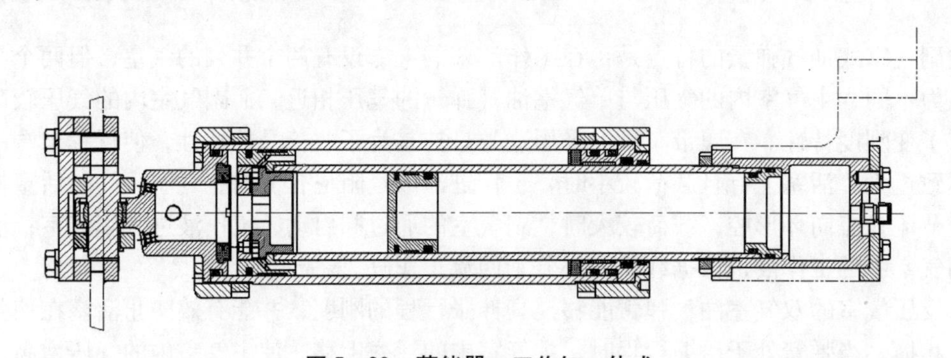

图 5-20　蓄能器—工作缸一体式

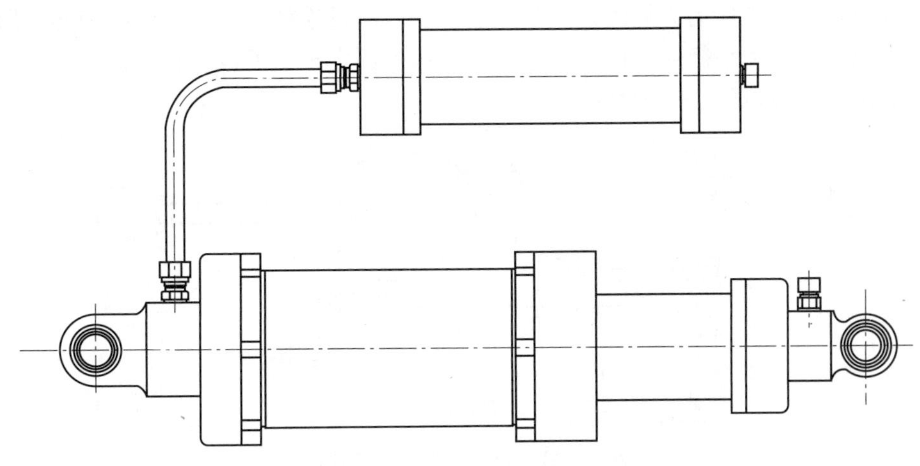

图5－21　蓄能器—工作缸分离式

油气悬挂装置根据车桥间各悬挂缸是否连接又分为独立式油气悬挂［见图5－21（a）］和互连式油气悬挂［见图5－22（b）］。

独立式油气悬挂应用于各种大型工程车辆和军用车辆中，其各个油气弹簧之间是相互独立、互不影响的；它可以通过举升和降低液压缸来自由调节车身高度。

互连式油气悬挂是最近几年才开始发展起来的悬挂技术，其在多轴车辆上应用广泛。互连式油气悬挂系统的结构特点是：车桥上同侧以及同轴的工作缸之间是相互连通的。与独立式油气悬挂相比，互连式油气悬挂除了具有独立式油气悬挂的优点之外，还具有如下优点：当车辆在颠簸路面上行驶时，互连式油气悬挂可以控制全部悬挂缸组连通，从而使每个车轮上的载荷分布均匀，并使车身保持水平，还可以在不改变车辆垂直刚度的情况下，提高悬挂的俯仰和侧倾刚度，对抑制车辆起动、制动的俯仰及提高转向时的安全性有显著作用。

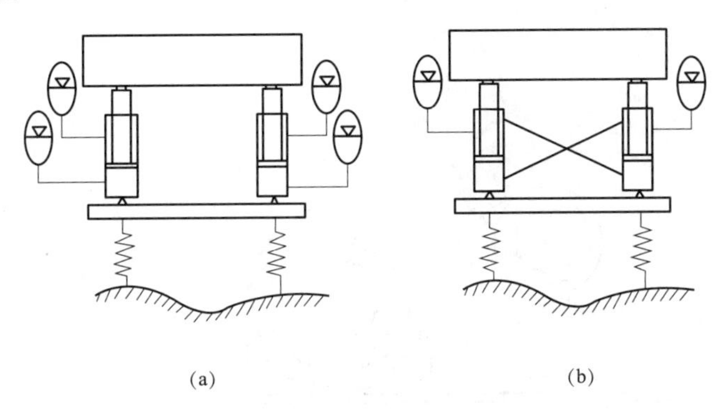

图5－22　油气悬挂结构形式

（a）独立式油气悬挂；（b）互连式油气悬挂

油气悬挂根据布置形式还可分为固定缸筒式油气悬挂（见图5－23）和摆动缸筒式油气悬挂（见图5－24），其中固定缸筒式油气悬挂有一种特殊形式，油气弹簧设计在平衡肘内部，称为肘内式油气悬挂。

摆动缸筒式油气悬挂动力缸一端通过球铰链与车体相连，另一端则通过球铰链与平衡肘相连，在工作过程中，动力缸的中心线都是围绕着上铰链摆动的，但摆动角并不大。

固定缸筒式油气悬挂动力缸固定在车体上，然后通过连杆机构与平衡肘相连，肘内式油气悬挂是把油气弹簧和平衡肘做成一个总成，用螺栓固定于侧甲板及底甲板上。固定缸筒式油气悬挂的优点是散热好、防护性好。

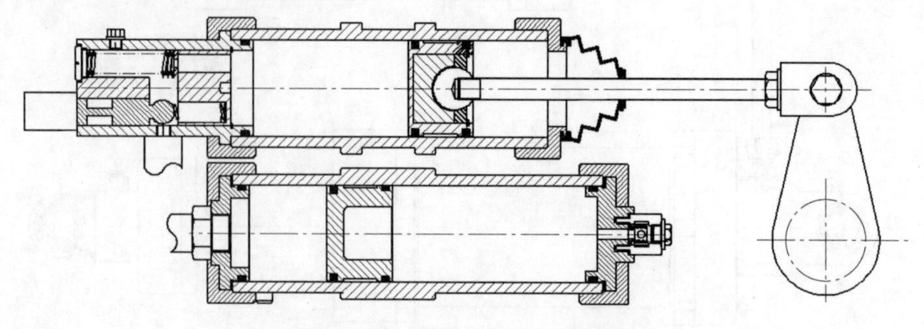

图 5-23　固定缸筒式油气悬挂

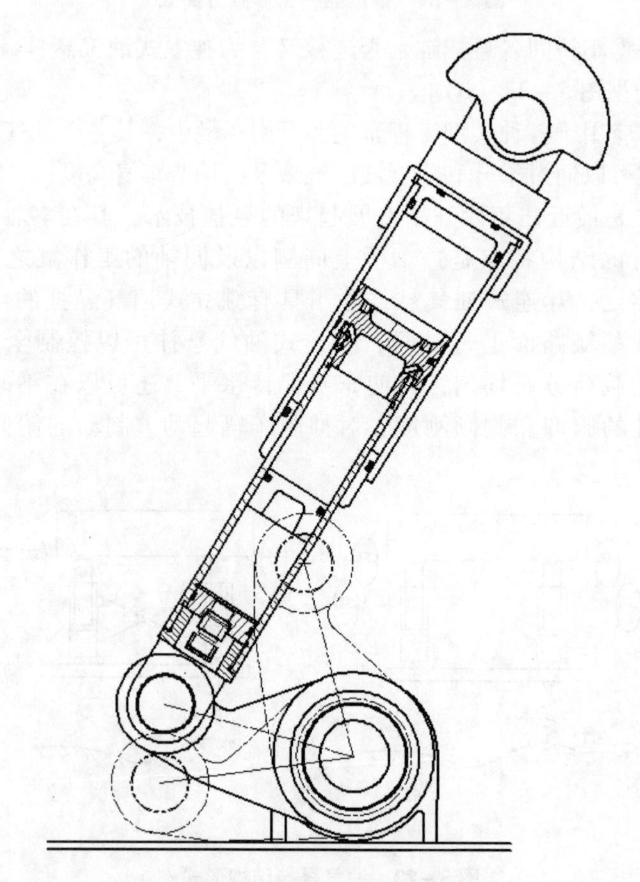

图 5-24　摆动缸筒式油气悬挂

油气悬挂根据油液可调与否分为不可调式油气悬挂和可调式油气悬挂（见图 5-25）。一般的油气悬挂均为不可调式油气悬挂。

可调式油气悬挂利用油液的充入和放出使车体实现上下升降、前后俯仰、左右倾斜及车体调平，也可使车体在空载和满载时保持一定的高度。

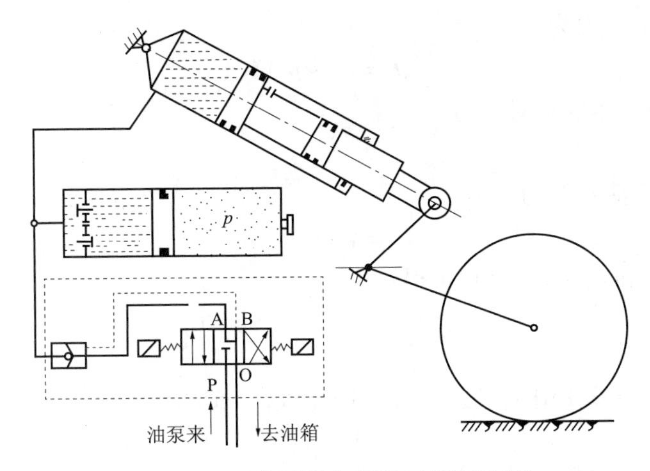

图 5-25　可调式油气悬挂（带阻尼阀）

油气悬挂根据阻尼阀的布置位置还可以分为阻尼阀内置式和阻尼阀外置式。一般阻尼可调式油气弹簧的阻尼阀布置在外侧，以方便其参数控制。

5.2.3　油气弹簧的特性

5.2.3.1　单气室油气弹簧

主活塞面积为 A，初始状态载荷为 P_0，气室初始体积为 V_0，气压为 p_0，气柱高度为 $h_0\left(h_0=\dfrac{V_0}{A}，h_0\text{是油气弹簧一项重要参数}\right)$。

1. 悬挂特性

先分析气体受压缩时压力的变化规律，当活塞移动 s 后，气室压力升高，体积缩小，此时气压为 p，体积为 V。

根据热力学定律，气体受压缩时压力和容积间存在下述关系：

$$p_0V_0^m=pV^m=C \tag{5-23}$$

式中，m——气体的多变指数，其值取决于气体的热交换和外界的条件。当活塞移动速度很慢，气缸内气体受压缩后产生的热量有充分时间与外界交换，工作状态相当于等温过程时，$m=1$；当活塞移动速度很快，气体产生的热量来不及与外界交换，工作状态接近于绝热过程时，$m=1.4$。实际上气体工作介于两个过程之间，一般计算可取 $m=1.2\sim1.3$。

$$p=p_0\left(\frac{V_0}{V}\right)^m=p_0\varepsilon^m \tag{5-24}$$

式中，ε——压缩比。

将 $V=V_0-\Delta V$ 代入式（5-24）得：

$$\frac{p}{p_0}=\left(\frac{V_0}{V_0-\Delta V}\right)^m=\frac{1}{\left(1-\dfrac{\Delta V}{V_0}\right)^m} \tag{5-25}$$

设 s 为主活塞从初始位置开始的行程，则 $\Delta V=sA$，因 $V_0=h_0A$，代入式（5-25）得：

$$p=p_0\left(1-\frac{s}{h_0}\right)^{-m} \tag{5-26}$$

作用在主活塞上的力为

$$P=(p-p_{\mathrm{a}})A \tag{5-27}$$

式中，p——缸筒中气体的绝对压力；

p_{a}——大气压力。

初始状态作用于活塞上的力为

$$P_0=(p_0-p_{\mathrm{a}})A \tag{5-28}$$

由式（5-26）和式（5-27）可得：

$$P=\left[p_0\left(1-\frac{s}{h_0}\right)^{-m}-p_{\mathrm{a}}\right]A \tag{5-29}$$

计算时，可取 $p_{\mathrm{a}}=0.1\mathrm{MPa}$；通常，初始负荷 P_0 和 A 已知，即可确定相应的初始压力 p_0，且

$$p_0\approx\frac{P_0}{A} \tag{5-30}$$

由式（5-28）和式（5-29）可得：

$$\frac{P}{P_0}=\frac{p}{p_0}=\frac{p_0\left(1-\frac{s}{h_0}\right)^{-m}-p_{\mathrm{a}}}{p_0-p_{\mathrm{a}}} \tag{5-31}$$

因 $\frac{s}{h_0}=\frac{\Delta V}{V_0}$，则：

$$\frac{P}{P_0}=\frac{p_0\left(1-\frac{\Delta V}{V_0}\right)^{-m}-p_{\mathrm{a}}}{p_0-p_{\mathrm{a}}} \tag{5-32}$$

当 $p_0>1\mathrm{MPa}$ 时，p_{a} 可忽略不计，式（5-31）和式（5-32）有：

$$\frac{P}{P_0}=\frac{p}{p_0}=\left(1-\frac{\Delta V}{V_0}\right)^{-m}=\left(1-\frac{s}{h_0}\right)^{-m} \tag{5-33}$$

式（5-33）即单气室油气悬挂特性方程式，它说明了载荷增加比值 P/P_0 和容积减小比值 $\Delta V/V_0$（或 s/h_0）间的关系。

2. 刚度计算

油气弹簧的刚度 K 可由式（5-27）对 s 微分获得：

$$K=\frac{\mathrm{d}P}{\mathrm{d}s}=A\frac{\mathrm{d}p}{\mathrm{d}s}=A\frac{\mathrm{d}p}{\mathrm{d}V}\cdot\frac{\mathrm{d}V}{\mathrm{d}s} \tag{5-34}$$

因

$$p=p_0\left(\frac{V_0}{V}\right)^m,\ \frac{\mathrm{d}p}{\mathrm{d}V}=-\frac{mp_0V_0^m}{V^{m+1}}$$

$$V=V_0-\Delta V=V_0-As,\ \frac{\mathrm{d}V}{\mathrm{d}s}=-A$$

代入式（5-34）得：

$$K=\frac{A^2mp_0V_0^m}{V^{m+1}}=\frac{A^2mp}{V}=\frac{mAP}{V}=\frac{mP}{h} \tag{5-35}$$

由上述各式可知：

（1）油气弹簧的刚度 K 随气体和外界的热交换条件不同而不同，当活塞运动速度很慢，

接近等温过程时，$m=1$；当车辆在不平路面行驶，热量来不及散发时，根据试验，有浮动活塞的筒式油气弹簧 m 约为1.25。

（2）初始气柱高度 h_0 与刚度有关，h_0 越大（气体容积越大）则刚度越小。

（3）油气弹簧的刚度随着压力 p 的增大和体积 V 的减小而很快增大，故特性曲线越来越陡。初始状态的刚度为

$$K_0=\frac{mAP_0}{V_0} \tag{5-36}$$

故有：

$$\frac{K}{K_0}=\frac{p}{p_0}\cdot\frac{V_0}{V}=\left(\frac{p}{p_0}\right)^{\frac{m+1}{m}}=\left(\frac{P}{P_0}\right)^{\frac{m+1}{m}} \tag{5-37}$$

由式（5-37）可见油气弹簧受压缩时，刚度的增长比压力增长快。

5.2.3.2 双气室—主、副气室式油气弹簧

双气室主、副气室式油气弹簧的两种结构形式的特性要分别分析，如图5-26所示。

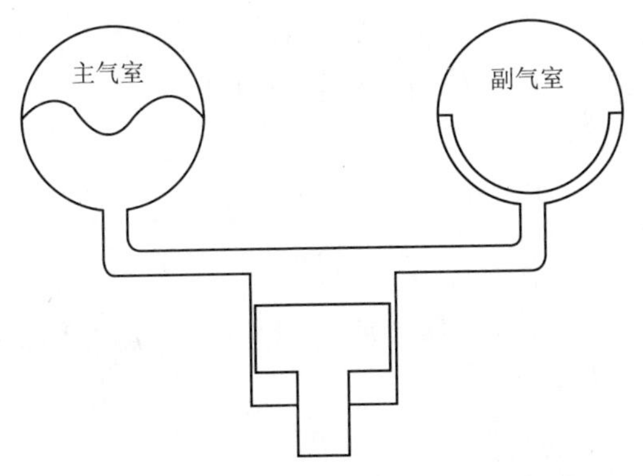

图5-26 双气室—主、副气室式油气弹簧示意图

1. 悬挂特性

设低压气室A初始充气压力为 p_{A0}，初始充气体积为 V_{A0}，相应气柱高度为 h_0，主活塞上作用载荷为 P_0。高压气室B初始充气压力为 p_{B0}，初始充气体积为 V_{B0}。气室A、B各有一个浮动活塞。

双气室油气弹簧的特性需要分两个阶段进行计算，即低压气室工作阶段与高压气室和低压气室共同工作阶段。

1）低压气室工作阶段

初始状态主活塞上作用的载荷 $P_0=(p_{A0}-p_a)A$，A 为主活塞的面积，$h_0=\dfrac{V_{A0}}{A}$。当载荷由 P_0 增加到 P_A 时，A室气压由 p_{A0} 增加到 p_A，主活塞的行程为 s，因 $p_A<p_{B0}$，故只有A气室受压缩，而B气室浮动活塞仍保持静止。此时油气弹簧工作特性与单气室油气弹簧相同，故有：

$$p_A=p_{A0}\left(1-\frac{s}{h_0}\right)^{-m} \tag{5-38}$$

随着主活塞上负荷的增长，主活塞移动行程为 s_1，低压气室体积缩小至 V_{A1}，压力增加到 p_{A1}，设此时 $p_{A1}=p_{B0}$，则有：

$$p_{A1}V_{A1}^m = p_{A0}V_{A0}^m,\quad V_{A1} = V_{A0}\left(\frac{p_{A1}}{p_{A0}}\right)^{-\frac{1}{m}} = V_{A0}\left(\frac{p_{B0}}{p_{A0}}\right)^{-\frac{1}{m}} \tag{5-39}$$

令比压系数 $B_p = \dfrac{p_{B0}}{p_{A0}}$，则：

$$V_{A1} = V_{A0}B_p^{-\frac{1}{m}} \tag{5-40}$$

将 V_{A1} 值代入 $s_1 = (V_{A0} - V_{A1})/A$ 简化得：

$$s_1 = (V_{A0} - V_{A0}B_p^{-\frac{1}{m}})/A = V_{A0}(1 - B_p^{-\frac{1}{m}})/A = h_0(1 - B_p^{-\frac{1}{m}}) \tag{5-41}$$

s_1 即为低压气室工作区段结束时主活塞的行程。

低压气室工作区段压力和主活塞行程 s 的关系可写成如下方程式：

$$p = p_{A0}(1 - s/h_0)^{-m} \quad (p \leqslant p_{A1},\ s \leqslant s_1) \tag{5-42}$$

又因

$$p_0 = (p_{A0} - p_a)A$$

p_a 值略去不计，有：

$$P_0 = p_{A0}A \tag{5-43}$$

$$P = p_{A0}A(1 - s/h_0)^{-m} \tag{5-44}$$

且有：

$$\frac{P}{P_0} \approx \frac{p}{p_{A0}} = (1 - s/h_0)^{-m} \quad (p \leqslant p_{B0},\ s \leqslant s_1) \tag{5-45}$$

2）高压、低压气室共同工作阶段

随着外负荷 P 的增加，主活塞行程增加到 $s(s > s_1)$，$p_A > p_B$，此时两个气室共同工作，且压力相等$(p_A = p_B = p)$，故有：

$$p(V_A + V_B)^m = p_{B0}(V_{A1} + V_{B0})^m \tag{5-46}$$

因

$$V_A + V_B = V_{A0} + V_{B0} - sA \tag{5-47}$$

且

$$p_{B0} = p_{A1} = p_{A0}(V_{A0}/V_{A1})^m \tag{5-48}$$

$$p_{B0}/p_{A0} = B_p$$

则有：

$$V_{A1} = V_{A0}B_p^{-\frac{1}{m}}$$

代入式（5-46）得：

$$\frac{p}{p_{B0}} = \frac{(V_{A1} + V_{B0})^m}{(V_{A0} + V_{B0} - sA)^m} = \frac{(V_{A1} + V_{B0})^m}{V_{A0}^m\left(1 + \dfrac{V_{B0}}{V_{A0}} - \dfrac{sA}{V_{A0}}\right)^m} \tag{5-49}$$

令 $\dfrac{V_{B0}}{V_{A0}} = B_V$，$B_V$ 为高压气室初始充气体积 V_{B0} 与低压气室初始充气体积 V_{A0} 的比值，称为比容系数。则有：

$$\frac{p}{p_{B0}} = \left(\frac{V_{A1} + V_{B0}}{V_{A0}}\right)^m\left(1 + B_V - \frac{s}{h_0}\right)^{-m} \tag{5-50}$$

将 $p_{B0} = p_{A0}\left(\dfrac{V_{A0}}{V_{A1}}\right)^m$ 代入式（5-50）得：

$$p=p_{A0}\left(\frac{V_{A0}}{V_{A1}}\right)^m\left(\frac{V_{A1}+V_{B0}}{V_{A0}}\right)^m\left(1+B_V-\frac{s}{h_0}\right)^{-m} \tag{5-51}$$
$$=p_{A0}\left(1+\frac{V_{B0}}{V_{A1}}\right)^m\left(1+B_V-\frac{s}{h_0}\right)^{-m}$$
$$=p_{A0}\left(1+\frac{V_{B0}}{V_{A0}}\cdot\frac{V_{A0}}{V_{A1}}\right)^m\left(1+B_V-\frac{s}{h_0}\right)^{-m}$$

由式（5－40）知$\frac{V_{A0}}{V_{A1}}=B_p^{\frac{1}{m}}$，代入式（5－51）得：

$$p=p_{A0}(1+B_VB_p^{\frac{1}{m}})^m\left(1+B_V-\frac{s}{h_0}\right)^{-m} \tag{5-52}$$

略去大气压力p_a可得：

$$\frac{P}{P_0}\approx\frac{p}{p_{A0}}=(1+B_V\cdot B_p^{\frac{1}{m}})^m\left(1+B_V-\frac{s}{h_0}\right)^{-m} \tag{5-53}$$

$$P=pA=p_{A0}A(1+B_V\cdot B_p^{\frac{1}{m}})^m\left(1+B_V-\frac{s}{h_0}\right)^{-m}\quad(p>p_{B0},\ s>s_1) \tag{5-54}$$

式（5－54）即为双气室油气弹簧在高压气室工作区段($s>s_1$，$p>p_{B0}$)的特征方程，高、低压气室工作区段的分界点（或称转折点）为s_1，比压系数B_p、比容系数B_V和分界点s_1对车辆的悬挂性能关系很大。

2. 刚度计算

双气室油气弹簧低压工作区段的刚性可由式（5－44）对行程s求导获得：

$$K_1=\frac{p_{A0}Am}{h_0}\left(1-\frac{s}{h_0}\right)^{-(m+1)}\quad(s\leqslant s_1) \tag{5-55}$$

高压工作区段的刚性可由式（5－54）对s求导求得：

$$K_2=\frac{p_{A0}Am}{h_0}(1+B_V\cdot B_p^{\frac{1}{m}})^m\left(1+B_V-\frac{s}{h_0}\right)^{-(m+1)}\quad(s>s_1) \tag{5-56}$$

由以上两式可求得不同行程s的弹簧刚性。

5.2.3.3　双气室—反压气室式油气弹簧

双气室—反压气室式油气弹簧（见图5－27）比单气室油气弹簧多一个作用力方向相反的反压气室和浮动活塞。

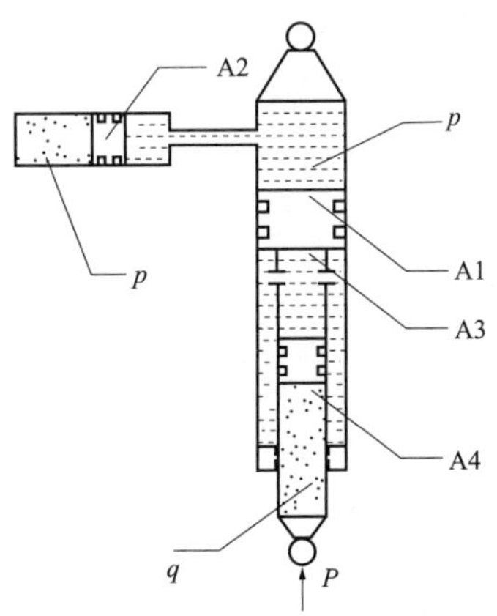

图5－27　双气室—反压气室式油气弹簧

1. 悬挂特性

履带车辆油气悬挂一般不设置单独的反压气室，而是采用环形的、与工作缸连接在一起的反压气室［见图 5－28（b）］。采用这种油气悬挂对车轮能起反行程限制器的作用。在水、陆两用坦克上采用这种悬挂是为了坦克在水上航行时，反向的作用力能收起负重轮，减少航行阻力，提高航速。

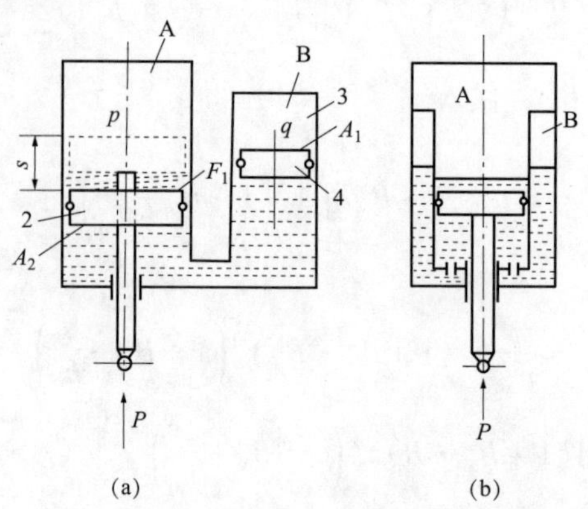

图 5－28 反压气室式油气弹簧分析模型

（a）分置式；（b）整体式

1，2，3—活塞

设

p——气室 A 的绝对压力；

p_0——初始载荷 P_0 作用下气室 A 的绝对压力；

q——气室 B 的绝对压力；

q_0——初始载荷时气室 B 的绝对压力；

A_1——A 气室气压作用于活塞 2 正面的面积；

A_2——B 气室气压作用于活塞 2 背面的面积；

A_3——B 气室气压作用于浮动活塞 4 上的面积；

V——气室 A 的体积；

V_q——气室 B 的体积；

s——活塞 2 从初始位置开始的行程；

$\Delta V = A_1 s$，即相应行程 s 体积 V 的变化量；

$\Delta V_q = A_2 s$，即相应行程 s 体积 V_q 的变化量。

活塞 2 力的平衡式为

$$P = (p - p_a)A_1 - (q - p_a)A_2 = pA_1 - qA_2 - p_a(A_1 - A_2) \tag{5-57}$$

p_a为大气压力，在初始位置有：

$$P_0 = (p_0 - p_a)A_1 - (q_0 - p_a)A_2 = p_0A_1 - q_0A_2 - p_a(A_1 - A_2) \tag{5-58}$$

$$p = p_0\left(1 - \frac{s}{h_0}\right)^{-m} \tag{5-59}$$

设 A、B 气室气体多变指数相同，则：

$$q = q_0\left(\frac{V_{q0}}{V_q}\right)^m,\ V_q = V_{q0} + \Delta V_q \tag{5-60}$$

$$q = q_0\left(1 + \frac{\Delta V_q}{V_q}\right)^{-m}, \quad \Delta V_q = A_2 s = \frac{A_2}{A_1}\Delta V \tag{5-61}$$

因此

$$q = q_0\left(1 + \frac{A_2\Delta V}{A_1 V_{q0}}\right)^{-m} = q_0\left(1 + \frac{V_0 A_2}{V_{q0}A_1}\cdot\frac{\Delta V}{V_0}\right)^{-m} \tag{5-62}$$

令 $\mu = \frac{V_0 A_2}{V_{q0}A_1}$，式（5-62）可写成：

$$q = q_0\left(1 + \mu\frac{\Delta V}{V_0}\right)^{-m} = q_0\left(1 + \mu\frac{s}{h_0}\right)^{-m} \tag{5-63}$$

μ 的物理意义可写成：

$$\mu = \frac{V_0 A_2}{V_{q0}A_1} = \frac{V_0/A_1}{V_{q0}/A_2} = \frac{h_0}{h_{q0}} \tag{5-64}$$

μ 即为正、反气室初始气柱长度 h_0 和 h_{q0} 的比值。

将式（5-59）和式（5-63）中的 p、q 值代入式（5-57）得有反压气室油气弹簧的特性为

$$P = \frac{p_0 A_1}{\left(1 - \frac{s}{h_0}\right)^m} - \frac{q_0 A_2}{\left(1 + \mu\frac{s}{h_0}\right)^m} - p_a(A_1 - A_2) \tag{5-65}$$

若 p_a 忽略不计，则有：

$$P \approx p_0 A_1\left(1 - \frac{s}{h_0}\right)^{-m} - q_0 A_2\left(1 + \mu\frac{s}{h_0}\right)^{-m} \tag{5-66}$$

初始位置 $s=0$，代入上式得：

$$P_0 \approx p_0 A_1 - q_0 A_2 \tag{5-67}$$

以式（5-65）除以式（5-67）得：

$$\frac{P}{P_0} = \frac{\left(1 - \frac{s}{h_0}\right)^{-m} - \frac{q_0 A_2}{p_0 A_1}\left(1 + \mu\frac{s}{h_0}\right)^{-m}}{1 - \frac{q_0 A_2}{p_0 A_1}} \tag{5-68}$$

令 $\xi = \frac{A_2 q_0}{A_1 p_0}$ 得：

$$\frac{P}{P_0} = \frac{\left(1 - \frac{s}{h_0}\right)^{-m} - \xi\left(1 + \mu\frac{s}{h_0}\right)^{-m}}{1 - \xi} \tag{5-69}$$

ξ 的物理意义即初始位置时作用于主活塞背面力和正面力的比值。

式（5-69）表明油气弹簧所有参数（V_0，V_{q0}，p_0，q_0，A_1，A_2）可用两个参数 μ 和 ξ 描述，$\frac{P}{P_0}$ 亦可由它们确定。

式（5-66）写成下式，即可计算弹簧特性：

$$P = p_0 A_1\left[\left(1 - \frac{s}{h_0}\right)^{-m} - \xi\left(1 + \mu\frac{s}{h_0}\right)^{-m}\right] \tag{5-70}$$

2. 刚度计算

油气弹簧的刚性 K 可由式（5-70）对 s 求导获得：

$$K=\frac{\mathrm{d}P}{\mathrm{d}s}=\frac{p_0A_1m}{h_0}\left[\left(1-\frac{s}{h_0}\right)^{-(m+1)}+\mu\xi\left(1+\mu\frac{s}{h_0}\right)^{-(m+1)}\right] \tag{5-71}$$

油气弹簧刚性 K 亦可由式（5－57）（略去 p_a）对 s 求导获得，即

$$\begin{aligned} K&=\frac{\mathrm{d}P}{\mathrm{d}s}=A_1\frac{\mathrm{d}p}{\mathrm{d}s}-A_2\frac{\mathrm{d}q}{\mathrm{d}s} \\ \frac{\mathrm{d}p}{\mathrm{d}s}&=-\frac{mp_0V_0^m}{V^{m+1}}\cdot\frac{\mathrm{d}V}{\mathrm{d}s}=\frac{A_1mp_0V_0^m}{V^{m+1}}=\frac{A_1mp}{V} \\ \frac{\mathrm{d}q}{\mathrm{d}s}&=-\frac{mq_0V_{q0}^m}{V_q^{m+1}}\cdot\frac{\mathrm{d}V_q}{\mathrm{d}s}=\frac{A_2mq_0V_{q0}^m}{V_q^{m+1}}=-\frac{A_1mq}{V_q} \\ K&=\frac{A_1^2mp}{V}+\frac{A_2^2mq}{V_q} \end{aligned} \tag{5-72}$$

求得的 K 与式（5－71）相同，但式（5－71）中 K 为 s 的函数，其使用较方便。

5.2.4 油气悬挂装置的设计计算

5.2.4.1 摆动缸筒式油气悬挂装置

1. 选型

现假设已选定结构形式为外置、不可调、单气室、整体缸筒式，其工作简图如图 5－29 所示。以下介绍如何决定其基本尺寸参数并计算其悬挂特性。其他结构形式可依照此计算方法进行计算。

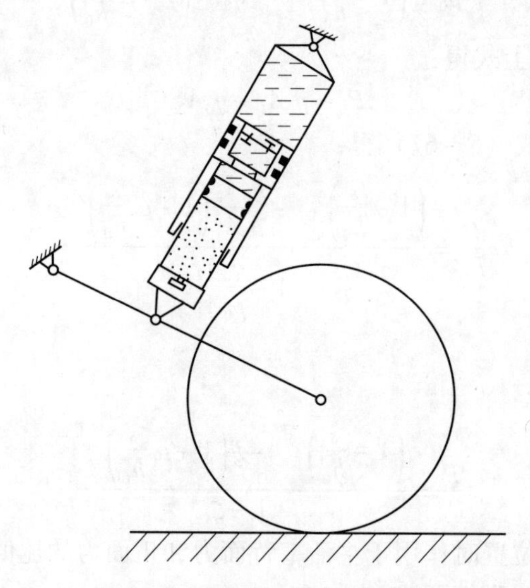

图 5－29 摆动缸筒式油气悬挂

2. 安装杠杆比

如图 5－30 所示，在确定摆动缸筒式油气悬挂布置参数时，首先根据总体设计确定平衡肘静倾角位置，油气弹簧与平衡肘连接点的位置在满足布置条件的情况下离负重轮重心越近越好，图 5－30 中选取点 B_j 为连接点，且在静平衡位置时应使油气弹簧轴线垂直于平衡肘，即设计时从油气弹簧与平衡肘连接点处作垂直于平衡肘轴线的直线，油气弹簧将布置在轴线某处。根据车辆甲板布置位置的要求在垂线上选择一点作为油气弹簧的

上安装点，即点 A。

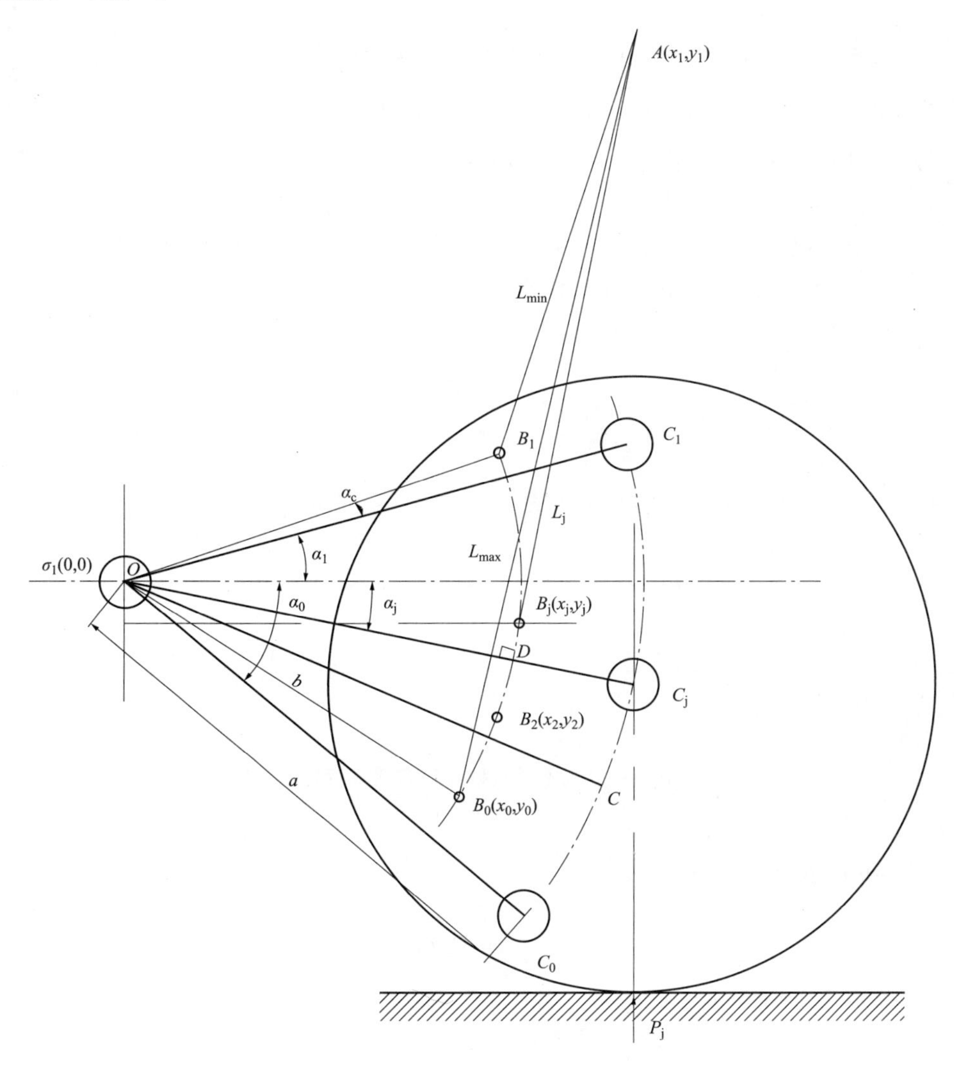

图5-30　摆动缸筒式油气悬挂简图

3. 决定静置气压 p_j 和主活塞面积 A_h

由静置位置的力矩平衡式可得：

$$P_j a\cos\alpha_j = p_j A_h OD \tag{5-73}$$

式中，负重轮静负荷 $P_j = \dfrac{G_x}{2n}$，O 点至 AB_j 的垂直距离为 OD，可用作图或计算确定。

A_h 可按结构及布置确定，之后则可求得 p_j。

提高 p_j 虽可减小活塞面积 A_h，但最大油压也会相应增大，因此一般总是根据布置可能取较大的 A_h。

4. 计算主活塞的各种行程（s_j、s_d 及 s）

因 $\angle B_1OC_1 = \alpha_c$，已知 B_0、B_j、B_1 点坐标相应为 $[b\cos(\alpha_0-\alpha_c),\ -b\sin(\alpha_0-\alpha_c)]$，$[b\cos(\alpha_j-\alpha_c),\ -b\sin(\alpha_j-\alpha_c)]$ 和 $[b\cos(\alpha_1-\alpha_c),\ -b\sin(\alpha_1-\alpha_c)]$，规定 α 在水平线以下为正，水平线以上为负。初始位置、极限位置、静置位置、任意位置铰链中心矩为

$$\left.\begin{aligned}AB_0=L_{max}&=\sqrt{[x_1-b\cos(\alpha_0-\alpha_c)]^2+[y_1-b\sin(\alpha_0-\alpha_c)]^2}\\AB_1=L_{min}&=\sqrt{[x_1-b\cos(\alpha_1-\alpha_c)]^2+[y_1-b\sin(\alpha_1-\alpha_c)]^2}\\AB_j=L_j&=\sqrt{[x_1-b\cos(\alpha_j-\alpha_c)]^2+[y_1-b\sin(\alpha_j-\alpha_c)]^2}\\AB=L&=\sqrt{[x_1-b\cos(\alpha-\alpha_c)]^2+[y_1-b\sin(\alpha-\alpha_c)]^2}\end{aligned}\right\}\tag{5-74}$$

则：

$$s_{max}=L_{max}-L_{min},\ s_d=L_j-L_{min},\ s_j=L_{max}-L_j,\ s=L_{max}-L\tag{5-75}$$

5. 限定最大油压 p_{max}，求静置时气柱长度 h_j

计算公式如下：

$$h_j=\frac{s_d\sqrt[m]{p_{max}}}{\sqrt[m]{p_{max}}-\sqrt[m]{p_j}}\tag{5-76}$$

式中，m——气体的多变指数。

简单气室的气柱长度和浮动活塞行程变化如图 5-31 所示。

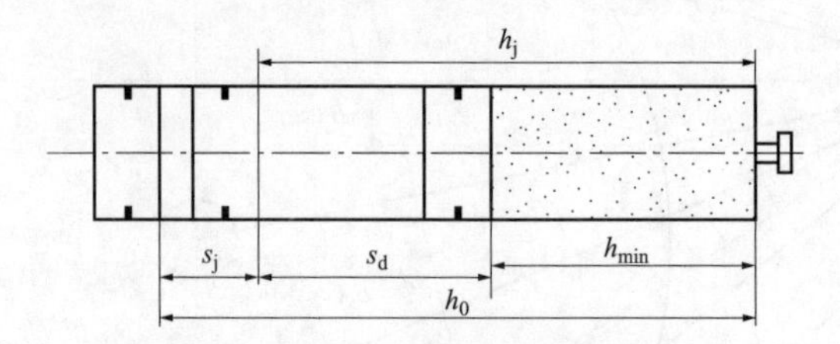

图 5-31 不同气柱长度与活塞行程

6. 决定初始充气压力 p_0

由 $p_jh_j^m=p_0h_0^m$ 及 $h_0=h_j+s_j$ 得：

$$p_0=\left(\frac{h_j}{h_0}\right)^m p_j\tag{5-77}$$

7. 油气悬挂特性计算

从负重轮的初始安装位置（相当气室的初时充气压力 p_0）到动力位置（相当气室为最大压力 p_{max}），随着 α 的变化（由 α_0 到 α_1）可逐点求得负重轮的负荷 P 及行程 f，绘出悬挂特性曲线。

过 A、B 两点的直线方程为

$$\begin{vmatrix}x&y&1\\x_1&y_1&1\\x_2&y_2&1\end{vmatrix}=0\tag{5-78}$$

将式（5-78）化为 $Ax+By+C=0$ 的形式，则：

$$\left.\begin{aligned}A&=y_1-y_2\\B&=x_2-x_1\\C&=x_1y_2-x_2y_1\end{aligned}\right\}\tag{5-79}$$

其中，x_1、y_1（上铰链点坐标）为常量，x_2、y_2（下铰链点坐标）为变量，即：

$$\begin{cases}x_2=b\cos(\alpha-\alpha_c)\\y_2=b\sin(\alpha-\alpha_c)\end{cases}\tag{5-80}$$

x_2、y_2均为变量α的函数，则A、B、C亦为α的函数。过任一点(x_0，y_0)到该直线的垂直距离为

$$D=\frac{|Ax_0+By_0+C|}{\sqrt{A^2+B^2}} \tag{5-81}$$

则过原点O至该直线的垂直距离为

$$D=\frac{|C|}{\sqrt{A^2+B^2}} \tag{5-82}$$

故D亦为α的函数，不同的α可得不同的$D(\alpha)$值。

气室浮动活塞的行程为$s=L_{\max}-L$，因：

$$L=\sqrt{[x_1-b\cos(\alpha-\alpha_c)]^2+[y_1-b\sin(\alpha-\alpha_c)]^2} \tag{5-83}$$

故s亦为α的函数。

随着s的变化，气室压力p_u可由下式求得：

$$p_u=p_0\left(\frac{h_0}{h_0-s}\right)^m \tag{5-84}$$

油气弹簧的弹力为

$$P_u=p_uF_u=p_0F_h\left(\frac{h_0}{h_0-s}\right)^m \tag{5-85}$$

将油气弹簧的力换算到负重轮轴上得：

$$P_j=\frac{P_uD(\alpha)}{a\cos\alpha} \tag{5-86}$$

负重轮行程f为

$$f=a(\sin\alpha_0-\sin\alpha) \tag{5-87}$$

8. 油气悬挂刚度计算

悬挂刚度：

$$K_x=\frac{dP_f}{df}=\frac{dP_f/d\alpha}{df/d\alpha} \tag{5-88}$$

$$\frac{dP_f}{d\alpha}=\frac{d}{d\alpha}\left[\frac{P_uD(\alpha)}{a\cos\alpha}\right]=\frac{\left[\frac{dP_u}{d\alpha}D(\alpha)+\frac{dD(\alpha)}{d\alpha}P_u\right]\cos\alpha+\sin\alpha P_uD(\alpha)}{a\cos^2\alpha} \tag{5-89}$$

式中，$\frac{dP_u}{d\alpha}=\frac{dP_u}{ds}\cdot\frac{ds}{d\alpha}$，$\frac{dP_u}{ds}$即油气弹簧的刚度，对于单气室油气弹簧前已求得：

$$K=\frac{dP_u}{ds}=\frac{P_0m}{h_0}\left(1-\frac{s}{h_0}\right)^{-(m+1)} \tag{5-90}$$

$$\frac{ds}{d\alpha}=\frac{d}{d\alpha}(L_{\max}-L)=\frac{d}{d\alpha}\left[L_{\max}-\sqrt{(x_1-x_2)^2+(y_1-y_2)^2}\right] \tag{5-91}$$

式中，x_2，y_2——变量。

化简得：

$$\frac{ds}{d\alpha}=\frac{(x_1-x_2)y_2-(y_1-y_2)x_2}{L} \tag{5-92}$$

$$\frac{\mathrm{d}[D(\alpha)]}{\mathrm{d}\alpha}=\frac{\mathrm{d}}{\mathrm{d}\alpha}\left[\frac{|C|}{\sqrt{A^2+B^2}}\right]=\frac{\frac{\mathrm{d}|C|}{\mathrm{d}\alpha}\sqrt{A^2+B^2}-\frac{\mathrm{d}\sqrt{A^2+B^2}}{\mathrm{d}\alpha}|C|}{A^2+B^2} \tag{5-93}$$

$$\frac{\mathrm{d}|C|}{\mathrm{d}\alpha}=\frac{\mathrm{d}}{\mathrm{d}\alpha}(|x_1y_2-y_1x_2|)=x_1x_2+y_1y_2 \tag{5-94}$$

$$\frac{\mathrm{d}\sqrt{A^2+B^2}}{\mathrm{d}\alpha}=\frac{b[A\cos(\alpha-\alpha_c)-B\sin(\alpha-\alpha_c)]}{\sqrt{A^2+B^2}} \tag{5-95}$$

将A、B值带入化简得：

$$\frac{\mathrm{d}\sqrt{A^2+B^2}}{\mathrm{d}\alpha}=D(\alpha) \tag{5-96}$$

因$f=a(\sin\alpha_0-\sin\alpha)$，则：

$$\frac{\mathrm{d}f}{\mathrm{d}\alpha}=-a\cos\alpha \tag{5-97}$$

逐级回代可求得悬挂刚度的解析式。

9. 垂直振动周期T_1的计算

微幅垂直振动周期T_1可用下式计算，一般只计算平衡位置处垂直振动周期T_{1j}：

$$T_{1j}=2\pi\sqrt{\frac{h_j}{gm}} \tag{5-98}$$

5.2.4.2 固定缸筒式油气悬挂装置

图5－32所示为MBT70（KP_Z70）油气悬挂原理图，包括固定缸筒、对置双动力油缸、双蓄能器，其性能和结构特点如下：

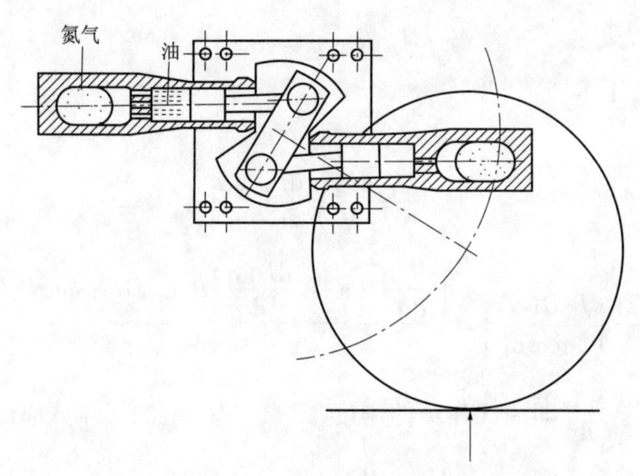

图5－32 MBT70油气悬挂原理图

（1）带有减振器、平衡肘、负重轮轴的完整油气悬挂总成用8个螺栓固定在侧装甲板上，拆装方便，散热良好。

（2）能调节车体升降、俯仰及侧倾。15s内使车体升高550mm，使用功率约37.28kW。

（3）能实现悬挂闭锁。

（4）负重轮正行程为450mm，负重轮负荷变化范围为40 000～200 000N。油气弹簧有高、低压两个气室。

（5）氮气封装在四周被钢质壳体包围的塑料薄膜内，有效防止了油、气混合。初始充气压力为20MPa，最大气压为80MPa。该总成曾在160MPa压力下通过考验。由于压力较高，部件做得轻小、紧凑，整个总成包括平衡肘和负重轮轴在内质量仅为250kg。

（6）缸筒由油缸和蓄能器组成，两个缸筒呈对置形式，左、右活塞力相互抵消，减轻了主轴承的负荷。活塞的往复运动被转换成旋转运动，并产生一个力矩，通过轴传到外侧，平衡肘即装在此轴上。

履带式装甲车辆固定缸筒式动力缸，缸体与车体甲板固定连接，便于管道连接，有利于向车体散热。它是一个曲柄滑块机构，曲柄与平衡肘轴固接，有相同的转角，总转角 $\theta_{M}=\alpha_{d}-\alpha_{0}$。曲柄半径 r_{s}应大于平衡肘大端外径及连杆接头外径之和的一半。为减小工作过程中连杆对缸筒轴心线的摆角，减小活塞上的径向力，宜使缸筒轴心线平行于曲柄上、下止点的连线，连杆长度 l_{g}应大于上述连线长度与活塞轴向长度之和。缸筒轴心线宜过平衡肘轴心对前述连线所作垂足到曲柄外径的中点 O。

以该点为原点 O，上述垂线为 y 轴，缸筒轴心线为 w 轴，建立 Oyw 坐标系，如图5－33所示。

曲柄在下止点（起点）与 y 轴的夹角为 $-\frac{1}{2}\theta_{M}$，曲柄在任意位置与 y 轴的夹角 β 为

$$\beta=-\frac{1}{2}\theta_{M}+\theta=a-\frac{1}{2}(\alpha_{d}+\alpha_{0}) \quad (\theta=\alpha-\alpha_{0}) \tag{5-99}$$

曲柄与连杆铰链的 y 坐标：

$$y=r_{s}\cos\beta-a \tag{5-100}$$

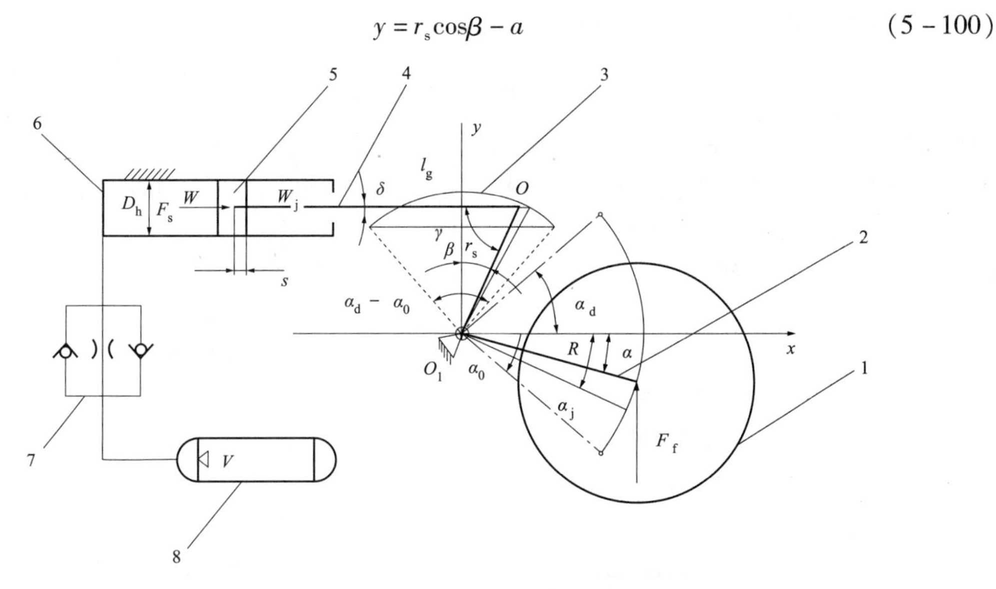

图5－33 固定缸体式油气悬挂工作原理简图

1—负重轮；2—平衡肘；3—曲柄；4—连杆；
5—活塞；6—油缸；7—减振阀；8—储能器

连杆与缸筒轴线的夹角 δ 为

$$\delta=\arcsin\left(\frac{y}{l_{g}}\right) \tag{5-101}$$

连杆与活塞铰链点的 w 坐标为

$$w=r_{s}\sin\beta+l_{g}\cos\delta \tag{5-102}$$

连杆与曲柄间的夹角 γ 为

$$\gamma=\frac{\pi}{2}+\beta-\delta \tag{5-103}$$

气体弹簧的行程 s，即活塞相对于其安装位置的位移为

$$s=w-w_0 \tag{5-104}$$

由气体弹簧弹性力 F_s 和负重轮轴上弹性力 F_f 对平衡肘轴心 O_1 的力矩平衡关系有：

$$\frac{F_s}{\cos\delta}\cdot r_s\sin\gamma=F_fR\cos\alpha \tag{5-105}$$

故有：

$$F_f=iF_s \tag{5-106}$$

式中，i——传动比。

对于固定缸筒式液气悬挂：

$$i=\frac{F_f}{F_s}=\frac{r_s}{R}\cdot\frac{\sin\gamma}{\cos\delta\cos\alpha} \tag{5-107}$$

负重轮上的动态弹性力：

$$F_{fs}=F_f-F_{fj} \tag{5-108}$$

负重轮的行程 f 为

$$f=R\ (\sin\alpha-\sin\alpha_j) \tag{5-109}$$

与负重轮行程 f 对应的平衡肘倾角 α 为

$$\alpha=\arcsin\left(\frac{f}{R}+\sin\alpha_j\right) \tag{5-110}$$

可逐步计算 β、γ、δ、γ、w、s、F_s、i，从而算出 F_{fs}，建立 $F_{fs}-f$ 的特性曲线。

设计固定缸体式油气悬挂时，由行动系统总体设计确定 F_{fj}、R 和 α_j，根据对悬挂系统的要求确定 k_j、f_j 和 $[f_d]$，这样 α_0、α_d、θ_j 和 θ_M 也就确定了。

［例］已知下列数据：

车辆全重	$G_p=200\text{kN}$
悬挂重量	$G_x=185\text{kN}$
每侧负重轮个数	$n=5$
车底距地高	$h=450\text{mm}$
负重轮直径	$D_f=760\text{mm}$
平衡肘长度	$R=250\text{mm}$
履带板厚度	$h_b=50\text{mm}$
负重轮静行程	$f_j=78\text{mm}$
负重轮动行程	$[f_d]=196\text{mm}$
负重轮橡胶变形量	$\delta=5\text{mm}$
扭杆中心距车底高	$h_0=40\text{mm}$
车体绕过重心横轴转动惯量	$I=99\ 600\text{kgm}^2$
扭杆悬挂静刚度	$k_j=200\text{N/mm}$
扭杆材料的剪切弹性模量	$G=77\text{GPa}$
扭杆许用剪切应力	$[\tau]=1\ 000\text{MPa}$

悬挂静载荷 F_{fj} 与平衡肘静倾角 α_j 的计算方法和扭杆弹簧相同，这里 $F_{fj}=18\ 500\text{N}$，$\alpha_j=-15.07°$（负号表示逆时针方向）。

平衡肘安装角 α_0 为

$$\alpha_0=\arcsin\left(\frac{-f_j}{R}+\sin\alpha_j\right)=\arcsin\left[\frac{-78}{250}+\sin(-15.07°)\right]=-34.9°$$

平衡肘设计动倾角 α_d 为

$$\alpha_d=\arcsin\left(\frac{[f_d]}{R}+\sin\alpha_j\right)=\arcsin\left[\frac{196}{250}+\sin(-15.07°)\right]=31.8°$$

平衡肘静扭角 θ_j 为

$$\theta_j=\alpha_j-\alpha_0=-15.07°-(-34.9°)=19.8°$$

曲柄总转角 θ_M 为

$$\theta_M=\alpha_d-\alpha_0=31.8°-(-34.9°)=66.7°$$

设计固定缸体式油气悬挂时，先按照前述要求确定曲柄半径 r_s 和连杆长度 l_g，从而也就确定了活塞的动、静行程 s_d、s_j 以及传动比 i。

这里取 $r_s=200\text{mm}$，$l_g=500\text{mm}$。

按前面给出的公式计算得：

活塞的动行程 s_d 为

$$s_d=w_d-w_0=609.7-389.8=219.9\ (\text{mm})$$

活塞的静行程 s_j 为

$$s_j=w_j-w_0=453.4-389.8=63.6\ (\text{mm})$$

静平衡位置的传动比 i_j 为

$$i_j=\frac{r_s}{R}\frac{\sin\gamma_j}{\cos\delta_j\cos\alpha_j}=\frac{200}{250}\times\frac{\sin(75.3°)}{\cos1.26°\cos(-15°)}=0.8$$

根据静力平衡关系，由储能器的许用静压力 $[p_j]$ 确定动力缸活塞面积 A_h：

$$A_h=\frac{F_{fj}}{i_j([p_j]-p_a)} \tag{5-111}$$

现有油气悬挂储能器的 $[p_j]\leqslant7\text{MPa}$，$[p_M]\leqslant30\text{MPa}$，在散热和密封许可的情况下，也可取 $[p_j]\leqslant11\text{MPa}$，$[p_M]\leqslant45\text{MPa}$。$p_a$ 为大气压力，取 0.1MPa。

这里取 $[p_j]=7\text{MPa}$，则动力缸活塞面积 A_h 为

$$A_h=\frac{F_{fj}}{i_j([p_j]-p_a)}=\frac{18\ 500}{0.8\times(7-0.1)}=3\ 346\ (\text{mm}^2)$$

活塞的外直径（动力缸的内直径）D_h 为

$$D_h=\sqrt{4A_h/\pi}=\sqrt{4\times3\ 346/\pi}=65.4\ (\text{mm})$$

油气悬挂的动力液压油缸的壁厚 S 和液压油缸的内径 D_h 有关。

当 $S/D_h<0.1$ 时，液压油缸的最小壁厚按下式求出：

$$S=\frac{p_{max}D_h}{2[\sigma]} \tag{5-112}$$

式中，$[\sigma]$——许用应力，$[\sigma]=\varphi\cdot\sigma_{0.2}/n$。

当 $S/D_h>0.1$ 时，壁厚为

$$S \geqslant 0.5D_{\mathrm{h}}\left(\sqrt{\frac{[\sigma]}{[\sigma]-1.73p_{\max}-1}}\right) \tag{5-113}$$

液压油缸底部厚度为

$$S' \geqslant 0.1D_{\mathrm{h}}\left(\sqrt{\frac{Kp_{\max}}{[\sigma]}}\right) \tag{5-114}$$

式中，K——底部形状系数，$K=0.3\sim0.5$。

油气弹簧的特性：

$$F_{\mathrm{s}}=\left[p_{\mathrm{j}}\left(1-\frac{s}{H_{s_{\mathrm{j}}}}\right)^{-m}-p_{\mathrm{a}}\right]A_{\mathrm{h}}$$

上式中唯一待定参数是 $H_{s_{\mathrm{j}}}$，可按照油气弹簧动态弹簧力（$F_{s_{\mathrm{d}}}=F_{\mathrm{s}}-F_{s_{\mathrm{j}}}$）所做的功与拟定的负重轮动态（线）弹性力 F_{fs} 所做的功相等的原理来解决这一问题。

$$F_{s_{\mathrm{d}}}=F_{\mathrm{s}}-F_{s_{\mathrm{j}}}=p_{\mathrm{j}}A_{\mathrm{h}}\left[\left(1-\frac{s}{H_{s_{\mathrm{j}}}}\right)^{-m}-1\right] \tag{5-115}$$

$$\int_0^{s_{\mathrm{d}}}F_{s_{\mathrm{d}}}\mathrm{d}s=\int_0^{[f_{\mathrm{d}}]}kf\mathrm{d}f \tag{5-116}$$

将 $F_{s_{\mathrm{d}}}$ 代入积分式，得到：

$$p_{\mathrm{j}}A_{\mathrm{h}}\left\{\frac{H_{s_{\mathrm{j}}}}{(1-n)}\left[\left(-1-\frac{s_{\mathrm{d}}}{H_{s_{\mathrm{j}}}}\right)^{(1-m)}+1\right]-s_{\mathrm{d}}\right\}=\frac{1}{2}k\,[f_{\mathrm{d}}]^2 \tag{5-117}$$

式（5－117）是 $H_{s_{\mathrm{j}}}$ 的方程，用数值法求解，得到 $H_{s_{\mathrm{j}}}$ 后，验算：

$$p_{\mathrm{M}}=p_{\mathrm{j}}\left(1-\frac{s_{\mathrm{d}}}{H_{s_{\mathrm{j}}}}\right)^{-m}\leqslant[p_{\mathrm{M}}] \tag{5-118}$$

充气过程可认为等温过程，一般在室温 T_0 下充气，油气悬挂工作温度 T 约为 353°K（80℃）左右，充气压 p_0 为

$$p_0=p_{\mathrm{j}}\left(1-\frac{s_{\mathrm{j}}}{H_{s_{\mathrm{j}}}}\right)^{-1}\left(\frac{T_0}{T}\right) \tag{5-119}$$

在此充气压力 p_0 下，气体弹簧室温 T_0 下的静行程 $s_{\mathrm{j}0}$ 为

$$p_0=p_{\mathrm{j}}\left(1-\frac{s_{\mathrm{j}}}{H_{s_{\mathrm{j}}}}\right)^{-1}\left(\frac{T_0}{T}\right)=p_{\mathrm{j}}\left(1-\frac{s_{\mathrm{j}0}}{H_{s_{\mathrm{j}}}}\right)^{-1} \tag{5-120}$$

$$s_{\mathrm{j}0}=H_{s_{\mathrm{j}}}\left(1-\frac{T}{T_0}\right)+s_{\mathrm{j}}\frac{T}{T_0}$$

$$|s_{\mathrm{j}0}|=H_{s_{\mathrm{j}}}\left(\frac{T}{T_0}-1\right)+|s_{\mathrm{j}}|\left(\frac{T}{T_0}\right)>|s_{\mathrm{j}}|\quad\left(\frac{T}{T_0}>1\right)$$

为使工作状态下油气悬挂正合适，停放时车底距地高要小一些，这样履带张紧度会松一点。

5.2.4.3 肘内式油气悬挂装置

肘内式液—气悬挂虽然只用在少数美国（和美商提供技术的）履带式装甲车辆上，但它的全部部件都在车外，不占用车内空间，有利于悬挂在车上的布置和散热，能避免高压容器安放在车内损坏后碎片伤害车内乘员，因而受到人们的关注。本部分只说明肘内式液—气悬挂需要单独讨论的问题。肘内式油气悬挂工作原理如图 5－34 所示。

1. 结构原理和悬挂特性

肘内式液—气悬挂的动力缸与平衡肘体做成一体，连杆一端铰接在车体上，另一端与活塞用球铰连接，当动力缸随平衡肘绕平衡肘轴心转动时，活塞沿缸筒轴向运动，使工作液进入或排出储能器，气体压强产生变化，动力缸轴心线与平衡肘体中心线有一定距离，但接近平行，可有一倾斜角 $\eta \leqslant 3°$，气体弹簧弹性力在平衡肘上的作用方向总是沿着动力缸轴心线。平衡肘绕其轴心转动过程中，动力缸轴心与平衡肘轴心的距离保持不变，弹簧弹性力对平衡肘轴心的作用力臂 r_s 即为上述距离。储能器与动力缸平行，可放在平衡肘体内（图5－34中未画出）。这种形式的液—气悬挂结构上与平衡肘合为一体，可减轻重量，但动力缸随平衡肘体摆动，不便电气线路和液压管道连接，发展为可控悬挂较为困难。动力缸、储能器与平衡肘做成一体，工艺要求高，难度大。

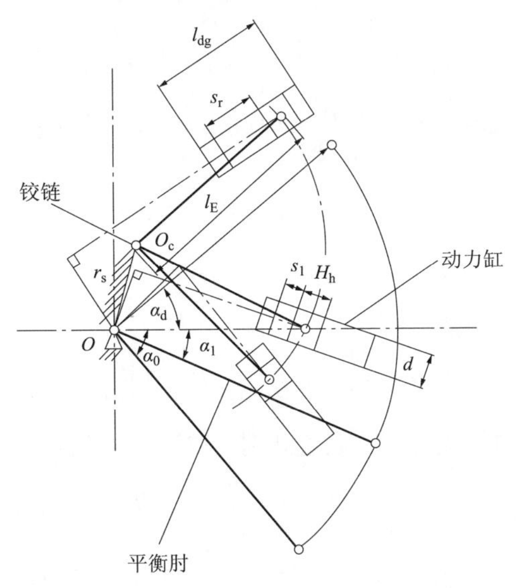

图5－34　肘内式油气悬挂工作原理

在建立悬挂特性计算式时，所用的符号除特别说明外均与上节相同，悬挂中储能器的工作原理与固定缸筒式液—气悬挂相同。

气体弹簧的弹性 F_s 为

$$F_s = (p - p_a) A_h$$

$$A_h = \frac{\pi}{4} D_h^{\ 2}$$

车辆静平衡位置气体弹簧弹性力为

$$F_{s_j} = (p_j - p_a) A_h$$

从而得到气体弹簧静压力 p_j 为

$$p_j = \frac{F_{s_j}}{A_h} + p_a$$

储能器内的压力为

$$p = p_j \left(1 - \frac{s}{H_{s_j}}\right)^{-m}$$

气体弹簧刚度为

$$k_s=\frac{dF_s}{ds}=A_h\frac{dp}{ds}=\frac{A_h np}{H_{s_j}-s}=\frac{n\ (F_s+A_h p_a)}{H_s},\ (H_s=H_{s_j}-s)$$

由对平衡肘轴心的力矩平衡，有：

$$F_s r_s=F_f R\cos\alpha \tag{5-121}$$

$$F_f=iF_s$$

式中，i——肘内式液—气悬挂传动比，$i=\frac{r_s}{R}\cdot\frac{1}{\cos\alpha}$。

由气体弹簧弹性力所做功增量与悬挂弹性力所做功增量相等得到：

$$F_s ds=F_f df \tag{5-122}$$

$$i=\frac{ds}{df}=\frac{r_s}{R}\cdot\frac{1}{\cos\alpha}$$

$$f=R\ (\sin\alpha-\sin\alpha_j)$$

将 $df=R\cos\alpha d\alpha$ 代入 i 的表达式中，得$\frac{ds}{d\alpha}=r_s$或 $ds=r_s d\alpha$，积分得到气体弹簧行程 s 的计算式为

$$s=r_s\ (\alpha-\alpha_j)\ =r_s\left[\arcsin\left(\frac{f}{R}+\sin\alpha_j\right)-\alpha_j\right] \tag{5-123}$$

悬挂动弹性力 $F_{fs}=F_f-F_{fj}$，从而得到悬挂特性 $F_{fs}-f$。

悬挂刚度即悬挂特性的斜率 k 为

$$k=\frac{dF_{fs}}{df}=\frac{dF_f}{df}=i^2 k_s+F_s\frac{di}{df} \tag{5-124}$$

将肘内式液—气悬挂的传动比 i 的表达式对 f 求导，得到：

$$\frac{di}{df}=\frac{di}{d\alpha}\cdot\frac{d\alpha}{df}=\frac{r_s}{R^2}\cdot\frac{\sin\alpha}{\cos^3\alpha} \tag{5-125}$$

有关等效气柱静高度 H_{s_j} 与充气压力 p_0 的计算原理和固定缸筒式液—气悬挂相同，这里不再讲述。

2. 设计要点

由静态位置平衡肘上力矩平衡，有：

$$\frac{\pi}{4}D_h^2 r_s[p_j]=F_{fj}R\cos\alpha_j \tag{5-126}$$

$r_s\approx(1.16\sim1.18)D_h$，如取 $r_s\approx1.17D_h$，则得到动力缸内径：

$$D_h=\sqrt[3]{\frac{4F_{fj}R\cos\alpha_j}{1.17\pi\ [p_j]}} \tag{5-127}$$

下面确定肘内式液—气悬挂的连杆在车体上铰接点的位置。由于平衡肘转动过程中，平衡肘轴心对动力缸轴心线所作垂线垂足的轨迹为绕该轴心的一段圆弧，其极坐标为（γ_s，β），即

$$\begin{cases}\gamma_s=\text{const} & \text{（常数，上面已求得）}\\ \beta=\alpha-\eta+\frac{\pi}{2} & (\eta\leqslant3°,\ \alpha_0\leqslant\alpha\leqslant\alpha_d)\end{cases} \tag{5-128}$$

如果连杆在车体上的铰链点在动力缸轴心线上，也就是上述圆弧的切线上，则运动到这一位置时，连杆便与动力缸同轴，活塞上将不产生径向力。

在上述圆弧的起点（P）、终点（Q）和中间点（T）分别作它们的切线，得到三个交点

A、B、C。铰链点选在这些交点，都能使活塞有两个位置没有径向力，而在其他位置上径向力与轴向力的比值可能比较大，从总体上看并不适宜，经反复比较，认为选取$\triangle ABC$内切圆圆心O_C作为连杆与车体的铰链点比较合适，如图5－35所示。

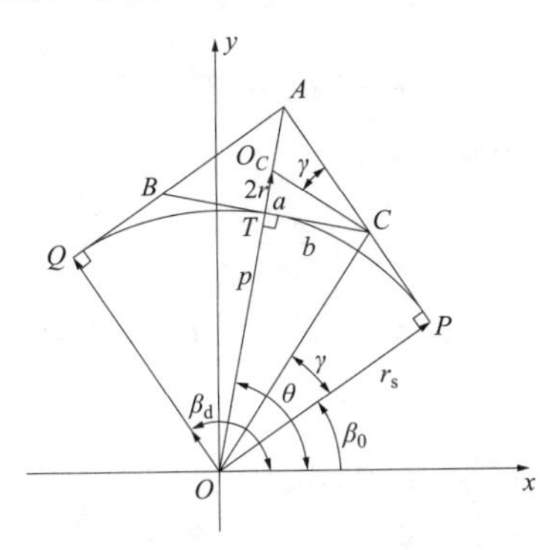

图5－35　连杆铰链点位置的确定

由于

$$\mathrm{Rt}\triangle AOP \cong \mathrm{Rt}\triangle AOQ$$

$$\angle AOP = \angle AOQ$$

$$\mathrm{Rt}\triangle TOC \cong \mathrm{Rt}\triangle COP$$

$$\angle TOC = \angle COP$$

$$\gamma = \angle TOC = \frac{1}{4}(\beta_d - \beta_0) = \frac{1}{4}(\alpha_d - \alpha_0)$$

$$\angle ACT = \frac{1}{2}(\alpha_d - \alpha_0) = 2\gamma$$

$\angle ACT$的分角线与AT交于Q_C，此即ΔABC内切圆的圆心。

$$\angle O_C CT = \gamma$$

$$b = TC = r_s \tan\gamma$$

$$a = O_C T = TC\tan\gamma = r_s \tan^2\gamma$$

$$\rho = OO_C = r_s + a = r_s\ (1 + \tan^2\gamma)\ = \frac{r_s}{\cos^2\gamma}$$

O_C点的极坐标为（ρ，θ），即

$$\begin{cases} \rho = r_s/\cos^2\gamma \\ \theta = \beta_0 + 2\gamma = \dfrac{\pi}{2} - \eta + \dfrac{1}{2}(\alpha_d + \alpha_0) \end{cases}$$

O_C点的直角坐标为

$$\begin{cases} x_C = \rho\cos\theta \\ y_C = \rho\sin\theta \end{cases}$$

活塞全行程：

$$S_T = r_s\ (\alpha_d - \alpha_0)$$

活塞长度：

$$H_h = (0.75 \sim 0.85)\ D_h$$

连杆长度：

$$l_g \approx S_T + H_h + \frac{1}{2}d_1 + (3 \sim 5)\ \text{mm}$$

式中，d_1——连杆铰链外径。

动力缸长度：

$$l_{dg} \approx S_T + 1.5H_h + (3 \sim 5)\ \text{mm}$$

例：$m = 18 \times 10^3 \text{kg}$，$m_s \approx 0.9\text{m}$，$n = 5$。

$$F_{fj} = \frac{18 \times 0.9 \times 9.81 \times 10^3}{2 \times 5} = 15.89 \times 10^3\ (\text{N})$$

取 $[p_j] = 7\text{MPa}$，$h_1 = 50\text{mm}$，$\delta = 5\text{mm}$，$D_f = 640\text{mm}$，$H = 420\text{mm}$，$h_0 = 70\text{mm}$，$R = 320\text{mm}$。

$$\alpha_j = \arcsin\left(\frac{50 - 5 + \frac{1}{2} \times 640 - 420 - 70}{320}\right) = \arcsin\left(\frac{-125}{320}\right) = -23°$$

$$f_j = -105\text{mm},\ f_d = 300\text{mm}$$

$$\alpha_0 = \arcsin\left(\frac{-125 - 105}{320}\right) = \arcsin\left(\frac{-230}{320}\right) = -45.95°$$

$$\alpha_d = \arcsin\left(\frac{-125 + 300}{320}\right) = \arcsin\left(\frac{175}{320}\right) = 33.15°$$

$$D_h = \sqrt[3]{\frac{4 \times 15.89 \times 10^3 \times 320\cos 23°}{1.17\pi \times 7}} = 89.95 \approx 90\ (\text{mm})$$

$$r_s \approx 1.17 \times 90 = 105.2,\ H_h = 0.78 \times 90 \approx 70,\ d_1 = 60$$

$$S_T = r_s(\alpha_d - \alpha_0) = 105.2 \times (33.15 + 45.95) \times \frac{\pi}{180} = 145.23$$

$$\gamma = \frac{1}{4} \times (33.15 + 45.95) = 19.78°$$

$$\begin{cases} \theta = 90° - 2° + \frac{1}{2} \times (33.15 - 45.95) = 81.6° & (\eta = 2°) \\ \rho = 105.2/\cos^2(19.78°) = 118.8\ (\text{mm}) \end{cases}$$

$$\begin{cases} x_C = 118.8\cos 81.6° = 17.4\ (\text{mm}) \\ y_C = 118.8\sin 81.6 = 117.5\ (\text{mm}) \end{cases}$$

$$l_g = 145.23 + 70 + \frac{60}{2} + (3 \sim 5) \approx 250\ (\text{mm})$$

$$l_{dg} = 145.23 + 70 \times 1.5 + (3 \sim 5) \approx 255\ (\text{mm})$$

5.2.5 油气弹簧的试验装置

油气弹簧的台架试验装置如图 5－36 所示，与减振器的试验装置相同，下一章将对该试验装置进行详细介绍。

图5-36　油气弹簧试验装置

第 6 章 阻尼元件

减振器是安装在车体和负重轮之间的阻尼部件，用来消耗车体的振动能量，衰减振动，以防止共振情况下车体振幅过大。军用车辆车身较长，俯仰振动显著，对驾驶员舒适性和射击准确性影响较大；由于在车首、尾安装减振器能够提供更大的阻尼力矩，现代履带和多轴轮式装甲车多在最前、最后 1 个或 2 个轮处安装减振器，以便有效地衰减车体俯仰振动。目前，国内军用车辆多采用液压减振器；德国的豹 2 系列和国内个别轻型坦克采用摩擦式减振器。

减振器吸功缓冲与弹性元件吸功缓冲不同。弹性元件变形吸功储存能量，随后还要释放出来，机械能守恒；减振器将吸收的振动能量转化为热能耗散掉，是一个不可逆的过程。减振器持续减振性能受最高工作温度下的散热功率的限制。

6.1 减振器的分类

1. *摩擦式减振器*

摩擦式减振器中摩擦阻尼消耗振动能量，衰减车体振动，其结构十分简单，热平衡温度高，但对于摩擦片的加工精度和材料等级要求高，目前我国的工业水平还难以生产出质量可靠的摩擦式减振器。豹 2 坦克（见图 6－1）和 M1 坦克的摩擦减振器采用摩擦式减振器和扭杆弹簧同轴布置，并使用长的平衡肘，可以有较大的负重轮总行程。

2. *液压减振器*

在阻尼系数相等的情况下，液压减振器的金属用量最少，结构最紧凑，性能稳定，易于调整。

目前广泛使用的液压减振器按结构不同可分为筒式减振器和叶片式减振器。筒式减振器又可分为单筒式减振器和双筒式减振器，其中双筒式减振器按布置形式不同又可分为普通双筒式减振器（内、外缸筒同心布置）和并联双筒式减振器。叶片减振器按结构不同可分为同轴式减振器和非同轴式减振器。

筒式液压减振器结构简单，制造工艺性好，工作性能稳定，在军用轻型履带车和轮式车中获得了广泛应用。筒式减振器通常布置在车体外，防护性差。

叶片式减振器本身牢固，又布置在负重轮内侧，防护性好；与车侧装甲大面积接触，提高了散热能力；制造比较复杂，质量和尺寸比较大；内部密封困难，缝隙多，阻尼力散布大；存在大量的缝隙流动，因此阻尼系数受液体黏度影响大，温衰明显。

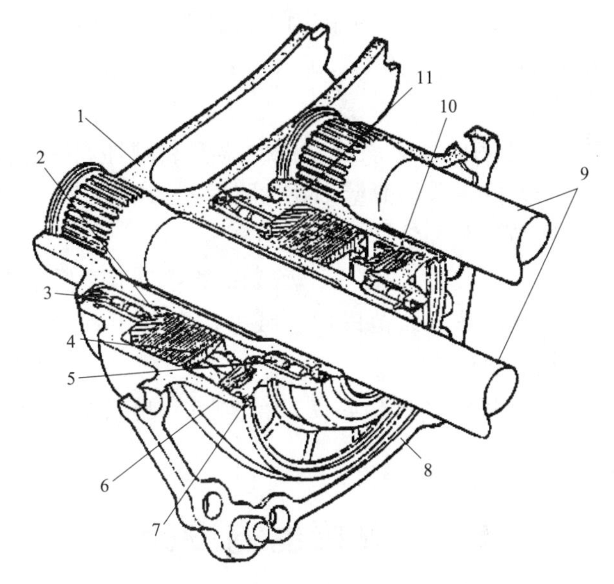

图6-1　豹2坦克摩擦式减振器

1—平衡肘；2—外齿摩擦片；3—平衡肘支撑轴承；4—内摩擦片；5—平衡肘轴承；6—侧装甲板；7—支撑盘；8—平衡肘支架壳体；9—扭杆；10—碟形弹簧组；11—扭杆支架

在减振器和扭杆弹簧同轴布置的情况下，减振器的发热容易使扭杆弹簧端部退火。

6.2　军用车辆减振器的基本要求

（1）军用履带车辆和轮式车辆对减振器的要求有所不同。轮式车辆由于采用充气胎，刚度较小，车轮轴实际的冲击速度较低，无须利用较大的压缩阻尼限制轮胎上跳，可以采用和乘用车减振器特性类似的减振器：减振器的压缩阻尼小于复原阻尼，以减小将路面不平度的冲击传给车体，大的复原阻尼可以有效衰减车体振动。对于履带车辆，由于采用实心胶胎的负重轮，车轮受到的实际冲击速度远大于轮式车，因此，减振器还应能够有效限制负重轮上跳，履带车采用的减振器大多的压缩和复原阻尼系数相等，甚至压缩阻尼系数大于复原阻尼系数。由于负重轮和车体重量之比远小于轮式车的比值，太大的复原阻尼会妨害负重轮上跳后的迅速复位，影响履带车辆的高速持续行驶能力，这也是履带车减振器复原阻尼系数不能过大的原因之一。

（2）减振器的安全阀应该有良好的卸荷能力。无论是轮式车还是履带车，由于行驶路面恶劣，车轮可能会受高速冲击（履带车会超过6m/s，轮式车会达到3m/s），如果没有安全阀、安全阀开启过慢或者安全阀最大流量不满足要求，则会造成减振器阻尼力急剧增大，甚至会损坏减振器和与之相连的悬挂导向杆，同时会将冲击传给车体，影响舒适性。减振器通常用双向安全阀。

（3）减振器应该有宽的工作温度范围，满足-43℃～120℃的国军标要求。上限工作温度越高，在同样的情况下，减振器的最高散热功率越大，吸收功率也越大，国外摩擦式减振器的上限工作温度可以超过300℃；液压减振器的下限工作温度主要取决于减振器油的特性，低的石蜡含量可以降低油的凝固点，改善减振器的低温性能。液压减振器的上限工作温度取决于橡胶密封件的耐高温性，氟橡胶具有较好的耐高温性，可超过220℃，但在低温下容易丧失弹性，无法满足国军标要求；目前国内军用减振器主要采用氢化丁腈橡胶作为密封件材料，其工作温度范围为 -45℃ ~140℃。另外，军用减振器的空气室要足够大，以补偿温升造成的减振器油膨胀。

（4）减振器在使用温度范围内，应该具有低的温度衰减性。一方面，可采用黏温特性较为平缓的减振器油；另一方面，采用薄壁小孔的阻尼孔结构，以减少阻尼力对减振器油黏度的依赖性（理想薄壁小孔节流只和液体密度有关）。

（5）减振器应具有良好的可靠性。轮式车辆减振器寿命不能低于 20 000km，履带车减振器的寿命不能低于 6 000km，在寿命范围内，减振器不能出现渗漏油和零部件损坏的情况，减振器阻尼系数衰减不能超过 40%。

（6）同一车辆使用的减振器最好规格相同，至少同一侧减振器规格相同，以降低后勤保障的压力。

6.3 减振器的设计

减振器的设计包括减振器的选型、减振器布置位置的确定和减振器结构参数的确定。

6.3.1 减振器的选型

由于单筒式减振器与同轴双筒式减振器和汽车减振器结构相同，可以利用汽车减振器成熟的工艺、设备，并且产品性能一致性好，因此，在总布置允许的情况下，应尽量优先选取。并联双筒式减振器工艺性差，结构不严整，仅在少数坦克上使用，如 BMΠ - Ⅲ。

对于主战坦克，由于防护性和散热性的要求，通常选用旋转式减振器，包括液压叶片式减振器和摩擦片式减振器，由于我国摩擦材料水平较低，所以通常只选择液压式减振器。若采用油气弹簧作为弹性元件的军用车辆悬挂系统，由于油气弹簧本身可以兼作减振器，因此，只需在油气弹簧中设置阻尼阀即可。根据油气弹簧结构的不同，对于一体式的油气弹簧，可以在环形腔和工作缸之间设置阻尼孔，为了使压缩和复原阻尼系数不同，还可以设置单向阀。对于动力缸和蓄能器分开式的油气弹簧，可以在动力缸和蓄能器之间设置外置阻尼阀，以提高散热性。油气弹簧兼作减振器也有弊端，即在减振过程中会造成油气弹簧中液压油温度升高，以致加热气室气体，使车辆静态距地高变大，进而会出现车越跑越高的情况。由于筒式减振器造价较低，因此，常将油气弹簧和筒式减振器并联使用，其中油气弹簧仅作为弹性元件，其不会对成本产生大的影响，从而消除了上述弊端。

6.3.2 减振器布置位置的确定

为了提供足够的减振性能，同时减小减振器的尺寸，对于筒式减振器，布置原则是首先取决于履带环的布置，其次应使减振器和导向杆系的连接点尽量远离导向杆系的旋转中心，同时减振器轴线尽量和导向杆系垂直。

如图 6 -2 所示，在不干涉履带布置的前提下，减振器 2 的连接位置较减振器 1 好。由于导向杆系旋转，因此减振器轴线只能在某个位置和导向杆系垂直。根据设计理念不同，有的人倾向于减振器在静平衡位置和导向杆系垂直，这样在大多数情况下，可以提供较好的减振作用；也有的人认为应该在上极限位置和导向杆系垂直，这样可以有效降低导向杆系对限位器的撞击。减振器的上连接点和减振器下连接点越远，减振器在工作过程中的摆动越小，效果越好。但通常过高的连接点难以布置，同时会造成减振器过长，出现重量增加和导致活塞杆失稳的可能性。

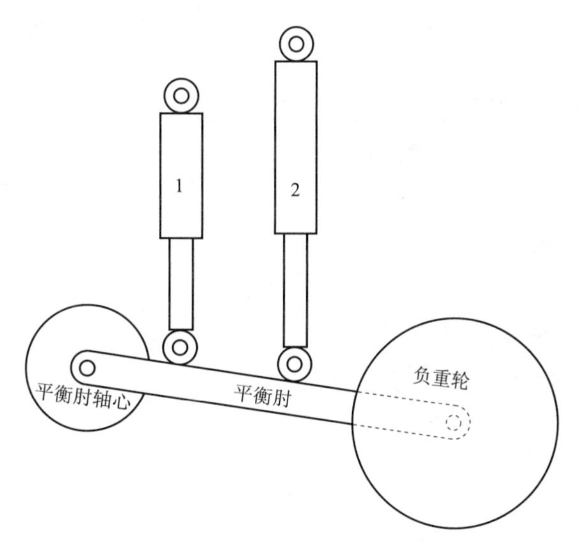

图6－2　减振器的布置位置示意图

采用扭杆弹簧作为弹性元件的主战坦克也常采用回转式减振器，回转式减振器分为两种：摩擦片式减振器和液压叶片式减振器。摩擦片式减振器允许工作温度高，在同样的体积下比液压减振器的热容量大，但对工艺和材料性能要求高，采用不同的压紧机构可以实现复杂的阻尼特性，例如德国的豹2坦克，其阻尼力不但和减振器转动的角速度有关，而且和减振器主、从动件的位置有关，即和平衡肘摆角有关，摆角越大，阻尼系数越大，对于车辆通过大起伏低频路面越有利。液压式叶片减振器对工艺和材料性能要求较低，在加工能力和材料水平较低的国家应用较为广泛。由于零件之间有减振器油润滑，其特性随着使用衰退得较慢，高温时，由于减振器油的黏度大幅降低，减振器的阻尼系数（阻尼力矩/角速度）也会降低，可以避免减振器因迅速高温而损坏。

回转式减振器的布置方式有同轴式（即减振器和扭杆弹簧同轴布置）和非同轴式两种。同轴式安装可以采用比较长的平衡肘，如果配合使用小负重轮，可以获得比较大的悬挂行程，对于改善车辆的舒适性有好处。缺点是：同轴式多数采用摩擦片式减振器，该减振器的工作温度接近300℃，已经超过了高强度扭杆弹簧的回火温度，因此，如果不在减振器和扭杆端部采用隔热处理，则会对扭杆弹簧的寿命产生不利影响。对于液压式叶片减振器，如果采用同轴布置，必然要在减振器中间挖一个孔，虽然可以省去减振器拉臂，但会给密封带来较大问题，因此，液压叶片式减振器通常采用非同轴布置，减振器布置在扭杆轴线后面（车首为前）最后一个负重轮的减振器也可布置在前面，减振器拉臂通过1根连杆和平衡肘相连。采用这种方案，平衡肘的安装和调整较为方便，但由于减振器和拉臂占用空间，因此只能采用短平衡肘，特别是当车重增加、扭杆弹簧加粗后，许用转角减小，使得悬挂的行程进一步减小，对改善车辆舒适性不利。

6.3.3　减振器结构参数的确定

无论是汽车的主机厂还是军车的总装厂家，大多不会自己生产筒式减振器，这样做既不经济，质量也难以保证，故通常都会委托专业的减振器厂家来生产。在国外，减振器厂家都有相当强的开发能力，可以参与到整车的同步开发中，自行确定减振器的性能参数。国内的减振器企业通常不具备同步开发的能力，且军品又限制尽量不用外资或合资企业的产品，因此，在悬挂设计中，通常需给出减振器性能指标和主要结构参数，然后委托减振器企业进行进一步工程设计和开发。

前面也提到了，最有应用前途的筒式减振器应该是单筒式，但目前国内厂家能够生产单筒式减振器的并不多，难以找到供应商，因此，本节主要介绍单筒式和并联双筒式减振器的设计方法。

6.3.3.1 线性阻尼设计

本书中减振器采用线性阻尼设计方式，更为复杂的设计方法读者可参考其他相关文献。所谓线性阻尼设计，就是减振器通过导向杆系安装在悬挂后，其性能和导向杆系的传动比综合的结果为线性。由于导向杆系的传动比是位移的函数，而阻尼力是速度的函数，这就需要一个转换，其转换方式为

$$\dot{x}=\omega_n x \tag{6-1}$$

式中，x——位移；

ω_n——该处悬挂的固有圆偏频；

$\dot{x}$——速度。

通过式（6-1），可以将杠杆比和位移的关系转化为杠杆比和速度的关系。设悬挂的阻尼系数为 c，则阻尼力为

$$F_{\mathrm{c}}=c\,\dot{x} \tag{6-2}$$

若杠杆比为 $i(x)$，则对于速度的杠杆比标为 $j(\dot{x})$。

设减振器的阻尼力可以表示为

$$F_{\mathrm{d}}=c(\dot{x})\dot{x} \tag{6-3}$$

则减振器的阻尼力换算到悬挂上为

$$F'_{\mathrm{c}}=j^2(\dot{x})c(\dot{x})\dot{x} \tag{6-4}$$

令 $F_{\mathrm{c}}=F'_{\mathrm{c}}$，则可以得到减振器对应不同速度的阻尼系数：

$$c(\dot{x})=\frac{c}{j^2(\dot{x})} \tag{6-5}$$

对于减振器厂家，给出阻尼曲线是没有意义的，应根据要求给出其3~5个位置的阻尼力，例如给出0.08m/s、0.16m/s、0.32m/s、0.52m/s、0.64m/s 的 $c(\dot{x})$，进而可以求出不同速度点减振器的阻尼力 $F_{\mathrm{d}}=c(\dot{x})\dot{x}$，根据该数据表格，减振器厂家可以调试出符合要求的减振器。

6.3.3.2 单筒式减振器的工作原理及设计

如图6-3所示，当减振器压缩时，活塞下部的体积减小，油液通过活塞的压缩阻尼孔来到上腔，由于活塞杆的进入，工作缸有效容积减小，又因油液不可压缩，故浮动活塞向活塞运动的同向移动，压缩高压气体。当减振器拉伸时，活塞下部的体积增大，油液通过活塞的复原阻尼孔来到下腔，由于活塞杆被拉出，工作缸有效容积增大，在高压气体推动下，浮动活塞向活塞运动的同向移动。设活塞杆的直径为 d，活塞缸直径为 D，活塞位移为 x，则压缩流量为

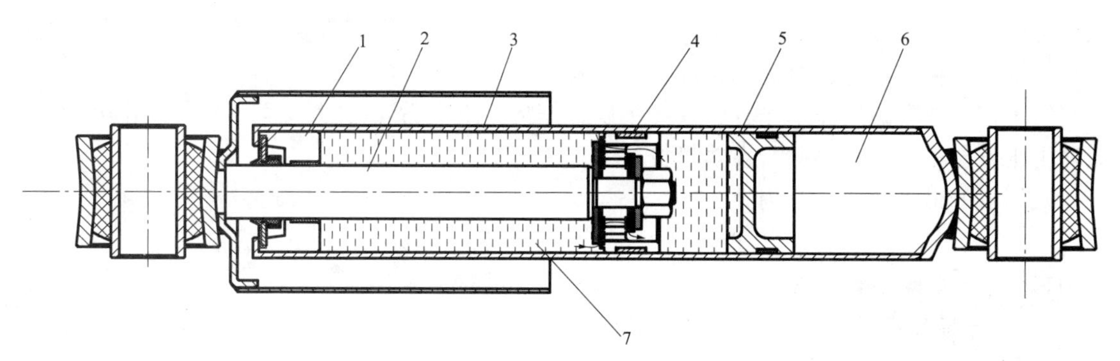

图6-3　单筒式减振器

1—导向器；2—活塞杆；3—工作缸；4—活塞；5—浮动活塞；6—气室；7—减振器油

$$Q_p = \frac{\pi}{4} D^2 \dot{x} \tag{6-6}$$

复原流量为

$$Q_r = \frac{\pi}{4} (D^2 - d^2) \dot{x} \tag{6-7}$$

由于 $D^2 \gg d^2$，因此，单筒式减振器比较容易做成压缩和复原阻尼力对称的结构。

单筒式减振器散热好，同样体积下有较大的吸热功率；由于只有一个油缸，因此，可以做得较厚，从而提高防护性。

单筒式减振器的设计主要需要确定整体的长度、工作缸直径和活塞杆直径。其中，整体长度与悬挂形式和行程有关，通过几何关系可以确定；工作缸直径主要受限于减振器的阻尼；活塞杆的直径是强度问题，对于减振器受力情况比较好的悬挂，如双横臂或履带车辆中的平衡肘式，由于减振器不承受或很少承受侧向力，故活塞杆可以适当细些，而对于麦弗逊式悬挂，活塞杆要粗些。

由于阀片式减振器不存在特别明显的开阀点，阻尼力总是随着速度的增大而增大（见图6-4），轮式车辆可以将1m/s的阻尼力作为最大值，履带车辆可以将1.5m/s的阻尼力作为最大值。设压缩和复原最大阻尼力为 F_{cp} 和 F_{cr}，减振器最大许用压强为［p］。

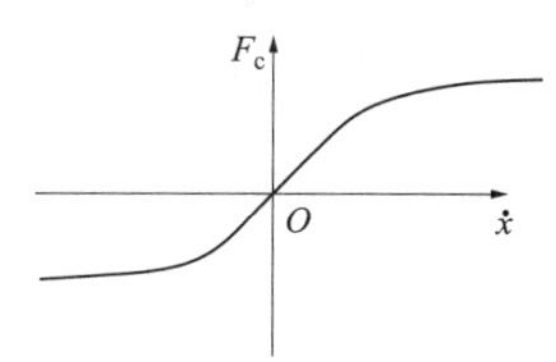

图6-4　减振器阻尼特性

则减振器的直径必须满足：

$$\frac{F_{cp}}{\frac{\pi}{4} D^2} \leqslant [p]$$

且

$$\frac{F_{cr}}{\frac{\pi}{4} (D^2 - d^2)} \leqslant [p]$$

从而可以确定单筒减振器的最小工作缸内径。由于工作缸精度等级要求很高，可以选择合适的精拔钢管，根据国标，对计算尺寸进行圆整。

对于普通汽车减振器工作缸的内径主要根据最大阻尼力和密封压强计算，军用悬挂的减振器由于发热量大，还要进行发热量校核。

减振器的最大散热功率为

$$P=c_{h}A(T_{max}-T_{0}) \tag{6-8}$$

式中，c_h——减振器的散热系数；

A——减振器表面积（不包含气室）；

T_{max}——最高工作温度，可取120℃；

T_0——环境温度，可取30℃。

c_h和减振器外面空气流动速度有关，约为60W/m²·K上述系数也可以通过减振器台架试验来确定。

活塞采用阀片遮挡的方式来实现压缩和复原减振器油通过不同的路径，厚度和尺寸不同的阀片叠放，可以使减振器在不同的速度下有不同的开阀阻力。由于阀片在工作中随着流量和压差的增加开度逐渐增大，属于流固耦合问题，精确计算比较困难，故实际的减振器都是开发工程师在台架上调试出来的。

对于活塞的阻尼孔大小可以通过小孔节流公式进行估算：

$$Q=0.62A_{d}\sqrt{\frac{2\Delta p}{\rho}} \tag{6-9}$$

式中，Q——流经小孔的流量；

A_d——阻尼孔面积；

Δp——阻尼孔前后的压差；

ρ——减振器液密度，通常取890kg/m³。

压缩和复原流量按照前面公式确定，通常取$\dot{x}=0.52$m/s的时候计算，压缩时Δp_p为

$$\Delta p_{p}=\frac{F_{dp(-0.52)}}{\frac{\pi}{4}D^{2}} \tag{6-10}$$

复原时Δp_r为

$$\Delta p_{p}=\frac{F_{dr(-0.52)}}{\frac{\pi}{4}(D^{2}-d^{2})} \tag{6-11}$$

从而可以确定出压缩和复原的阻尼孔面积A_{dp}和A_{dr}，作为阻尼孔的初始值，考虑到阀片的附加阻力，实际在活塞上加工的孔可以是计算值的2倍，然后通过调整阀片来实现设计的阻尼值。

6.3.3.3 双筒式减振器的工作原理及设计

双筒式减振器的阻尼力值确定和单筒式减振器方法相同，但由于同轴双筒式减振器的工作原理和单筒式减振器略有不同，因此，设计也有所差异。

和单筒式减振器不同，同轴双筒式减振器只能直立或者接近直立使用（见图6-5），减振器轴线和铅垂线的夹角一般不能超过30℃。

当活塞向下运动（压缩行程）时，减振器下腔体积减小，减振器油顶开活塞上端面的

流通阀，进入上腔。流通阀刚度非常小，很小的压强就可以顶开，相当于一个单向阀，而且其覆盖的通道流通面积很大，油液几乎可以毫无阻力的流到上腔，目的是防止上腔在压缩行程中出现真空。由于活塞杆的进入，工作缸的有效容积减小，故与进入工作缸活塞杆等体积的油液通过底阀阻尼孔（和压缩阀）进入储液缸。底阀阻尼孔（和压缩阀）的阻力较大，通过底阀阻尼孔（和压缩阀）油液的流通阻力提供了减振器的压缩阻尼力。

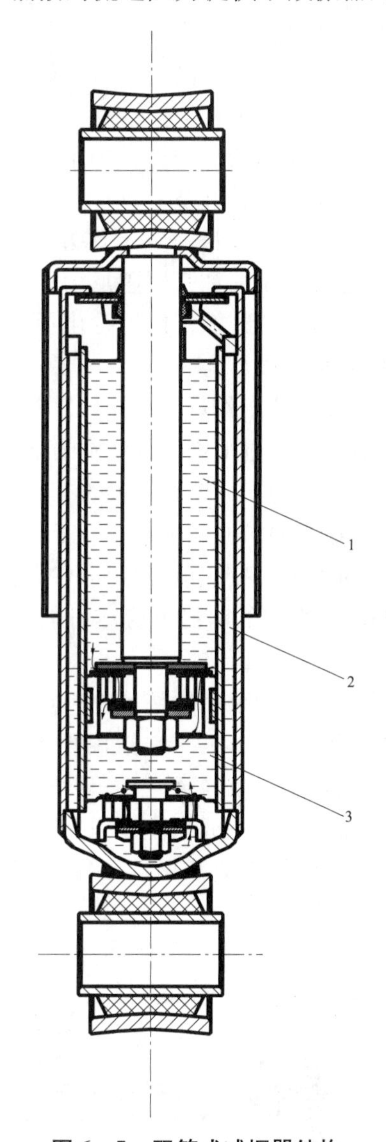

图6－5　双筒式减振器结构

1—工作缸上腔；2—储液缸气室；3—工作缸下腔

当活塞向上运动（复原行程）时，减振器上腔体积减小，减振器油经复原阻尼孔或顶开活塞上端面的复原阀，进入下腔。复原阻尼孔或复原阀的阻力较大，这部分油液的流通阻力形成了减振器的复原阻尼力。由于活塞杆拔出，工作缸的有效容积增大，从上腔流出的油液小于下腔体积的增大，在减振器下腔形成一定真空度，在储液缸气体的压强作用下，储液缸与拔出工作缸活塞杆等体积的油液经过底阀的补偿阀流入工作缸下腔；补偿阀刚度非常小，很小的压强就可以顶开，相当于一个单向阀，而且其覆盖的通道流通面积很大，油液几乎可以毫无阻力的流到下腔，目的是防止工作缸下腔在复原行程中出现真空。对于普通的减振器，储液缸内为大气压，压强较小，而且随着油液流出储液缸而降低，当复原行程的速度较快，储液缸的油液无法完全补偿活塞杆的拔出从而在减振器工作缸下腔形成真空时，则在下一次的压缩行程会由于工作缸下腔的真空造成压缩行程的空程。为了改善普通同轴式双筒减振器的高速性能，现在乘用车上普遍使用充气同轴式双筒减振器（简称充气减振器），即在减振器装配完成后，向储液缸中充入一定的高压空气（0.4～0.6MPa，不同企业的充气工艺有所不同），从而提高减振器复原行程的补油速度。

由于活塞杆的存在，压缩行程起作用的油的体积小于复原行程，这就导致了同轴式双筒减振器的压缩阻尼力通常只有复原阻尼力的1/3～1/4（部分汽车动力学的资料中指出压缩阻尼力小于复原阻尼力有利于提高平顺性，目前关于这方面严格的理论证明较少）。随着工艺的发展，压缩阀的阻尼力越来越大，压缩和复原阻尼力近似相等的减振器大量出现，多次乘用车的主观评价结果显示：对称阻尼的减振器能够提供更好的舒适性。这与军用车辆一直坚持使用对称阻尼减振器的设计原则相同。

阀片结构的压缩阀和补偿阀在减振器工作过程中阀口开度对流量和压差改变，是复杂的流固耦合现象，即便使用流体力学分析软件也很难得到精确的结果。实际减振器企业在开发减振器过程中，通常也是靠现场调试来完成的，一个有经验的工程师，对于需要满足5个速度点的减振器通常3个工作日可以调出，更高要求的如7～10个速度点，则需要一周左右才能完成。

压缩阀和复原阀的初始流通面积可以按照前面单筒式减振器的计算方法初估，然后扩大2倍；而流通阀的通道在不影响活塞强度的前提下应尽可能大；同理，补偿通道在不影响底阀强度的前提下也应尽可能大。

由于双筒式减振器散热很差，所以如果使用按照密封压强计算得到的工作缸内径则常常出现过热现象，对于国内主要的多轴轮式车，工作缸内径不能小于60mm。履带车由于需要减振器吸收功率大且径向布置空间狭小，故通常使用单筒式减振器，但如果轴向不能满足要求，也可以使用并列双筒式减振器。对于主战坦克，只能使用回转式减振器。

并列双筒式减振器（见图6-6）和其他减振器工作原理略有不同，现简单介绍其工作原理（对于结构设计，可以参看前文）。

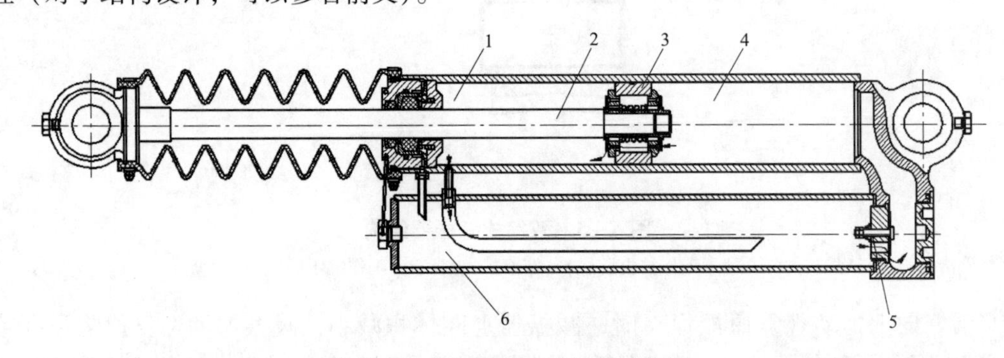

图6-6 并列双筒式减振器结构简

1—工作缸上腔；2—活塞杆；3—活塞；4—工作缸下腔；5—单向阀；6—储液缸

当活塞相对缸筒向下移动时，活塞下腔体积变小，此时工作缸下端的单向阀关闭，油液通过活塞的压缩阻尼孔流到上腔，由于活塞杆的进入，工作缸有效容积减小，故多余的油液通过工作缸上部的阻尼孔流到储液缸。与其他减振器不同，压缩阻尼力由两部分组成，通过活塞的阻尼和通过缸壁的阻尼，由于下腔进入上腔的油大于上腔体积的增加，因此，即使在活塞压缩阻尼孔有很大的阻尼，也不会形成真空，有助于形成比较大的压缩阻尼。

当活塞相对缸筒向上移动时，活塞上腔体积变小，此时由于单向阀的作用，活塞无油通过，故上腔的油都通过工作缸壁的阻尼孔流到储液缸。由于下腔体积增大，形成一定真空度，故连接储液缸和工作缸的单向阀打开，储液缸的减振器油通过单向阀流到储液缸下腔。为避免在下腔形成真空，单向阀的开启压强非常小且过流面积很大，因此，油液通过单向阀的压降可以忽略。并列双筒式减振器可以设计较大的压缩阻尼力，而且在工作过程中，减振器油按照一个方向流动，保证了油液温度的均匀，避免了减振器部分油液过热，提高了其整体的可靠性。

6.3.3.4　叶片式减振器的工作原理及设计

带摆臂的回转叶片式液压减振器由固定在侧甲板上的壳体、与之固连的隔板、带摆臂的回转叶片以及端盖组成，如图6－7所示。隔板端部与端盖之间形成补偿室，补偿室的上部有空气，下部为工作液。可调剂因温度变化引起的工作室内工作液的余缺，回收并补充工作室泄漏的工作液。壳体与甲板相连有利于传导散热，但壳底在车内，端盖上部是空气夹层，对散热不利，散热系数 $k_T \approx$ （50～60） $W/m^2 \cdot K$，许用压差［Δp］ ≈ （8～10） MPa。

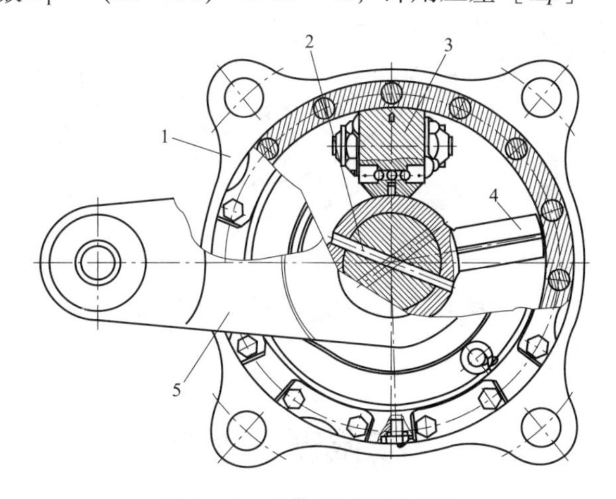

图6－7　叶片式减振器结构

1—壳体；2—均压油道；3—隔板；4—叶片；5—摆臂

叶片式减振器叶片所受到的阻尼力可用从减振器到负重轮的杠杆比来求得，叶片受到的阻尼力矩表达式如下：

$$T = 2\int_{\frac{d_n}{2}}^{\frac{d_w}{2}} \Delta p b_y r \mathrm{d}r \tag{6-12}$$

式中，d_n，d_w——叶片的内外直径；

b_y——叶片宽度；

Δp——叶片两端压差。

当负重轮跳动时，叶片式减振器的摆臂随着平衡肘、连杆进行摆动，使得叶片在壳体内回转，在减振器内部形成高压腔和低压腔，叶片扫过的体积即为通过阻尼孔的流量。当叶片回转角速度为 ω 时，单侧叶片扫过的液体流量 Q （如图6－8所示阴影面积）为

$$Q=\pi\left[\left(\frac{d_{w}}{2}\right)^{2}-\left(\frac{d_{n}}{2}\right)^{2}\right]\cdot\frac{\omega}{2\pi}\cdot b_{y} \tag{6-13}$$

通过单侧阻尼孔的流量可表示为

$$Q'=cA_{d}\sqrt{\frac{2\Delta p}{\rho}} \tag{6-14}$$

式中，Q'——流经小孔的流量；

c——减振器的阻尼系数；

A_d——阻尼孔面积；

Δp——阻尼孔前后的压差；

ρ——减振器液密度，通常取 890kg/m^3。

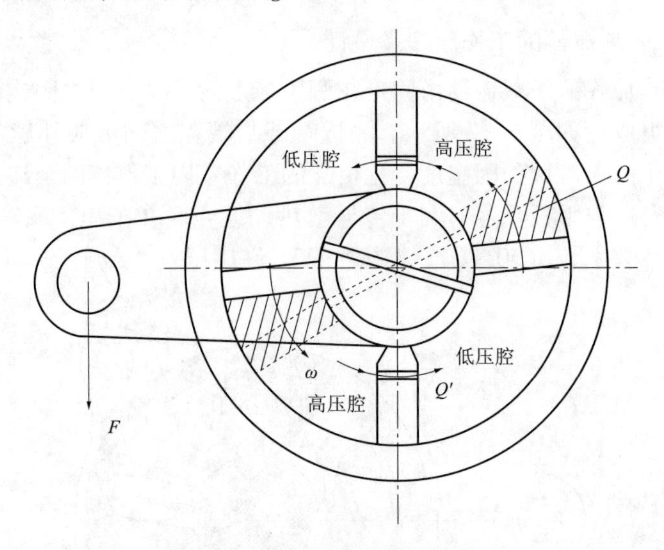

图 6-8　叶片式减振器工作原理

令 $Q=Q'$ 可求出叶片式减震器的阻尼特性。

6.4　减振器试验方法

6.4.1　减振器特性试验内容

减振器技术条件与台架试验方法应该根据国家标准的要求进行选择。减振器特性试验包括示功特性（阻力特性）、速度特性、耐久特性、温度特性、摩擦力及抗泡沫性试验，对于充气减振器还应该进行充气力试验。

（1）示功特性试验是指减振器在规定的行程和试验频率下，两端做相对简谐运动，其阻力 F_d 随位移 s 变化关系的阻力特性试验。该试验所构成的曲线（F_d-s）称为示功图。

（2）速度特性试验是指减振器在规定的行程和多种试验频率下，两端做相对简谐运动时，其阻力 F_d 与速度 v 关系的特性试验。该试验在多种速度下构成的曲线（F_d—v）称为速度特性图。

（3）减振器耐久性是指在规定的工况条件下，在规定的运作次数后，减振器特性变化的试验。

(4) 温度特性试验是指减振器在规定的速度和多种温度的条件下所测得的阻力 F_d 随温度 T 的变化关系的特性试验。该试验所构成的曲线(F_d—T)称为温度特性图。

(5) 摩擦力试验是指减振器以不大于0.005m/s的速度，测得减振器摩擦力的试验。

(6) 抗泡沫性试验是指减振器在规定的条件下重复运动后，减振器内的油可能产生泡沫，对减振器示功特性抗泡沫影响能力的试验。

(7) 充气力试验是指对于充气减振器活塞处于行程的中间位置时，测定气体作用于活塞杆上力的试验。

6.4.2　试验装置

减振器示功试验台可采用机械式或液压式。无论采用何种形式，均需要满足以下条件：

(1) 单动，一端固定，另一端实现谐波（正弦）运动。

(2) 行程可调，至少为100mm，测量精度高于1%。

(3) 有级或无级变速，最大试验频率至少为5.0Hz。

(4) 功率足够大，在速度为1.0m/s时，检测减振器速度误差小于1.0%。

(5) 力传感器的精度高于1.0%。

(6) 减振器示功试验台的3次检测误差要小于3.0%或40N。

(7) 测量过程自动记录、保存、处理及输出。

北京理工大学振动与噪声实验室的道路模拟试验台如图6-9和图6-10所示。图6-9所示为筒式减振器的试验装置，图6-10所示为叶片式减振器的试验装置。

图6-9　筒式减振器试验装置

1—传感器；2—减振器；3—激振头

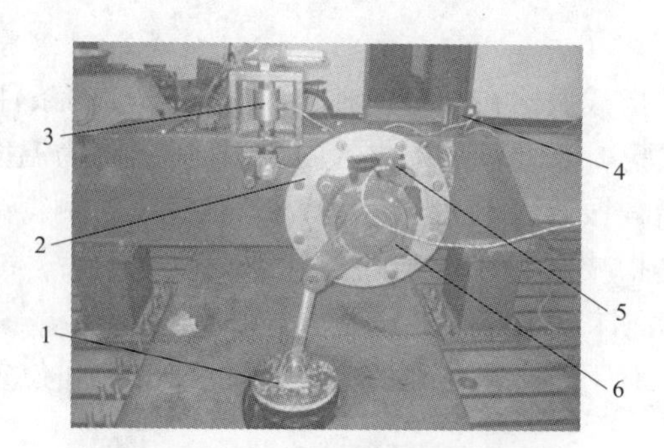

图 6-10 叶片式减振器试验装置

1—激振头；2—工装台架；3—力传感器；
4—温度传感器；5—比例阀；6—叶片减振器

6.5 液压减振器的示功图

示功图是评价液压减振器性能的重要依据。在设计和试制减振器时，示功图可以检验试制样品是否符合设计要求；在正常生产中，示功图可以检验产品是否合格。

6.5.1 示功图的定义

减振器在规定的行程和试验频率下，两端做相对简谐运动，其阻力（F）随位移（s）的变化关系为阻力特性，其所构成的曲线（F—s）称为示功图。根据我国减振器台架试验标准规定，测取减振器示功特性应采用正弦激励方式。

6.5.2 示功图的绘制

根据台架试验方法规定，绘制示功图的设备一般是减振器示功试验台，其可采用机械式或液压式。

整个试验台的测试系统结构如图 6-11 所示。

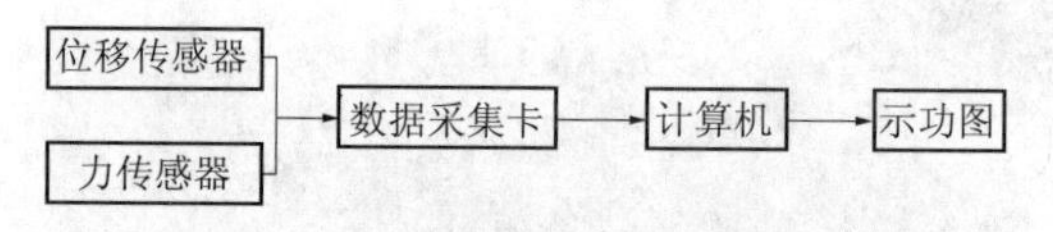

图 6-11 测试系统结构

台架试验台上的位移传感器和力传感器分别采集激振的正弦位移信号和减振器的阻尼力，通过高速数据采集卡采集数据进入计算机，并由计算机软件绘制出示功图。

6.5.3 示功图的特点

减振器实际上是一个阻尼器，其示功图形状如图 6-12 所示。图 6-12 中横坐标 s 为相对位移，在中心位置时，$s=0$；当减振器相对压缩时 s 取正值，复原时 s 取负值。

F 是阻力，在减振器压缩时取负值，复原时取正值。当相对位移 $s=0$ 时，相对速度最大，阻力也最大；当相对位移 s 最大时，相对速度为零，阻力也为零。对示功图形状，一般要求丰满、圆滑、无空程和畸变等；对复原阻力和压缩阻力，一般要求 $F_f > F_y$（F_f——复原阻力，F_y——压缩阻力），如图 6-12（a）所示，并分别在规定值范围内。性能良好的减振器一般都能满足上述要求。

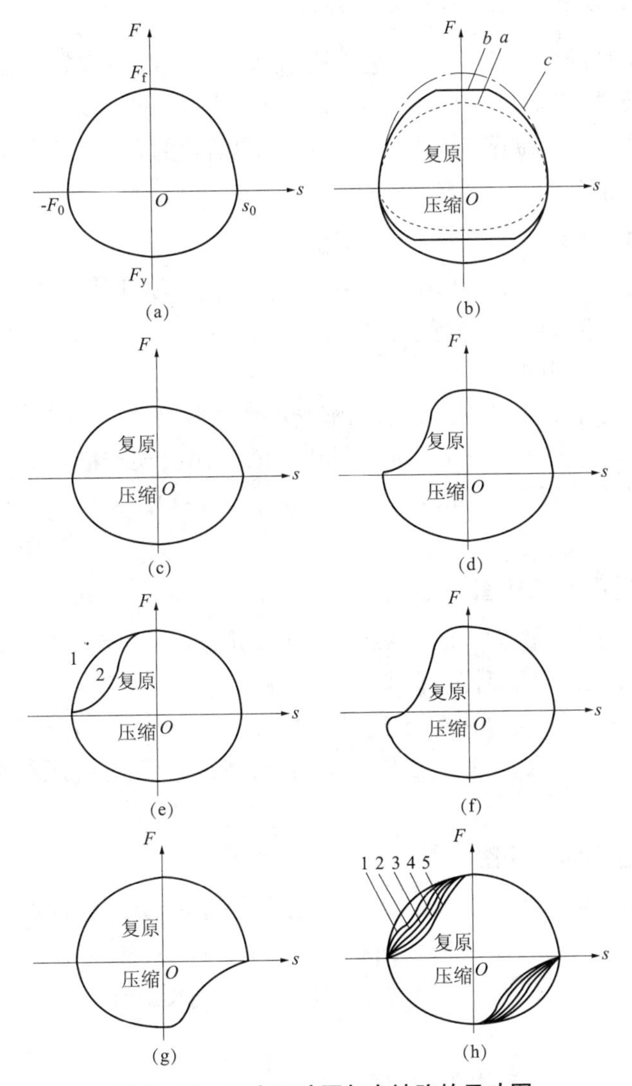

图6－12　正常示功图与有缺陷的示功图

(a) 正常示功图；(b) 限压阀对示功图的影响；(c) 复原阻力过小；
(d) 复原行程空程；(e) 高、低速试验；(f) 复原、压缩行程均有空程；
(g) 压缩行程空程；(h) 油液乳化

由于减振器在结构上存在差别，故其阻尼特性也有所不同，表现为示功图的形状不同。

汽车筒式减振器要求复原阻力大于压缩阻力，其目的是使汽车悬架在振动的压缩行程中减小力的传递，以便具有较好的缓冲性能，在复原行程中具有较大的阻尼，则可以充分吸收振动能量。

军用履带车辆的减振器复原阻尼力和压缩阻尼力相等，甚至压缩阻尼力大于复原阻尼力。大的压缩阻尼力可以提高悬挂的缓冲能力，而过大的复原阻尼力则可能会造成负重轮悬空，影响悬挂的缓冲性能。

6.5.4 示功图缺陷产生原因及消除方法

如示功图出现某种缺陷，则通过对这些缺陷的分析可以找到减振器在设计、制造、装配、调整等方面需要进一步改进的部位，从而为合理调试和改进设计提供依据。因此，总结和考察试验中示功图出现的缺陷，分析产生的原因和消除的方法，对提高减振器的质量和新产品的研制都是十分重要的。

6.5.4.1 正常示功图

正常示功图如图 6 – 12（a）所示，它是一条饱满的封闭曲线。图 6 – 12（b）中横坐标表示行程，纵坐标表示阻力。横坐标上方曲线表示复原行程随行程变化的阻力，下方曲线表示压缩行程随行程变化的阻力。

减振器未开阀工况下，示功图左、右两端光滑曲线将反映出该工况下最大的阻力值[见图 6 – 12（b）中 *a*]。在开阀工况下，示功图左、右两段出现与横轴平行的两部分线段，表示阻力不再上升，说明复原限压阀和压缩限压阀已打开并限制了拉、压阻力的进一步增长[见图 6 – 12（b）中 *b*]。

6.5.4.2 阻力过小的示功图

当活塞上常通孔截面积偏大，或活塞与缸筒的间隙过大，或复原、压缩限压阀关闭不严时，油液的流通面积增加，因而使减振器阻力下降，由图 6 – 12（b）中 *a* 可见，阻力达不到预定值，且复原和压缩限压阀始终处于关闭状态，或虽开阀，但开阀区减小。有时活塞杆与导向器间的间隙过大，会出现复原阻力过小的情况，但这时压缩阻力大小正常［见图 6 – 12（c)］。

6.5.4.3 阻力过大的示功图

活塞上常通孔过小或通孔被杂质堵塞，会引起减振器阻力系数增大，此时复原和压缩限压阀均失效而始终关闭，则示功图为如图 6 – 12（b）中 *c* 所示的形状，这时减振器阻力将显著增加。如复原和压缩限压阀开阀正常，则最大阻力将受到限制，示功图如图 6 – 12（b）中 *b* 所示。

6.5.4.4 复原行程出现空程的示功图

复原行程出现空程的示功图特征是复原行程之初有空程，压缩行程则阻力正常。当减振器从压缩行程转至复原行程时减振器并不产生阻力，待走过一定距离后阻力才开始建立，在示功图上表现为复原侧图形不饱满，开始一段行程没有阻力［见图 6 – 12（d)］，即复原行程有空程。

产生这种现象的基本原因是活塞上的常通孔和补偿阀座上的排出常通孔配合不当，不满足油液先充满上腔的要求，示功图将出现严重缺陷，甚至压缩端也会出现空程，如图 6 – 12（f)所示。

由于某些原因，阀座上的常通孔制造不够准确，尺寸偏大，吸入阀和排出限压阀关闭不严（密封表面未磨平）；或由于油液清洁度差致使阀的密封面间楔入碎屑杂质；也可能由于补偿阀阀体和工作缸筒配合过松，等等，都可能增加油液的泄漏，即相当于常通孔增大。

有时排出限压阀过早开启也会使示功图呈现图 6 – 12（e）所示形状的缺陷。为判明是否排出限压阀过早开启，可对减振器分别以高速和低速各做一次试验，如两次试验的示功图均有缺陷，则不是排出限压阀开阀过早；如果低速试验时示功图正常［见图6－12（e）曲线1］，而高速试验时示功图有缺陷［见图6－12（e）曲线2］，那就是因排出限压阀开阀过早所致，这时可增加排出限压阀弹簧的弹力，调整其开阀力，使其不再过早开阀。

6.5.4.5 压缩行程出现空程的示功图

压缩行程出现空程的示功图特征是压缩行程有空程，而复原行程可能正常也可能有少量空程。

产生这种现象的基本原因是吸入阀补油不足。当活塞向上拉伸时，活塞上腔升压，下腔容积扩大，下腔同时接收上腔自常通孔流入的油液和经吸入阀补充进来的油液，此时吸入阀应敞开，使油缸中因活塞杆抽出而产生的空间迅速得到补足。如补偿阀被卡住或其弹簧弹力过强使补偿阀不易开启，则复原行程结束时，油缸下腔不能被油液完全充满，会出现局部真空，因而当复原行程转入压缩行程开始的一段行程时，活塞不压缩油液，减振器没有阻力，到油缸下腔的真空消除后才会开始产生阻力。

当复原阻力过大时，由于油液从导向器缝隙中泄漏量增加，自上腔流入下腔的油液将会减少，这就要求从吸入阀补偿更多的油液。如果补偿不足，示功图也会出现图6－12（g）所示的缺陷。当活塞上常通孔很小且复原限压阀不能开阀时，复原行程阻力过大的同时，可能伴随发生示功图压缩端出现明显空程的现象。另外，减振器在使用中如漏油过多，储油筒油面降低，示功图也会出现类似故障。

6.5.4.6 油液乳化造成的示功图缺陷

试验表明，对于没有限压阀或其阀门弹簧刚性过大、导向器间隙过大等不适当的设计，减振器在试验中油液容易乳化并会出现图6－12（h）所示的示功图。

如图6－12（h）所示，在运转初期被试件示功图图形圆滑、丰满（只是压缩阻力稍大），一切正常，待运2～3min后，就逐渐呈现过渡畸变状曲线［见图6－12（h）中1～5］，最终成为复原行程和压缩行程都有空程的缺陷。

造成这种缺陷的原因在于油液的乳化，而造成乳化的内在原因是：限压阀不能适时开阀，阀门弹簧过硬与活塞杆和导向器间的间隙过大。

在复原行程，上腔油压较高，迫使油液自活塞与导向器的间隙流到储油筒。在压缩行程，因为限压阀不能适时开阀（开阀压力应略大于压缩限压阀的开阀压力），而压缩限压阀已打开，此时大量油液在高压下自下腔经压缩限压阀、活塞杆与导向器的间隙高速流出，与空气混合后流回储油筒的是含有大量空气泡沫的乳状液。这些油一旦被吸入到活塞下腔或上腔都将由于油中混入可压缩的空气而导致在压缩和复原行程中出现空程。

试验表明，当降低限压阀的开发压力并减少活塞杆与导向器的间隙后，上述示功图的缺陷便可消除。

7 第7章 限制器

限制器的作用是限制军用车辆在克服大的不平度障碍时，悬挂的弹性元件不会因为变形过大而损坏，同时为导向杆系提供辅助支撑，改善受力状态。如图7-1所示，在平衡肘和限制器接触前，可以认为平衡肘是悬臂梁，当限制器和平衡肘接触后，可以将平衡肘看作是外伸梁，其受力状态显著改善。

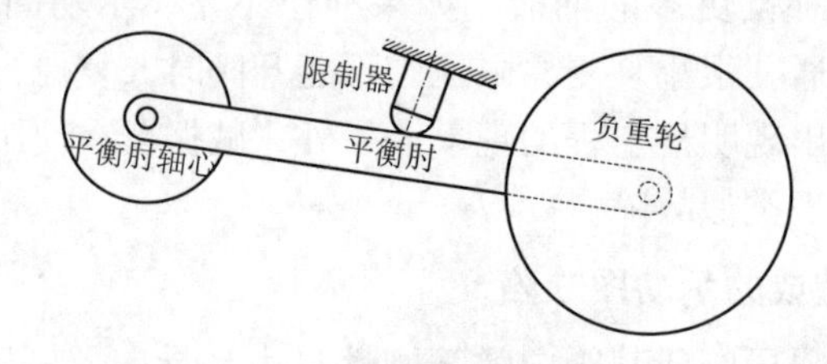

图7-1　限制器的布置位置

现代军用车辆采用的限制器包括三种：刚性限制器、弹性限制器和阻尼限制器。刚性限制器就是在悬挂最大行程（通常是压缩行程处）设置一个金属挡块，使悬挂导向杆系的运动幅值不能超过设计的行程，以保证悬挂的弹性元件不至于由于变形过大而损坏。刚性限制器结构简单，工作可靠，但由于刚性限制器刚度很大，没有缓冲能力，悬挂的限位器撞击会给导向杆系和车体带来较大的冲击载荷，故对悬挂杆系的寿命和车辆的平顺性有不利影响。弹性限制器又称为弹性缓冲器，是将刚性限制器的金属块以刚度相对较小的弹性元件（类似卡车中使用的主副弹簧的副簧）来代替的限制器。当车轮行程较小时，只有悬挂弹簧参与工作；当车轮行程增大到一定程度时，限制器弹簧和悬挂弹簧并联工作。当限制器弹簧被压并后，变成刚性限制器，限制悬挂行程进一步增加。由于弹性限制器对于悬挂导向杆系的作用力是渐增的，因此不会出现刚性撞击，其悬挂部件的寿命和车辆的舒适性都较刚性限制器好，从悬挂的角度来看，相当于悬挂配置了折线刚度的弹簧。弹性限制器使用的弹性元件包括橡胶块、锥形涡卷弹簧、蝶形弹簧、特种塑料等。金属弹簧能将悬挂的动能转化成为本身的弹性势能，而橡胶块和特种材料等由于本身材料具有一定的阻尼特性，故能够对振动小幅衰减。由于橡胶和塑料的接触强度低，所以通常在和悬挂导向杆接触的表面硫化或者粘贴上一块金属。阻尼限制器是利用缓冲器本身的阻尼特性来消耗车辆振动的动能的限制器，主要分为液压式和胶泥式。

图7-2中曲线 a 为在一定外界温度条件下，当 $v_0=3.5\mathrm{m/s}$ 时，试验得出的单个液压限制器特性曲线，其吸功能容量为25 200N·m；曲线 b 为豹2坦克初样车上蜂窝状特种塑料制成的弹性限制器的特性曲线，其吸功能容量为14 000N·m；曲线 c 为豹1坦克锥形涡卷

弹簧限制器的特性曲线，其吸功能容量为6 000N·m。液压限制器的吸功能容量较锥形涡卷弹簧、特种塑料制成的限制器有较大幅度的提高。

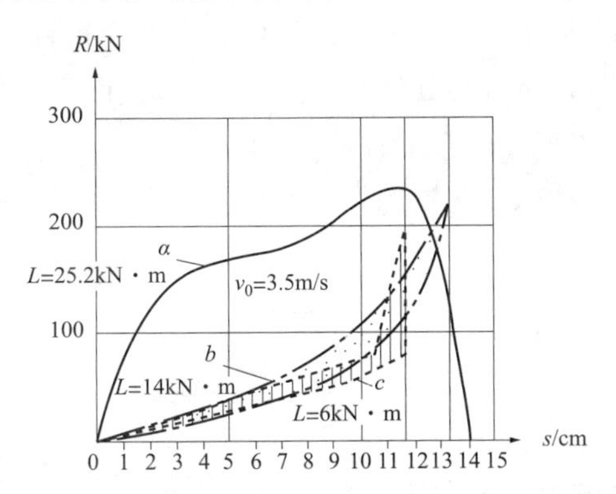

图7-2　三种限制器特性曲线及吸功能容量

7.1　阻尼限制器

7.1.1　阻尼限制器的特点

阻尼限制器具有下列性能特点：

(1) 将车辆受到的冲击动能转化为内能，而弹性限制器则是将冲击能转化为弹性变形能，弹性限制器回弹会造成车体二次振动。

(2) 阻尼限制器的缓冲力和车辆导向杆系撞击限制器的线速度v_0成正比，弹性限制器缓冲力和限制器的压缩量有关。如果阻尼限制器的阻尼系数为常数，则在撞击的一瞬间力达到峰值，在行程终点其缓冲力为零，弹性限制器在最大压缩位置缓冲力达到最大值。因此，如果阻尼系数设置得过高，在撞击瞬间力非常大，会对车体和悬挂杆系造成较大冲击，甚至发出很大的声响。

(3) 缓冲行程较大（最大行程为140mm，为动行程的40%），吸功能容量较大，但重量较轻（每个重为112.7N）。

(4) 工作室上腔油压较高，按图7-2提供的数据（最大阻力约为250kN，活塞外径为70mm），若不计密封件与缸壁的摩擦力，其最大油压应大于65MPa，但此时下腔的油压较低，故密封较容易。

(5) 当履带车辆缓慢攀越垂直墙时，负重轮速度极低，阻尼力接近为零，此时两侧负重轮通过平衡肘和液压限制器支撑全车的重量。

7.1.2　液压限制器的工作原理和结构特点

液压限制器实质上是一个单向（压缩行程）工作的液压减振器，受撞击后，在限制器活塞的工作行程（$s=140$mm）内，高压油高速通过节流小孔产生阻尼力，将冲击能量不可逆地转化为内能。由于液压限制器并不经常工作，故温度不会太高。为了保证活塞能够自动回位，还要设置一个回位弹簧。

平衡肘开始与限制器活塞撞击瞬间，液压限制器的活塞运动速度最大，在行程终点又回到零。如果为固定节流孔面积式，工作油压 p（或阻力 R）随活塞行程 s 而变的特性曲线应如图 7 - 3 所示。曲线下的面积即为撞击行程范围内液压限制器吸收的动能。

为了不使在撞击瞬间限制器的力过大，而又保证在整个行程内限制器能够吸收足够的能量，限制器的阻尼孔应该做成随行程逐渐减小的形式，这样可以使限制器的力在整个撞击过程中近似恒定，如图 7 - 4 所示。

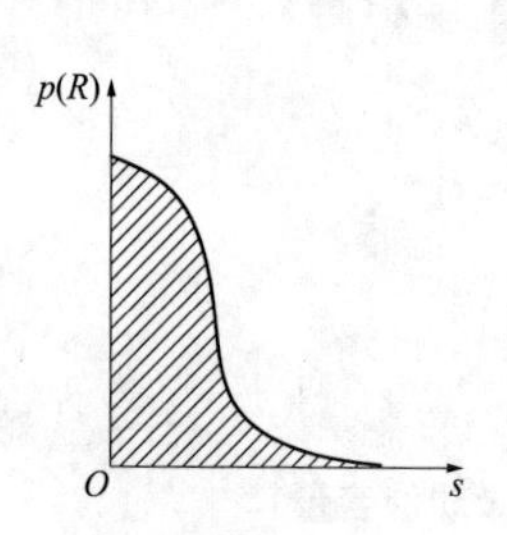

图 7 - 3　固定截流孔 p（R） - s 特性

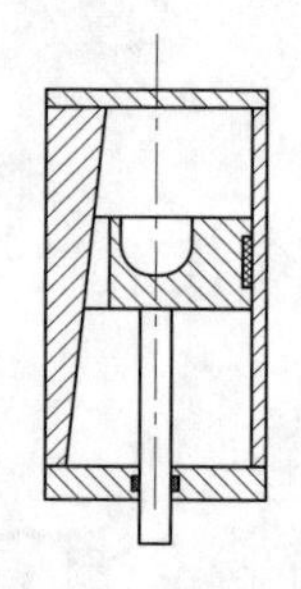

图 7 - 4　变阻尼楔形限制器

图 7 - 5 所示为液压限制器未工作时的结构。由于回位弹簧 10 的作用，带撞杆的活塞被压向下方，使活塞下端锥面与环 6 紧密贴合，活塞与缸筒间油液不致渗漏到补偿室。

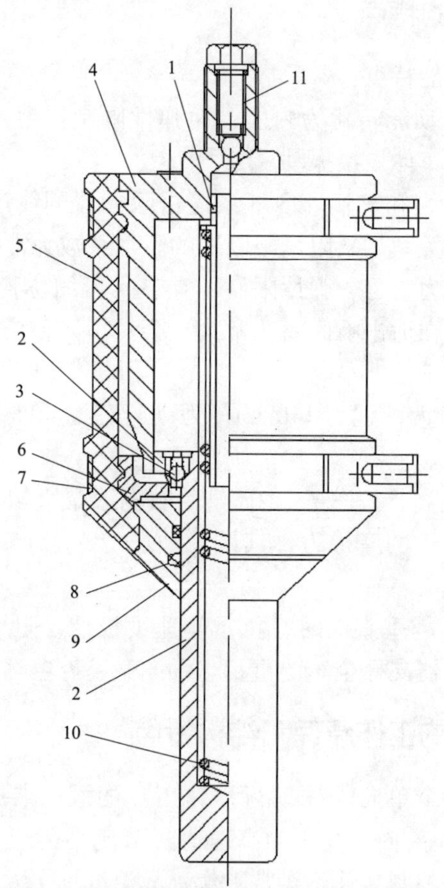

图 7 - 5　液压限制器结构（初始安装位置）

1—回位弹簧导向套；2—带撞杆的活塞；3—带钢球的单向阀；4—缸筒；5—橡胶套；6—环；7—下卡箍；8—密封件；9—支撑环；10—回位弹簧；11—加油孔

橡胶套5与缸筒外壁之间为补偿室。活塞上方撞杆内部安装弹簧处及活塞与支撑环9间应全部充满油液，否则活塞向上运动时会产生空程。橡胶套5上方用上卡箍固定在缸筒上，环6通过下卡箍7固定在橡胶套5的下方。带防尘圈和密封圈的支撑环9则硫化在橡胶套5上，形成活塞的下方支撑点，该支撑点可在周向小角度范围内摆动，活塞与缸筒接触面为球面状，因此带撞杆的活塞可相对于缸筒偏转一个不大的角度。图7－6所示为平衡肘撞击活塞杆运动。

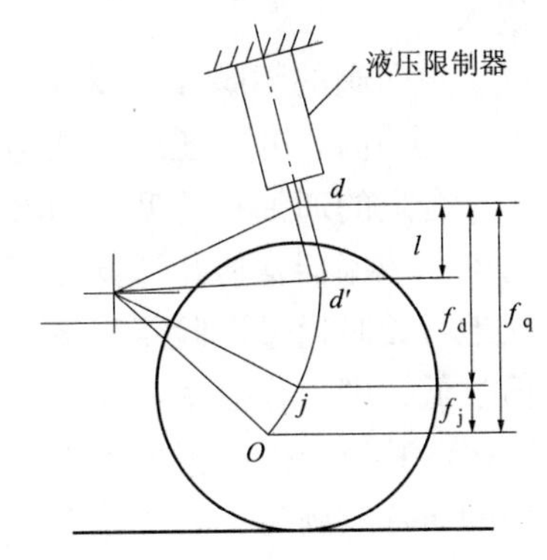

图7－6　平衡肘撞击活塞杆运动

图7－5中缸筒顶部11处为加油孔，缸筒上端可通过螺母固定。

车辆在大起伏地行驶，平衡肘会连续多次撞击限制器，使其温度升高，必须解决限制器散热问题，可以通过缸筒顶部与侧装甲板附座紧密贴合来提高散热效果。

图7－7所示为液压限制器活塞杆受撞击上移到极限位置，活塞向上运动，活塞上腔油压升高，单向阀关闭，油液只能通过活塞上常通孔流向下腔进入缸筒与橡胶套之间的补偿室。补偿油量包括活塞杆进入上腔的体积及活塞杆下部弹簧室所占体积的油量总和。补偿油进入补偿室后，使橡胶套容积扩大且使补偿室上方的空气受压缩，为此补偿室应有足够的体积以使补偿压力不致过高。当撞击结束后，在回位弹簧和活塞杆所受油压的共同作用下，活塞杆复位，由于活塞下腔油压大于上腔油压，单向阀打开，下腔的油液通过单向阀向上流到活塞下腔，恢复到初始状态。为使下腔油液迅速地流回上腔，则应有足够数量的单向阀（约6个），且回位弹簧应有足够的刚度。

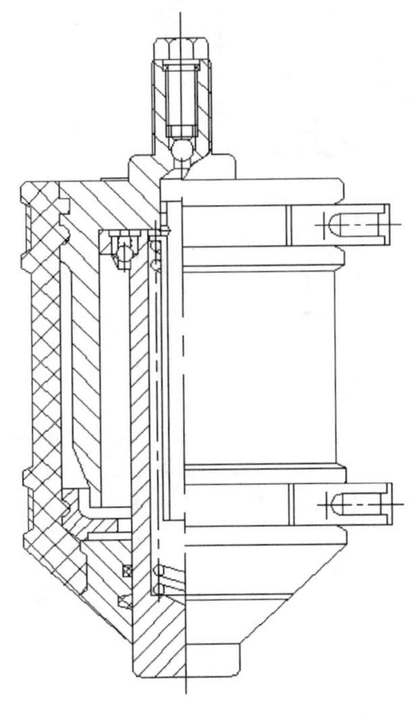

图7－7　液压限制器（极限位置）

缸筒内设有回位弹簧导向套，以防止弹簧歪斜；密封件用来密封低压油，以防止灰尘侵入。

单向阀的闭阀件（钢球）在关闭时应保证不渗油，当闭阀件打开时，除应保证有足够大的过油面积外，还应保证钢球不会从活塞上脱出。

合适的通油孔的型式和尺寸是保证阻力—行程特性曲线及吸功能容量的前提，计算方法与液压减振器常通孔计算类似，其中关键问题是确定合理的撞击速度（应在车辆于一般起伏地行驶时通过试验测定该参数）。该参数如取值过高，则液压限制器工作概率太小；如取值过低，则工作概率太大。豹2坦克该参数为 $v = 3.5$m/s，比一般筒式液压减振器的速度大得多，其液压限制器最大外廓直径约为140mm。履带车辆如采用此种液压限制器，其行驶系的布置应满足：负重轮缘内侧到侧装甲板间有足够宽度；负重轮有较大动行程。

7.2 弹性胶泥限制器

胶泥限制器的工作原理和液压限制器类似，不同的是胶泥限制器阻尼体为高分子的塑性体，该塑性体通过小孔也可以提供阻尼。与液压油不同，胶泥具有相对较小的体积弹性模量，它可以被压缩，如图7－8所示的限制器，当撞击杆受到撞击时，活塞下行，下腔的胶泥通过阻尼孔来到上腔，由于活塞杆本身占用一定体积，胶泥的体积受到压缩，当外力撤去后，在胶泥的弹性力作用下可实现活塞的复位。由于胶泥的流动性差，因此密封相对容易，且胶泥可以耐300℃高温，提高了限制器的工作温度范围和吸功能容量。

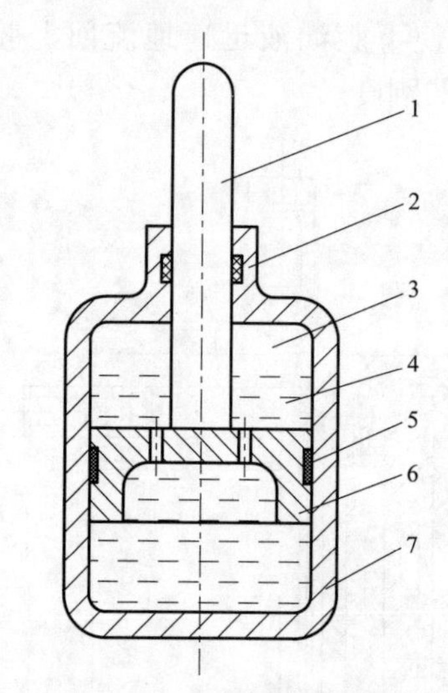

图7－8 弹性胶泥限制器

1—撞击杆；2—密封；3—气室；4—胶体；
5—减摩带；6—活塞；7—壳体

第 8 章

附录

8.1 随机振动

对于车辆而言，由路面不平度引起的车辆振动是非确定性的，即系统的激励和响应都不能用准确的时间函数来表示，则称这种振动过程为随机振动。随机振动在任一时间点的值并不重要，工程上往往只关心随机过程的统计特性。

8.1.1 随机过程及其数字特征

如图 8－1 所示，有一些随机实验结果是时间或者空间坐标的函数，称为随机过程。随机过程的每一次实验结果称为一个样本函数。如果进行 n 次实验，则这 n 个可能的结果即构成随机过程的总体。

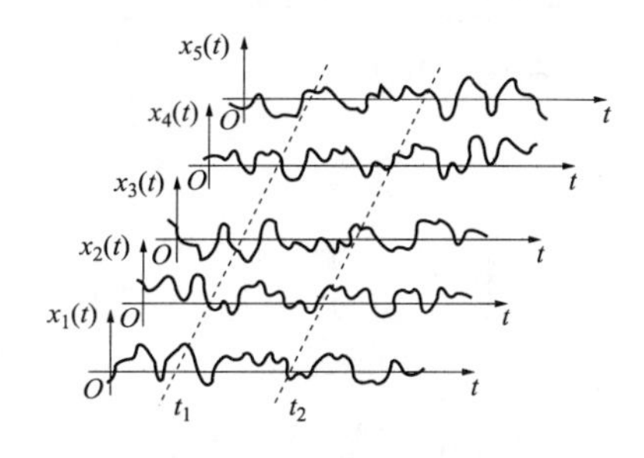

图 8－1 随机过程总体

1. 均值

均值也就是数学期望，对于一个随机过程，它包括随机过程所有样本函数在给定时刻（此时为一个随机变量）的均值和某个样本函数的均值。

设 $X(t)$ 是一个随机过程，在给定的时刻 t_1，$X(t_1)$ 是随机变量，它的均值可以表示为

$$\mu_x(t_1) = \int_{-\infty}^{\infty} xp(x,t_1)\,\mathrm{d}x \tag{8-1}$$

式中，x——随机过程 $X(t)$；

$p(x, t_1)$ ——随机变量 $X(t_1)$ 的一维概率密度函数；

$\mu_x(t_1)$——随机过程 $X(t)$ 的所有样本函数在 t_1 时刻取值的集合平均。

$X(t_1)$ 的均值也就是 $X(t_1)$ 的数学期望。对于在相同条件下的一系列样本函数 $X_r(t)$，它们是等概率的。此时，均值可以写成：

$$\mu_x(t_1) = E[X(t_1)] = \lim_{T\to\infty} \frac{1}{N}\sum_{i=1}^{N} x_x(t_1) \tag{8-2}$$

对随机过程 $X(t)$ 的任一个样本函数 $X_r(t)$，可以由下式在时域求该样本的平均值：

$$\mu_{x_r} = \lim_{T\to\infty} \frac{1}{T}\int_{-T/2}^{T/2} x_r(t)\mathrm{d}t \tag{8-3}$$

对于随机过程 $X(t)$，μ_{x_r} 随所选取的样本函数不同而变化。

2. 方差和标准差

方差的集合定义为

$$\begin{aligned}\sigma_x^2(t_1) &= D\left[X(t_1)\right] = E\{[X(t_1)-\mu_x(t_1)]^2\}\\ &= \int_{-\infty}^{\infty}\left[x-\mu_x(t_1)\right]^2 p(x,t_1)\mathrm{d}x\end{aligned} \tag{8-4}$$

式中，$\sigma_x^2(t_1)$——随机过程 $X(t)$ 的标准差，它表示 $X(t)$ 在时刻 t_1 对均值 $\mu_x(t_1)$ 的偏离程度。

对等概率的样本函数，方差可以写成：

$$\begin{aligned}\sigma_x^2(t_1) &= E\left[X(t_1)-\mu_x(t_1)\right]^2\\ &= \lim_{N\to\infty}\frac{1}{N}\sum_{k=1}^{N}\left[x_k(t_1)-\mu_x(t_1)\right]^2\end{aligned} \tag{8-5}$$

对随机过程 $X(t)$ 的任一个样本函数 $X_r(t)$，可以定义时域方差：

$$\sigma_{x_r}^2 = \lim_{T\to\infty}\frac{1}{T}\int_{-T/2}^{T/2}\left[x_r(t)-\mu_{x_r}\right]^2\mathrm{d}t \tag{8-6}$$

3. 均方值

随机信号的强度可以用均方值来描述，均方值反映了信号动态和静态总平均能量水平（这里指的是广义能量，对于很多信号，其平方和能量通常相差一个有量纲的常数，如动能之于速度，电功率之于电流）。

均方值的定义为

$$\psi_x^2(t_1) = E\left[X^2(t_1)\right] = \int_{-\infty}^{\infty} x^2 p(x,t_1)\mathrm{d}x \tag{8-7}$$

同样可以定义时域均方值：

$$\psi_{x_r}^2 = \lim_{T\to\infty}\frac{1}{T}\int_{-T/2}^{T/2} x_r^2(t)\mathrm{d}t \tag{8-8}$$

均方值、方差和均值之间满足如下关系：

$$\left.\begin{aligned}\psi_x^2(t_1) &= \sigma_x^2(t_1)+\mu_x^2(t_1)\\ \psi_{x_r}^2 &= \sigma_{x_r}^2+\mu_{x_r}^2\end{aligned}\right\} \tag{8-9}$$

4. 自相关函数和互相关函数

均值和方差只是描述了随机过程单一时刻或单一样本函数的数字特征，要描述两个不同时刻或两个随机过程之间的联系则要引入相关函数。

自相关函数：设随机过程 $X(t)$ 在两个任意时刻 t_1、t_2 的随机向量为 $X(t_1)$ 和 $X(t_2)$，$p(x_1, x_2; t_1, t_2)$ 是这两个随机向量之间的二维概率密度函数，则定义：

$$R_{x_x}(t_1,t_2) = E\left[X(t_1)X(t_2)\right] = \iint_{-\infty}^{\infty} x_1x_2p(x_1,x_2;t_1,t_2)\mathrm{d}x_1\mathrm{d}x_2 \tag{8-10}$$

式（8-10）为 $X(t)$ 的自相关函数。它描述的是随机过程 $X(t)$ 在两个不同时刻之间的线性依赖关系。对于具有相同二维概率密度函数的样本函数，自相关函数可以写成：

$$R_{x_x}(t_1,t_2)=E\left[X(t_1)X(t_2)\right]=\lim_{N\to\infty}\frac{1}{N}\sum_{k=1}^{N}x_k(t_1)x_k(t_2) \tag{8-11}$$

同样在时域内定义自相关函数，即

$$R_{x_r}(\tau)=\lim_{T\to\infty}\frac{1}{T}\int_{-T/2}^{T/2}x_r(t)x_k(t+\tau)\mathrm{d}t \tag{8-12}$$

它表示样本函数 $x_r(t)$ 与其延时 τ 时刻得到的 $x_k(t+\tau)$ 之间波形的相似程度。

互相关函数：对于两个随机过程 $X(t)$、$Y(t)$，设 $X(t_1)$ 是 $X(t)$ 在 t_1 时刻的随机向量，$Y(t_2)$ 是 $Y(t)$ 在 t_2 时刻的随机向量，定义：

$$R_{xy}(t_1,t_2)=E[X(t_1)Y(t_2)]=\iint_{-\infty}^{\infty}xyp(x,y;t_1,t_2)\mathrm{d}x\mathrm{d}y \tag{8-13}$$

式（8-13）为 $X(t)$、$Y(t)$ 的互相关函数。它描述了两个随机过程之间的线性依赖关系。这里 $p(x,\ y;\ t_1,\ t_2)$ 是 $X(t_1)$、$Y(t_2)$ 的二维概率密度函数。

两个随机过程 $X(t)$、$Y(t)$ 在时域内的互相关函数定义为

$$R_{x_ry_s}(\tau)=\lim_{T\to\infty}\frac{1}{T}\int_{-T/2}^{T/2}x_r(t)y_s(t+\tau)\mathrm{d}t \tag{8-14}$$

它表示 $x_r(t)$ 与 $y_s(t+\tau)$ 之间波形的相似程度。

8.1.2　平稳过程、遍历过程和高斯过程

1. 平稳过程

如果随机过程的均值、方差和自相关函数与时刻 t_1 无关，则称随机过程为弱平稳随机过程；强平稳随机过程要求多维概率密度函数与时刻 t_1 无关。弱平稳随机过程有以下三条性质：

（1）数学期望是与实践 t 无关的常数。

$$\mu_x=E[X(t)]=\int_{-\infty}^{\infty}xp(x)\mathrm{d}x \tag{8-15}$$

（2）方差是与时间 t 无关的常数。

$$\sigma_x^2=\int_{-\infty}^{\infty}\{x-\mu_x\}^2p(x)\mathrm{d}x \tag{8-16}$$

（3）相关函数仅仅是单变量时差 τ 的函数。

$$\begin{aligned}R_{x_x}(t_1,\ t_2)&=E[X(t_1)X(t_2)]=E[X(t)X(t+\tau)]\\&=\iint_{-\infty}^{\infty}x_1x_2p(x_1,x_2;0,\tau)\mathrm{d}x_1\mathrm{d}x_2\\&=R_x(\tau)\end{aligned} \tag{8-17}$$

如果 $X(t)$ 是平稳随机过程，则符号 $X(t)$ 既可表示平稳随机过程本身，又可表示平稳随机过程在 t 时的状态。

2. 遍历过程

如果随机过程 $X(t)$ 的任一个样本函数 $x_r(t)$ 在时域的统计值与其在任一时刻 t_1 的状态 $X(t_1)$ 的统计值相等，则这个随机过程称为遍历过程。

如果随机过程 $X(t)$ 是遍历过程，用 $x(t)$ 表示随机过程 $X(t)$ 的任一个样本函数，它的数字特性一般也用 $x(t)$ 表示为

$$
\begin{aligned}
\mu_x &= E[x(t)] \\
\sigma_x^2 &= E\{[x(t)-\mu_x]^2\} \\
R_x(\tau) &= E[x(t)x(t+\tau)]
\end{aligned}
\tag{8-18}
$$

各态过程的统计特性可从它的任一个样本函数的时间统计特性推知，这在实际应用中非常方便。遍历过程一定是平稳过程，反之不一定。

3. 高斯过程

在工程中，大量的随机振动可以认为是高斯随机过程或正态分布过程。高斯过程有几个重要特性决定了其可以采用一种比较简单的方式来描述随机振动的一些特征量。高斯过程的概率密度函数为

$$
p(x)=\frac{1}{\sqrt{2\pi}\sigma_x}e^{-\frac{1}{2}\left(\frac{x-\mu_x}{\sigma_x}\right)^2} \tag{8-19}
$$

式中，μ_x，σ_x——x 的均值和标准差。

对于非平稳过程，均值和标准差是随时间变化的，但对于平稳过程，均值和标准差是常量，不随时间变化。高斯过程通过一个线性系统后仍然是高斯过程。

8.2 时域与频域

时域（时间域）——自变量是时间，即横轴是时间，纵轴是信号幅值。直接测量得到的振动波形就是时域信号，对信号的时域分析主要是从中直观地看到被测点的实时振动情况。图 8-2 所示为路面不平度的高程信号。

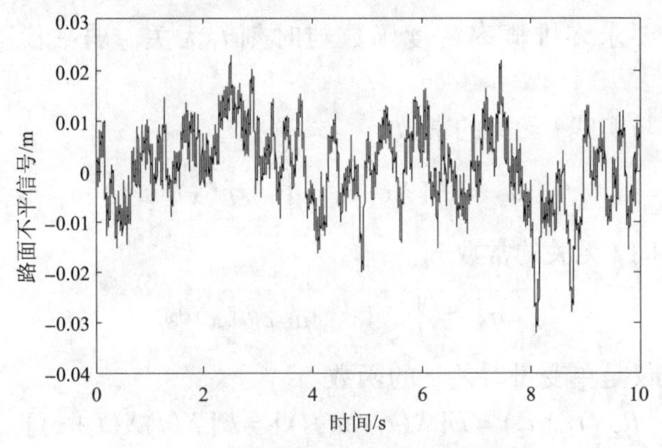

图 8-2 路面不平度信号时域数据

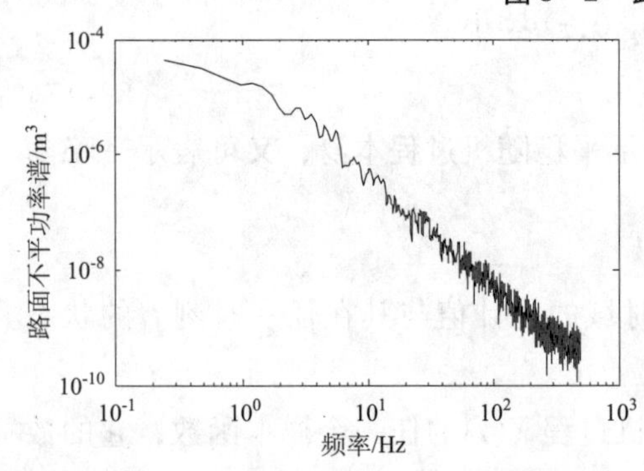

图 8-3 路面不平度功率谱频域数据

频域（频率域）——自变量是频域，即横轴是频率，纵轴是目标变量。在频域中能看到信号能量在不同频段的分布。图 8-3 所示为路面不平度功率谱在频域的表示，横坐标采用对数坐标，可以看出，路面不平度幅值大致与频率成反比，即高频信号幅值小，低频信号幅值大。

周期信号用傅立叶级数获得各个离散频率的幅值，非周期信号用傅立叶变换可以求出信号在不同频率段的分布。

8.3　时频变换

8.3.1　傅立叶级数

如果$g(t)$是以T为周期的函数，即

$$g(t+T)=g(t) \tag{8-20}$$

并且$g(t)$还满足下列条件：

（1）在$\left[-\frac{T}{2},\ \frac{T}{2}\right]$上至多有有限个第一类间断点（即存在极限的间断点）；

（2）至多有有限个极值。

则在$\left[-\frac{T}{2},\ \frac{T}{2}\right]$上$g(t)$可以展成傅立叶级数，即有：

$$\begin{aligned} g(t) &= \sum_{p=0}^{\infty} c_p \cos(p\omega_0 t - \theta_p) \\ &= \sum_{p=0}^{\infty} (a_p \cos p\omega_0 t + b_p \sin p\omega_0 t) \end{aligned} \tag{8-21}$$

其中，$\omega_0=\frac{2\pi}{T}$称为周期函数$g(t)$的基频；$p\omega_0$（$p=2,\ 3,\ \cdots$）称为基频ω_0的p次倍频；$c_1\cos(\omega_0 t-\theta_1)$和$c_p\cos(p\omega_0 t-\theta_p)$分别称为周期函数$g(t)$的基波和基波的$p$次谐波，有时基波也称为一次谐波，而

$$\begin{aligned} c_0 &= \frac{1}{T}\int_{-\frac{T}{2}}^{\frac{T}{2}} g(t)\,\mathrm{d}t, \theta_0 = 0 \\ a_0 &= c_0, b_0 = 0 \\ a_p &= \frac{2}{T}\int_{-\frac{T}{2}}^{\frac{T}{2}} g(t)\cos p\omega_0 t\,\mathrm{d}t \\ b_p &= \frac{2}{T}\int_{-\frac{T}{2}}^{\frac{T}{2}} g(t)\sin p\omega_0 t\,\mathrm{d}t \\ c_p &= \sqrt{a_p^2+b_p^2}, \theta_p = \arctan\frac{b_p}{a_p} \\ \cos\theta_p &= \frac{a_p}{c_p}, \sin\theta_p = \frac{b_p}{c_p}, p = 1,2,\cdots \end{aligned} \tag{8-22}$$

其中，a_p、b_p、c_p和θ_p（$p=0,\ 1,\ 2,\ \cdots$）称为周期函数g（t）的傅立叶系数或谐波系数，c_p是谐波的振幅，θ_p是谐波的初相位。

傅立叶级数也可以写成复数形式，并有两种形式，一种是单边傅立叶级数，所有的频率均为正数；另一种是双边傅立叶级数，包含有负频率。

1. 单边傅立叶级数

$$g(t) = \sum_{p=0}^{\infty} c_p \cos(p\omega_0 t - \theta_p) = \sum_{p=0}^{\infty} \mathrm{Re}[c_p e^{\mathrm{j}(p\omega_0 t-\theta_p)}]$$

$$= \sum_{p=0}^{\infty} \mathrm{Re}[A_p e^{\mathrm{j}p\omega_0 t}] \tag{8-23}$$

这里

$$A_0 = c_0 = \frac{1}{T}\int_{-\frac{T}{2}}^{\frac{T}{2}} g(t)\mathrm{d}t, \theta_0 = 0$$

$$A_p = c_p e^{-\mathrm{j}\theta_p} = c_p(\cos\theta_p - \mathrm{j}\sin\theta_p) = a_p - \mathrm{j}b_p$$

$$= \frac{2}{T}\int_{-\frac{T}{2}}^{\frac{T}{2}} g(t)[\cos p\omega t - \mathrm{j}\sin p\omega_0 t]\mathrm{d}t$$

$$= \frac{2}{T}\int_{-\frac{T}{2}}^{\frac{T}{2}} g(t)e^{-\mathrm{j}p\omega_0 t}\mathrm{d}t \quad (p = 1,2,\cdots) \tag{8-24}$$

2. 双边傅立叶级数

由于对任意复数 z 有:

$$\mathrm{Re}(z) = \frac{z + z^*}{2} \tag{8-25}$$

因此，当 $p \neq 0$ 时有:

$$\mathrm{Re}[A_p e^{\mathrm{j}p\omega_0 t}] = \frac{1}{2}(A_p e^{\mathrm{j}p\omega_0 t} + A_p^* e^{-\mathrm{j}p\omega t})$$

$$= \frac{1}{2}\left[\frac{2}{T}\int_{-\frac{T}{2}}^{\frac{T}{2}} g(t)e^{-\mathrm{j}p\omega_0 t}\mathrm{d}t\right]e^{\mathrm{j}p\omega_0 t} + \frac{1}{2}\left[\frac{2}{T}\int_{-\frac{T}{2}}^{\frac{T}{2}} g(t)e^{\mathrm{j}p\omega_0 t}\mathrm{d}t\right]e^{-\mathrm{j}p\omega_0 t}$$

$$= \left[\frac{1}{T}\int_{-\frac{T}{2}}^{\frac{T}{2}} g(t)e^{-\mathrm{j}p\omega_0 t}\mathrm{d}t\right]e^{\mathrm{j}p\omega_0 t} + \left[\frac{1}{T}\int_{-\frac{T}{2}}^{\frac{T}{2}} g(t)e^{\mathrm{j}p\omega_0 t}\mathrm{d}t\right]e^{-\mathrm{j}p\omega_0 t} \tag{8-26}$$

令

$$d_p = \frac{1}{T}\int_{-\frac{T}{2}}^{\frac{T}{2}} g(t)e^{-\mathrm{j}p\omega_0 t}\mathrm{d}t = \frac{1}{2}(a_p - \mathrm{j}b_p) \tag{8-27}$$

则:

$$d_p^* = \frac{1}{T}\left[\int_{-\frac{T}{2}}^{\frac{T}{2}} g(t)e^{-\mathrm{j}p\omega_0 t}\mathrm{d}t\right]^*$$

$$= \frac{1}{T}\int_{-\frac{T}{2}}^{\frac{T}{2}} g(t)e^{\mathrm{j}p\omega_0 t}\mathrm{d}t$$

$$= \frac{1}{2}(a_p + \mathrm{j}b_p) \tag{8-28}$$

而

$$d_{-p} = \frac{1}{T}\int_{-\frac{T}{2}}^{\frac{T}{2}} g(t)e^{-\mathrm{j}(-p)\omega_0 t}\mathrm{d}t$$

$$= \frac{1}{T}\int_{-\frac{T}{2}}^{\frac{T}{2}} g(t)e^{\mathrm{j}p\omega_0 t}\mathrm{d}t = d_p^* \tag{8-29}$$

即

$$\mathrm{Re}[A_p e^{\mathrm{j}p\omega_0 t}] = d_p e^{\mathrm{j}p\omega_0 t} + d_{-p}e^{-\mathrm{j}p\omega_0 t} \quad (p \neq 0) \tag{8-30}$$

因而可以得到:

$$g(t) = \sum_{p=0}^{\infty} \mathrm{Re}[A_p e^{\mathrm{j}p\omega_0 t}] = \sum_{p=0}^{\infty} d_p e^{\mathrm{j}p\omega_0 t} \tag{8-31}$$

可以看出，在频率轴的正半轴上，双边谱的系数 d_p 与单边谱的系数 A_p 之间有如下关系：

$$|A_p| = 2|d_p|, \quad \mathrm{Re}[A_p] = 2\mathrm{Re}[d_p], \quad \mathrm{Im}[A_p] = 2\mathrm{Im}[d_p] \tag{8-32}$$

通常用频谱图来直观显示周期函数所包含的频率成分及其大小。以频率 f（很少用 ω）为横轴，分别以 c_p（或 $|A_p|$）和 θ_p 为纵轴作图，并称 $f \sim c_p$ 图为 $g(t)$ 的幅频图，$f \sim \theta_p$ 图为相频图。一般来说，频谱图多为单边的，只画出 $f \geqslant 0$ 的部分。

周期函数频谱图的特点是只在离散点 0、f、$2f$、…上有值，被称为离散谱，有时也形象地称为谱线图。

3. 周期函数的均方值

利用傅立叶级数可以求得周期函数的均方值与其傅立叶系数的关系。如果 $g(t)$ 是简谐函数，即

$$g(t) = A\cos\omega_0 t \tag{8-33}$$

则 $g(t)$ 均方值为

$$[g^2(t)] = \frac{1}{T}\int_{-\frac{T}{2}}^{\frac{T}{2}} A^2\cos^2\omega_0 t\mathrm{d}t = A^2/2 \tag{8-34}$$

显然，简谐函数的均方值只与振幅有关，与频率无关。如果 $g(t)$ 是周期函数，则可展成傅立叶级数：

$$g(t) = \sum_{p=0}^{\infty}(a_p\cos p\omega_0 t + b_p\sin p\omega_0 t) \tag{8-35}$$

$g(t)$ 的均方值为

$$\begin{aligned}
[g^2(t)] &= \frac{1}{T}\int_{-\frac{T}{2}}^{\frac{T}{2}} g^2(t)\mathrm{d}t \\
&= \frac{1}{T}\int_{-\frac{T}{2}}^{\frac{T}{2}}\left[\sum_{p=0}^{\infty}(a_p\cos p\omega_0 t + b_p\sin p\omega_0 t)\right]^2\mathrm{d}t \\
&= \frac{1}{T}\sum_{N=0}^{\infty}\sum_{p=0}^{\infty}\int_{-\frac{T}{2}}^{\frac{T}{2}}(a_p\cos p\omega_0 t + b_p\sin p\omega_0 t)\times \\
&\quad \left[a_{N-p}\cos(N-p)\omega_0 t + b_{N-p}\sin(N-p)\omega_0 t\right]\mathrm{d}t
\end{aligned} \tag{8-36}$$

根据三角函数的性质：

$$\left.\begin{aligned}
&\int_{-\frac{T}{2}}^{\frac{T}{2}}\cos m\omega_0 t\sin n\omega_0 t\mathrm{d}t = 0 \\
&\int_{-\frac{T}{2}}^{\frac{T}{2}}\cos m\omega_0 t\cos n\omega_0 t\mathrm{d}t = 0 \qquad (m \neq n) \\
&\int_{-\frac{T}{2}}^{\frac{T}{2}}\sin m\omega_0 t\sin n\omega_0 t\mathrm{d}t = 0 \qquad (m \neq n) \\
&\int_{-\frac{T}{2}}^{\frac{T}{2}}\cos^2 p\omega_0 t\mathrm{d}t = \frac{T}{2} \qquad (p = 1,2,\cdots) \\
&\int_{-\frac{T}{2}}^{\frac{T}{2}}\sin^2 p\omega_0 t\mathrm{d}t = \frac{T}{2} \qquad (p = 1,2,\cdots)
\end{aligned}\right\} \tag{8-37}$$

即只有函数和谐波阶数均相同时，积分不为零，故：

$$
\begin{aligned}
[g^2(t)] &= \frac{1}{T}\sum_{p=0}^{\infty}\int_{-\frac{T}{2}}^{\frac{T}{2}}(a_p^2\cos^2 p\omega_0 t + b_p^2\sin^2 p\omega_0 t)\mathrm{d}t \\
&= a_0^2 + \frac{1}{2}\sum_{p=0}^{\infty}(a_p^2 + b_p^2) \\
&= A_0^2 + \frac{1}{2}\sum_{p=0}^{\infty}|A_p|^2 = \sum_{p=-\infty}^{\infty}|d_p|^2
\end{aligned} \tag{8-38}
$$

式（8－38）为周期函数的 Parserval 公式。级数右端的每一项均是周期函数谐波的均方值，周期函数是它的基波和各次谐波之和。Parserval 公式表明，周期函数的均方值是它的基波和各次谐波的均方值之和。信号的均方值往往与能量有关，Parserval 公式可以理解为：运动在时域内的总能量等于其在频域内的总能量。

8.3.2 傅立叶积分

非周期函数可视为周期为无穷大的周期函数。按照这个思路可以给出一个不十分严格的、由傅立叶级数导出傅立叶积分的方法。

设 $g_T(t)$ 是非周期函数 $g(t)$ 在区间 $\left[-\frac{T}{2},\frac{T}{2}\right]$ 上的截断函数，即

$$
g_T(t) = \begin{cases} g(t) & \left(|t| \leqslant \frac{T}{2}\right) \\ 0 & \left(|t| > \frac{T}{2}\right) \end{cases} \tag{8-39}
$$

当函数满足 $\lim\limits_{T\to\infty} g(t) = 0$ 时，有：

$$
\lim_{T\to\infty} g_T(t) = g(t) \tag{8-40}
$$

则 $g_T(t)$ 可在这个区间上展成傅立叶级数：

$$
g_T(t) = \sum_{p=-\infty}^{\infty} d_p e^{\mathrm{j}p\bar{\omega}t} = \frac{1}{T}\sum_{p=-\infty}^{\infty}\left[\int_{-\frac{T}{2}}^{\frac{T}{2}} g_T(\tau)e^{-\mathrm{j}p\bar{\omega}\tau}\mathrm{d}\tau\right]e^{\mathrm{j}p\bar{\omega}t} \tag{8-41}
$$

其中，$\bar{\omega} = \frac{2\pi}{T}$。取 $\omega_p = p\bar{\omega}$，有：

$$
g_T(t) = \frac{1}{T}\sum_{p=-\infty}^{\infty}\left[\int_{-\frac{T}{2}}^{\frac{T}{2}} g_T(t)e^{-\mathrm{j}\omega_p t}\mathrm{d}\tau\right]e^{\mathrm{j}\omega_p t} \tag{8-42}
$$

两个相邻谐波的间距为

$$
\Delta\omega = \omega_p - \omega_{p-1} = \bar{\omega} = 2\pi/T \tag{8-43}
$$

因此

$$
T = 2\pi/\bar{\omega} = 2\pi/\Delta\omega \tag{8-44}
$$

则可得到：

$$
g_T(t) = \frac{1}{2\pi}\sum_{p=-\infty}^{\infty}\left[\int_{-\frac{T}{2}}^{\frac{T}{2}} g_T(t)e^{-\mathrm{j}p\omega_p\tau}\mathrm{d}\tau\right]e^{\mathrm{j}p\omega_p t}\Delta\omega \tag{8-45}
$$

令 $T\to\infty$，则 $\Delta\omega\to\mathrm{d}\omega$，$\omega_p\to\omega$，因此有：

$$
\begin{aligned}
g(t) &= \lim_{T\to\infty} g_T(t) \\
&= \frac{1}{2\pi}\int_{-\infty}^{\infty}\left[\int_{-\infty}^{\infty} g(\tau)e^{\mathrm{j}\omega\tau}\mathrm{d}\tau\right]e^{\mathrm{j}\omega t}\mathrm{d}\omega
\end{aligned} \tag{8-46}
$$

这就是傅立叶积分公式。如果取$f=\omega/2\pi$，可以得到以f为积分变量的傅立叶积分公式：

$$g(t)=\int_{-\infty}^{\infty}\left[\int_{-\infty}^{\infty}g(\tau)e^{-j2\pi f\tau}d\tau\right]e^{j2\pi ft}df \tag{8-47}$$

上面的推导只是示意，严格的傅立叶积分存在定理如下。

如果$g(t)$在$(-\infty, +\infty)$上满足下列条件：

（1）$g(t)$在任意的有限区间上只有有限个一类间断点；

（2）$g(t)$在$(-\infty, +\infty)$上绝对可积，即积分：

$$\int_{-\infty}^{+\infty}|g(t)|dt<0 \tag{8-48}$$

则$g(t)$的傅立叶积分

$$g(t)=\frac{1}{2\pi}\int_{-\infty}^{\infty}\left[\int_{-\infty}^{\infty}g(\tau)e^{-j\omega\tau}d\tau\right]e^{j\omega t}d\omega \tag{8-49}$$

存在。它的广义积分是主值意义下的，即

$$\int_{-\infty}^{\infty}g(t)dt=\lim_{N\to\infty}\int_{-N}^{N}g(t)dt \tag{8-50}$$

由傅立叶积分可以定义傅立叶正变换和傅立叶逆变换。

傅立叶正变换：

$$G(\omega)=\int_{-\infty}^{\infty}g(t)e^{-j\omega t}dt \tag{8-51}$$

傅立叶逆变换：

$$g(t)=\frac{1}{2\pi}\int_{-\infty}^{\infty}G(\omega)e^{j\omega t}d\omega \tag{8-52}$$

$g(t)$和$G(\omega)$构成一对傅立叶变换对，$g(t)$为原函数，$G(\omega)$为象函数，并写作

$$\begin{aligned}G(\omega)&=\mathscr{F}[g(t)]\\ g(t)&=\mathscr{F}^{-1}[G(\omega)]\end{aligned} \tag{8-53}$$

傅立叶变换也可以用频率f做变量，相应地，傅立叶正变换和逆变换可写作：

$$G(f)=\int_{-\infty}^{\infty}g(t)e^{-j2\pi ft}dt \tag{8-54}$$

$$g(t)=\int_{-\infty}^{\infty}G(\omega)e^{j2\pi ft}df \tag{8-55}$$

有些资料中在定义傅立叶变换时也常把常数因子$\frac{1}{2\pi}$放在正变换而不是逆变换。这样，与傅立叶变换有关的一些公式将与本书略有不同，读者在阅读时应加以注意。

通常像函数$G(\omega)$为复函数，可以写作：

$$G(\omega)=|G(\omega)|e^{j\varphi(\omega)} \tag{8-56}$$

$|G(\omega)|$为$G(\omega)$的幅值谱，$\varphi(\omega)$为相位谱，$G(\omega)$一般为ω的连续函数。与周期函数不同，非周期函数的频谱为连续谱，它们提供$g(t)$的频率信息，即$g(t)$所包含的频率成分及大小、相位。

傅立叶变换常用的一些性质如下：

（1）线性。

$$\begin{aligned}&\mathscr{F}[a_1g_1(t)+a_2g_2(t)]=a_1\mathscr{F}[g_1(t)]+a_2\mathscr{F}[g_2(t)]\\ &\mathscr{F}^{-1}[a_1G_1(\omega)+a_2G_2(\omega)]=a_1\mathscr{F}^{-1}[G_1(\omega)]+a_2\mathscr{F}^{-1}[G_2(\omega)]\end{aligned} \tag{8-57}$$

其中，a_1、a_2是任意常数。这个性质表明，傅立叶正变换和逆变换是线性变换。

（2）位移。

$$\mathscr{F}[g(t \pm t_0)] = e^{\pm j\omega t_0}\mathscr{F}[g(t)] \tag{8-58}$$
$$\mathscr{F}^{-1}[G(\omega \pm \omega_0)] = e^{\mp j\omega_0 t}\mathscr{F}^{-1}[G(\omega)]$$

这个性质表明，原函数$g(t)$在时间轴上移动$\pm t_0$距离相当于它的象函数乘以单位旋转因子$e^{\pm j\omega_0 t}$。而像函数在频率轴上移动$\pm\omega_0$相当于它的原函数乘以单位旋转因子$e^{\mp j\omega_0 t}$。下面对时域位移公式给予证明，频域位移公式由读者自证。

$$\begin{aligned}\mathscr{F}[g(t \pm t_0)] &= \int_{-\infty}^{\infty} g(t \pm t_0)e^{-j\omega t}dt \\ &= \int_{-\infty}^{\infty} g(t \pm t_0)e^{-j\omega(t \pm t_0)}e^{\pm j\omega_0 t}d(t \pm t_0) \\ &= e^{\pm j\omega t_0}\int_{-\infty}^{\infty} g(\tau)e^{-j\omega t}d\tau \\ &= e^{\pm j\omega t_0}\mathscr{F}[g(t)]\end{aligned}$$

（3）微分。

$$\mathscr{F}[g'(t)] = j\omega\mathscr{F}[g(t)] \tag{8-59}$$
$$\mathscr{F}[g''(t)] = -\omega^2\mathscr{F}[g(t)]$$

一般有

$$\mathscr{F}[g^{(n)}(t)] = (j\omega)^n\mathscr{F}[g(t)] \tag{8-60}$$

这个性质说明，时域里的微分对应于频域里微分乘以 iω。

证明：

$$\mathscr{F}[g'(t)] = \int_{-\infty}^{\infty} g'(t)e^{-j\omega t}dt = g(t)e^{-j\omega t}\Big|_{-\infty}^{\infty} + j\omega\int_{-\infty}^{\infty} g(t)e^{-i\omega t}dt$$

因为$\mathscr{F}[g(t)]$存在，必然有：

$$\int_{-\infty}^{\infty} |g(t)|dt < \infty$$
$$\lim_{t\to\infty} g(t) = 0$$

而$e^{-j\omega t}\Big|_{-\infty}^{\infty}$是有界函数，因此可以得到：

$$\lim_{t\to\infty}|g(t)e^{-j\omega t}| = 0$$

这样有：

$$\mathscr{F}[g'(t)] = j\omega\int_{-\infty}^{\infty} g(t)e^{-j\omega t}dt = j\omega\mathscr{F}[g(t)]$$

（4）积分。

$$\mathscr{F}\left[\int_0^t g(t)dt\right] = \frac{1}{j\omega}\mathscr{F}[g(t)] \tag{8-61}$$

（5）乘积。

$$\int_{-\infty}^{\infty} g_1(t)g_2(t)dt = \frac{1}{2\pi}\int_{-\infty}^{\infty} G_1^*(\omega)G_2(\omega)d\omega = \frac{1}{2\pi}\int_{-\infty}^{\infty} G_1(\omega)G_2^*(\omega)d\omega \tag{8-62}$$

其中，

$$G^*(\omega) = \int_{-\infty}^{\infty} g(t)e^{j\omega t}dt$$

证明：

$$\int_{-\infty}^{\infty} g_1(t)g_2(t)\mathrm{d}t = \int_{-\infty}^{\infty} g_1(t)\left[\frac{1}{2\pi}\int_{-\infty}^{\infty} G_2(\omega)e^{j\omega t}\mathrm{d}\omega\right]\mathrm{d}t$$

$$= \frac{1}{2\pi}\int_{-\infty}^{\infty}\left[\int_{-\infty}^{\infty} g_1(t)e^{j\omega t}\mathrm{d}t\right]G_2(\omega)\mathrm{d}\omega$$

$$= \frac{1}{2\pi}\int_{-\infty}^{\infty} G_1^*(\omega)G_2(\omega)\mathrm{d}\omega$$

（6）能量积分。

$$\int_{-\infty}^{\infty}\left[g(t)\right]^2\mathrm{d}t = \frac{1}{2\pi}\int_{-\infty}^{\infty}\left|G(\omega)\right|^2\mathrm{d}\omega \tag{8-63}$$

这个公式称为 Parserval 公式。它的物理意义是，运动在时域的能量等于运动在频域的能量。

（7）卷积定理。

函数 $g_1(t)$ 与 $g_2(t)$ 的卷积是指积分：

$$\int_{-\infty}^{\infty} g_1(\tau)g_2(t-\tau)\mathrm{d}\tau = g_1(t)\cdot g_2(t) \tag{8-64}$$

显然，卷积满足交换律：

$$g_1(t)\cdot g_2(t) = g_2(t)\cdot g_1(t) \tag{8-65}$$

对卷积做傅立叶变换得到：

$$\mathscr{F}[g_1(t)\cdot g_2(t)] = \mathscr{F}[g_1(t)]\mathscr{F}[g_2(t)] \tag{8-66}$$

同样有：

$$\mathscr{F}^{-1}[G_1(\omega)G_2(\omega)] = \mathscr{F}^{-1}[G_1(\omega)]\cdot\mathscr{F}^{-1}[G_2(\omega)] \tag{8-67}$$

这个性质表明，两个函数卷积的傅立叶变换等于它们的象函数的乘积。

8.3.3　拉普拉斯变换

拉普拉斯变换可以看作是对傅立叶变换的改进。在工程应用中，一般情况下函数定义在时间的正半轴已足够了。另外，许多常用的函数，比如周期函数等，其不满足傅立叶变换的可积条件，因而不存在傅立叶变换。如果我们给函数 $g(t)$ 乘上一个衰减因子 $e^{-\sigma t}$，其中 σ 可以根据 $g(t)$ 的具体情况选取，使乘积 $g(t)e^{-\sigma t}$ 满足傅立叶变换的可积条件。这样对任意一个函数 $g(t)$，如果 $g(t)e^{-\sigma t}$ 满足傅立叶变换的可积条件，则有：

$$\int_{-\infty}^{\infty}\left|g(t)\right|e^{-\sigma t}\mathrm{d}t < \infty \tag{8-68}$$

对 $g(t)e^{-\sigma t}u(t)$ 做傅立叶变换，有：

$$G_\sigma(\omega) = \int_{-\infty}^{\infty} g(t)e^{-\sigma t}u(t)e^{-j\omega t}\mathrm{d}t$$

$$= \int_{0}^{\infty} g(t)e^{-(\sigma+j\omega)t}\mathrm{d}t$$

$$= \int_{0}^{\infty} g(t)e^{-st}\mathrm{d}t \tag{8-69}$$

这里，$s=\sigma+j\omega$ 是复变量，而 $\omega=(s-\sigma)/j$。令

$$G(s) = G_\sigma(\omega) = G_\sigma\left(\frac{s-\sigma}{j}\right) \tag{8-70}$$

则有

$$G(s) = \int_0^{\infty} g(t)e^{-st}\mathrm{d}t \tag{8-71}$$

由此引出拉普拉斯变换的定义。

设 $g(t)$ 在 $t \geqslant 0$ 有定义，积分：

$$\int_0^{\infty} g(t)e^{-st}\mathrm{d}t \tag{8-72}$$

在 $s=\sigma+\mathrm{j}\omega$ 的某一邻域内收敛，则：

$$G(s) = \int_0^{\infty} g(t)e^{-st}\mathrm{d}t \tag{8-73}$$

称为 $g(t)$ 的拉普拉斯变换，记作：

$$G(s) = \mathscr{L}[g(t)] \tag{8-74}$$

而 $g(t)$ 为 $G(s)$ 的拉普拉斯逆变换，记作：

$$g(t) = \mathscr{L}^{-1}[G(s)] \tag{8-75}$$

并有

$$g(t) = \frac{1}{2\pi \mathrm{j}}\int_{\sigma-\mathrm{j}\infty}^{\sigma+\mathrm{j}\infty} G(s)e^{st}\mathrm{d}s \quad (t>0) \tag{8-76}$$

8.3.4 傅立叶变换在线性振动系统中的应用

1. 单自由度系统

如图 8-4 所示，质量 m、弹簧刚度 k、阻尼系数 c 为常数的单自由度系统，作用（输入）垂直激励力 $f(t)$，以系统静平衡位置为坐标原点，质心的垂直位移 $z(t)$ 为响应（输出），可得到系统的动力学平衡方程式为

$$m\ddot{z} + c\dot{z} + kz = f(t) \tag{8-77}$$

将式（8-77）两端作傅立叶变换，得到：

$$A(\omega)Z(\omega) = F(\omega) \tag{8-78}$$

或写成

$$Z(\omega) = H(\omega)F(\omega) \tag{8-79}$$

式中，$A(\omega)$ ——系统的机械阻抗，$A(\omega) = (k-\omega^2 m) + \mathrm{j}\omega c$；

$H(\omega)$ ——系统的机械导纳，或称传递函数，它是 $A(\omega)$ 的倒数，$H(\omega) = [A(\omega)]^{-1}$。

如果上述系统中输入不是垂直激励力，而是基础的垂直位移 $q(t)$，如图 8-5 所示，这时系统的动力学平衡方程为

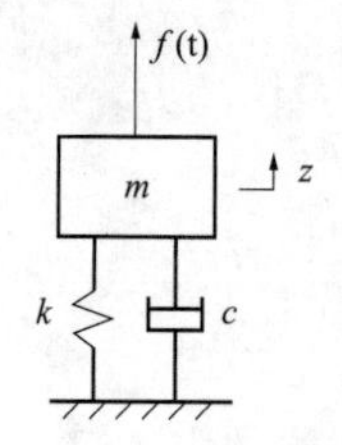

图 8-4 单自由度线性振动系统

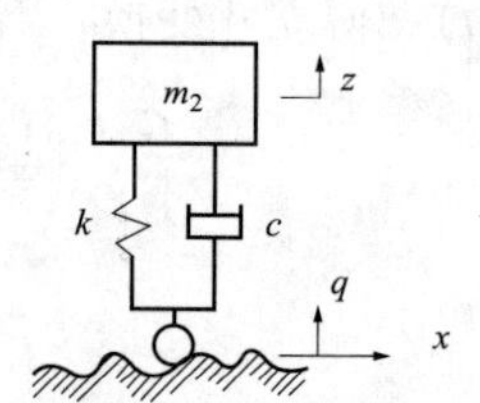

图 8-5 基础运动的单自由度系统

$$m\ddot{z} + c(\dot{z}-\dot{q}) + k(z-q) = 0 \tag{8-80}$$

可整理成：

$$m\ddot{z}+c\dot{z}+kz=c\dot{q}+kq=f(t) \tag{8-81}$$

相当于作用激励力：

$$f(t)=c\dot{q}+kq \tag{8-82}$$

将整理后的动力学平衡方程两端进行傅立叶变换，得到：

$$Z(\omega)=H(\omega)Q(\omega) \tag{8-83}$$

在这种情况下，传递函数为

$$H(\omega)=\frac{\mathrm{j}\omega c+k}{(k-\omega^2 m)+\mathrm{j}\omega c} \tag{8-84}$$

两种情况都得到了输入与输出之间的传递关系，只不过它们的传递函数不相同。

2. 多自由度系统

有 m 个输入和 r 个输出的 n 个自由度的动态系统，它的输入向量 $\{q\}=\{q_1, q_2, \cdots, q_m\}^T$，输出向量 $\{x\}=\{x_1, x_2, \cdots, x_\gamma\}^T$，动态系统的位移向量 $\{z\}=\{z_1, z_2, \cdots, z_n\}^T$。用矩阵形式写出系统的动力平衡方程和输出的表达式：

$$\begin{cases}[m]\{\ddot{z}\}+[c]\{\dot{z}\}+[k]\{z\}=[G]\{q\}\\ \{x\}=[\alpha]\{\dot{z}\}+[\beta]\{z\}+[E]\{q\}\end{cases} \tag{8-85}$$

式中，$[m]$，$[c]$，$[k]$——分别为系统的质量矩阵、阻尼矩阵和刚度矩阵，都是 n 阶对称矩阵；

$[G]$——$n\times m$ 阶矩阵；

$[\alpha]$，$[\beta]$——分别为输出速度和位移的系数矩阵，都是 $r\times n$ 阶矩阵；

$[E]$——$r\times m$ 阶矩阵。

由于一般情况下，阻尼矩阵 $[c]$ 不能表达为质量矩阵 $[m]$ 和刚度矩阵 $[k]$ 的线性组合，为处理方便，将上面的动力学方程改用状态变量 $\{y\}=\{\{\dot{z}\}^T, \{z\}^T\}^T$ 表示成状态方程：

$$\begin{cases}a\{\dot{y}\}+b\{y\}=f\{q\}\\ \{x\}=D\{y\}+[E]\{q\}\end{cases} \tag{8-86}$$

式中，$a=\begin{bmatrix}0 & [m]\\ [m] & [c]\end{bmatrix}$，$a^{-1}=\begin{bmatrix}-[m]^{-1}[c][m]^{-1} & [m]^{-1}\\ [m]^{-1} & 0\end{bmatrix}$，$b=\begin{bmatrix}-[m] & 0\\ 0 & [k]\end{bmatrix}$，$f=[0, [G]]^T$，$D=[[\alpha], [\beta]]$；

或

$$\left.\begin{aligned}\{\dot{y}\}&=A\{y\}+F\{q\}\\ \{x\}&=D\{y\}+[E]\{q\}\end{aligned}\right\} \tag{8-87}$$

式中，$A=-a^{-1}b=\begin{bmatrix}-[m]^{-1}[c] & -[m]^{-1}[k]\\ I & 0\end{bmatrix}$，$F=a^{-1}f=\begin{bmatrix}[m]^{-1}[G]\\ 0\end{bmatrix}$。

式（8-87）两端作傅立叶变换，得到：

$$\begin{cases}(\mathrm{j}\omega)\{Y(\omega)\}=A\{Y(\omega)\}+F\{Q(\omega)\}\\ \{X(\omega)\}=D\{Y(\omega)\}+[E]\{Q(\omega)\}\end{cases} \tag{8-88}$$

合并，有：

$$\{X(\omega)\}=[H(\omega)]\{Q(\omega)\} \tag{8-89}$$

输入与输出之间的传递矩阵：

$$[H(\omega)] = D(j\omega I - A)^{-1}F + [E] \tag{8-90}$$

8.4 谱分析

激励和响应的频率描述在振动分析中有重要作用，本节讨论随机过程的频率描述，为方便起见，设 $X(t)$是各态遍历过程，这样我们只需讨论 $X(t)$的一个样本函数 $x(t)$的频率描述。

$x(t)$ 的时间平均的均方值 $\left[x^2(t)\right] = \lim\limits_{T\to\infty}\frac{1}{T}\int_{-\frac{T}{2}}^{\frac{T}{2}} x^2(t)\,\mathrm{d}t$，其在物理上代表平均功率，$\lim\limits_{T\to\infty}\frac{1}{T}x^2(t)$ 是平均功率在时域上的分布，现要研究平均功率在频域上的分布。

8.4.1 Parserval 公式

由傅立叶变换的性质可知，一个函数 $x(t)$ 在时域的能量等于在频域的能量。系统的物理量所具有的能量大小是客观存在的，并不依赖于描述方法，数学上称为 Parseval 公式。

若 $\mathscr{F}[x(t)] = X_1(\omega)$，且 $\int_{-\infty}^{\infty} x^2(t)\,\mathrm{d}t < \infty$ 有确定值，则有：

$$\int_{-\infty}^{\infty} x^2(t)\,\mathrm{d}t = \frac{1}{2\pi}\int_{-\infty}^{\infty} |X_1(\omega)|^2\mathrm{d}\omega \tag{8-91}$$

证明：

$$\int_{-\infty}^{\infty} x^2(t)\,\mathrm{d}t = \int_{-\infty}^{\infty} x(t)\left[\frac{1}{2\pi}\int_{-\infty}^{\infty} X_1(\omega)e^{j\omega t}\mathrm{d}\omega\right]\mathrm{d}t$$

$$= \frac{1}{2\pi}\int_{-\infty}^{\infty} X_1(\omega)\left[\int_{-\infty}^{\infty} x(t)e^{j\omega t}\mathrm{d}t\right]\mathrm{d}\omega$$

$\int_{-\infty}^{\infty} x^2(t)\,\mathrm{d}t = \frac{1}{2\pi}\int_{-\infty}^{\infty} X_1(\omega)X^*(\omega)\,\mathrm{d}\omega = \frac{1}{2\pi}\int_{-\infty}^{\infty} |X_1(\omega)|^2\mathrm{d}\omega$ 得证。

由于

$$X_1(\omega) = \int_{-\infty}^{\infty} x(t)e^{-j\omega t}\mathrm{d}t = \int_{-\infty}^{\infty} x(t)e^{-j2\pi ft}\mathrm{d}t = X(f)$$

故有：

$$\int_{-\infty}^{\infty} x^2(t)\,\mathrm{d}t = \frac{1}{2\pi}\int_{-\infty}^{\infty} |X_1(\omega)|^2\mathrm{d}\omega = \int_{-\infty}^{\infty} |X(f)|^2\mathrm{d}f$$

8.4.2 功率谱密度函数

平稳随机信号必须为无限长信号，不满足 Parserval 公式成立的条件，有时甚至不满足傅立叶变换存在的条件，因而必须探求一个平稳随机过程的频域描述方法。

1. 自功率谱密度函数

遍历过程 $x(t)$ 的截断函数为 $x_T(t)$：

$$x_T(t) = \begin{cases} x(t) & \left(|t| \leqslant \dfrac{T}{2}\right) \\ 0 & \left(|t| > \dfrac{T}{2}\right) \end{cases} \tag{8-92}$$

$$\left[x^2(t)\right] = \lim_{T\to\infty}\frac{1}{T}\int_{-\frac{T}{2}}^{+\frac{T}{2}} x_T^2(t)\,dt = \int_{-\infty}^{\infty}\lim_{T\to\infty}\frac{1}{T}x_T^2(t)\,dt \tag{8-93}$$

x_T（t）满足 Parserval 公式成立的条件，故有：

$$\left[x^2(t)\right] = \int_{-\infty}^{\infty}\lim_{T\to\infty}\frac{1}{T}|X_T(f)|^2 df \tag{8-94}$$

现定义 x_T（t）的自功率谱密度函数 S_{XX}（f）为

$$S_{XX}(f) = \lim_{T\to\infty}\frac{1}{T}|X_T(f)|^2 \tag{8-95}$$

则有：

$$\left[x^2(t)\right] = \int_{-\infty}^{\infty} S_{XX}(f)\,df \tag{8-96}$$

S_{XX}（f）简称自谱，它是平均功率在频域的分布，S_{XX}（f）在频域的分布范围为（$-\infty$，∞），也就是零频率的两边，故为双边谱。当 x（t）为实函数时，S_{XX}（f）为实偶函数，$S_{XX}(-f) = S_{XX}(f)$，且对所有的 f，S_{XX}（f）都是正的（>0）。

$$\left[x^2(t)\right] = \int_{-\infty}^{\infty} S_{XX}(f)\,df = \int_0^{\infty} 2S_{XX}(f)\,df = \int_0^{\infty} G_X(f)\,df \tag{8-97}$$

$$G_X(f) = 2S_{XX}(f) \tag{8-98}$$

G_X（f）称为单边谱。

2. 互功率谱密度函数

两个遍历过程 x（t）、y（t）截断函数分别为 x_T（t）和 y_T（t）。

$$x_T(t) = \begin{cases} x(t) & \left(|t| \leqslant \frac{T}{2}\right) \\ 0 & \left(|t| > \frac{T}{2}\right) \end{cases} \tag{8-99}$$

$$y_T(t) = \begin{cases} y(t) & \left(|t| \leqslant \frac{T}{2}\right) \\ 0 & \left(|t| > \frac{T}{2}\right) \end{cases} \tag{8-100}$$

$$\left[x(t)y(t)\right] = \lim_{T\to\infty}\frac{1}{T}\int_{-\frac{T}{2}}^{\frac{T}{2}} x_T(t)y_T(t)\,dt = \int_{-\infty}^{\infty}\lim_{T\to\infty}\frac{1}{T}x_T(t)y_T(t)\,dt \tag{8-101}$$

$$[x(t)y(t)] = \int_{-\infty}^{\infty}\lim_{T\to\infty}\frac{1}{T}X_T^*(f)Y_T(f)\,df \tag{8-102}$$

现定义 $S_{XY}(f) = \lim\limits_{T\to\infty}\frac{1}{T}X_T^*(f)\,Y_T(f)$ 为 x（t），y（t）的互功率谱密度函数，简称互谱。它表示 x（t）和 y（t）的交叉功率在频域上的分布，对于实函数 x（t）、y（t），它们的 X_T^*（f）、Y_T（f）实部为偶函数，虚部为奇函数，X_T^*（f）Y_T（f）乘积的实部也是偶函数，虚部也是奇函数，只有 S_{XY}（f）的实部在平均功率中做贡献。

$$\left[x(t)y(t)\right] = \int_{-\infty}^{\infty} S_{XY}(f)\,df = \int_0^{\infty} 2\mathrm{Re}[S_{XY}(f)]\,df \tag{8-103}$$

只有历经过程一个样本的分析结果，才能代表这个过程，如过程只具有平稳性，不具备历经性，则需要进行集合平均才能得到过程的结果，在确定过程的自谱和互谱时也要注意这一点。

另外谱的定义不仅可用于随机过程，也适于确定性过程。

3. 谱矩阵

将 n 维向量 $\{x(t)\}=\{x_1(t), x_1(t), x_1(t), \cdots, x_n(t)\}^T$，各个元素 x_i 的自谱 $S_{X_iX_i}$，以及各元素之间的互谱 $S_{X_iX_j}$，写成矩阵形式，称为谱矩阵 $[S_X(f)]$。

$$[S_X(f)]=\begin{bmatrix} S_{X_1X_1}(f) & S_{X_1X_2}(f) & \cdots & S_{X_1X_n}(f) \\ S_{X_2X_1}(f) & S_{X_2X_2}(f) & \cdots & S_{X_2X_n}(f) \\ & \vdots & & \\ S_{X_nX_1}(f) & S_{X_nX_2}(f) & \cdots & S_{X_nX_n}(f) \end{bmatrix}=$$

$$\lim_{T\to\infty}\frac{1}{T}\begin{bmatrix} X_{1T}^*(f)X_{1T}(f) & X_{1T}^*(f)X_{2T}(f) & \cdots & X_{1T}^*(f)X_{nT}(f) \\ X_{2T}^*(f)X_{1T}(f) & X_{2T}^*(f)X_{2T}(f) & \cdots & X_{2T}^*(f)X_{nT}(f) \\ & \vdots & & \\ X_{nT}^*(f)X_{1T}(f) & X_{nT}^*(f)X_{2T}(f) & \cdots & X_{nT}^*(f)X_{nT}(f) \end{bmatrix} \tag{8-104}$$

故有：

$$[S_X(f)]=\lim_{T\to\infty}\frac{1}{T}\{X_T^*(f)\}\{X_T(f)\}^T \tag{8-105}$$

4. 导函数的功率谱密度函数

$x(t)$ 的傅立叶变换为

$$\mathscr{F}[x(t)]=X_1(\omega)=X(f) \tag{8-106}$$

$x(t)$ 的导函数 $\dot{x}(t)$ 的傅立叶变换为

$$\mathscr{F}[\dot{x}(t)]=(\mathrm{j}\omega)X_1(\omega)=(j2\pi f)X(f) \tag{8-107}$$

$x(t)$ 的二次导函数 $\ddot{x}(t)$ 的傅立叶变换为

$$\mathscr{F}[\ddot{x}(t)]=-\omega^2X_1(\omega)=-4\pi^2f^2X(f) \tag{8-108}$$

根据定义，有：

$$\begin{aligned} S_{\dot{X}\dot{X}}(f)&=\lim_{T\to\infty}\frac{1}{T}|\mathscr{F}[\dot{x}_T(t)]|^2=(2\pi f)^2S_{XX}(f) \\ S_{\ddot{X}\ddot{X}}(f)&=\lim_{T\to\infty}\frac{1}{T}|\mathscr{F}[\ddot{x}_T(t)]|^2=(2\pi f)^2S_{\dot{X}\dot{X}}(f)=(2\pi f)^4S_{XX}(f) \end{aligned} \tag{8-109}$$

参考文献

［1］丁法乾. 履带式装甲车辆悬挂系统动力学［M］. 北京：国防工业出版社，2004.

［2］方同. 工程随机振动［M］. 北京：国防工业出版社，1995.

［3］张克健. 车辆地面力学［M］. 北京：国防工业出版社，2002.

［4］王书镇. 高速履带车辆行驶系［M］. 北京：北京工业学院出版社，1988.

［5］余志生，夏群生. 汽车理论（第5版）［M］. 北京：机械工业出版社，2009.

［6］季文美，方同，陈松淇. 机械振动［M］. 北京：科学出版社，1985.

［7］（美）M·G·Bekker. 地面-车辆系统导论［M］.《地面-车辆系统导论》翻译组，译. 北京：机械工业出版社，1978.

［8］Gardner J F. Simulations of machines using MATLAB and Simulink［M］. Wadsworth Group，2001.

［9］（俄）尤·帕·沃尔科夫，（俄）阿·弗·巴依科夫. 履带车辆的设计与计算［M］. 刘太来，郭兆熊，吴雪英，译. 北京：北京理工大学出版社，1997.